CW00722629

Julius Posener

Was Architektur sein kann

Neuere Aufsätze

Mit einem Vorwort
von Daniel Libeskind

Birkhäuser Verlag
Basel · Berlin · Boston

Beratung und Redaktion: Claus Käpplinger

Übersetzung Geleitwort: Christine Zahn
Umschlaggestaltung: Ott + Stein, Berlin
Umschlagfoto: Jill Posener, San Francisco

Die Deutsche Bibliothek – CIP-Einheitsaufnahme

Posener, Julius:
Was Architektur sein kann : neuere Aufsätze / Julius Posener.
Mit einem Vorw. von Daniel Libeskind. – Basel ; Berlin ;
Boston : Birkhäuser, 1995
ISBN 3-7643-5160-8

Dieses Werk ist urheberrechtlich geschützt. Die dadurch begründeten Rechte, insbesondere die der Übersetzung, des Nachdrucks, des Vortrags, der Entnahme von Abbildungen und Tabellen, der Funksendung, der Mikroverfilmung oder der Vervielfältigung auf anderen Wegen und der Speicherung in Datenverarbeitungsanlagen, bleiben, auch bei nur auszugsweiser Verwertung, vorbehalten. Eine Vervielfältigung dieses Werkes oder von Teilen dieses Werkes ist auch im Einzelfall nur in den Grenzen der gesetzlichen Bestimmungen des Urheberrechtsgesetzes in der jeweils geltenden Fassung zulässig. Sie ist grundsätzlich vergütungspflichtig. Zuwiderhandlungen unterliegen den Strafbestimmungen des Urheberrechts.

© 1995 Birkhäuser Verlag, Postfach 133, CH-4010 Basel, Schweiz
Gedruckt auf säurefreiem Papier, hergestellt aus chlorfrei gebleichtem Zellstoff
Printed in Germany
ISBN 3-7643-5160-8

9 8 7 6 5 4 3 2 1

Inhalt

Daniel Libeskind: Geleitwort

Ich schreibe dieses Geleitwort zu einem Zeitpunkt in der Geschichte Berlins, an dem Spannungen offenbar werden und als Antwort darauf reaktionäres Gebaren auf den Plan tritt. Seit den bedeutungsvollen und beschwingten Tagen, da die geteilte Stadt wieder zu einer ganzen wurde, die ideologischen Schranken fielen, ist sie nun erneut von sektiererischem Ideengut bedroht.

Paul Valéry hat einmal gesagt, die Zivilisation sei stets von zwei Gefahren bedroht: der Ordnung und der Unordnung. Nun scheint es, daß die Unordnung, die während des Kalten Krieges durch die Teilung der Stadt entstand, heute eine Sehnsucht nach Restauration einer ebenso banalen wie kurzsichtigen Ordnung zum Leben erweckte. Dieser Ruf zur Ordnung, er kommt nicht aus den Reihen der Berliner Bevölkerung, sondern wird ausgestoßen von revisionistischen Intellektuellen, die, von mächtigen Bürokraten unterstützt, hinter die Errungenschaften Nachkriegsdeutschlands zurückgehen wollen.

Dieses Buch zeigt in meisterhaften und kritischen Aufsätzen den Beitrag Julius Poseners zur Architekturgeschichte und -theorie. Was ich an diesem Mann besonders bemerkenswert finde, ist seine Vision von Architektur, die über den Namen, den er sich international gemacht hat, und über seinen wissenschaftlichen Ruf hinausragt. Sein Werk konfrontiert den Diskurs über Architektur mit jenem anderen, den man die Bestimmung der Stadt und die Gegebenheit der Formen nennen dürfte. Sein Leben umspannt fast ein Jahrhundert an beispielhaftem Einsatz, den vielschichtigen Launen des „goldenen Mittelweges" nachzuspüren. Julius Posener ist einer jener großen Berliner, der in seinem Leben der Wirksamkeit des Valéryschen Axioms gewahr wurde. Selber war er Beteiligter und Zeuge einer Zeit, in der politische Extreme in eine Katastrophe und in die Ausradierung der architektonischen und städtischen Kultur entgleist sind.

Sein faszinierendes und profundes Werk besetzt die scharfsinnige und schwierige Zone der Wahrhaftigkeit und des Anstandes. Einem Odysseus gleich, zwischen Skylla und Charybdis von Heimweh und Verlassenheit pendelnd, behielt er Kurs immer in Richtung eines Adels des Geistes. Durch sein Werk machte er eine ganze Generation mit dem „inneren Licht" bekannt, das, wenn auch anfällig, in den Werken jener Architekten glüht, die diesen menschlichen Geist in sich tragen. Seine Arbeiten über Poelzig, Taut, Mies, Behrens, Mendelsohn und viele andere erschlossen geradezu eine Goldmine an architektonischer Vorstellungskraft, sie eröffneten den Zugang zum Reich der Seele, welche die Materie auszuformen strebt. Wie seltsam, daß eben diese Architekten in der heutigen Betriebsamkeit Berlins in Vergessenheit geraten sind! Wie gefährlich, daß das historische Vermächtnis der Stadt von seiner physischen Entfaltung abgetrennt wurde! Und welche Ironie, daß diese großen Pioniere der Moderne dem Gedächtnis Berlins entschwunden sind und ihr Schweigen der einzige Zeuge einer beim Wiederaufbau der Stadt vorherrschenden repressiven Hegemonie und stilisierten Uniformität ist!

Wenn es eine Lehre gibt, die wir aus Poseners Werk ziehen können, dann jene, daß Architektur nichts anderes ist als der Kampf des Menschen für Aufrichtigkeit, für Demokratie, für das Schöne.

Architektur und Architekten im 20. Jahrhundert

Seit ich fünf war, hat das Häuserbauen mich interessiert, weil meine Eltern 1910 ein Haus bauen ließen; und sie sagten uns sehr deutlich, daß das das neue Haus sein werde und die neue Zeit. Die alte Villa war, wie die Eltern sagten, „finster und glitschig“, hatte Kachelöfen, war winklig und zugeschlossen. Das neue Haus hatte Zentralheizung und elektrisches Licht, es war hell, froh, modern. Meinen Sie, das hätte einen Fünfjährigen nicht beeindruckt? Ich verfehlte nicht, mir daraufhin die Häuser unserer Verwandten mit anderen Augen anzusehen. Übrigens machten unsere weiterhin „finster-und-glitschigen“ Verwandten entsprechende Bemerkungen über unser Haus: das sei die neue Mode, das sei unsolide. Wir hatten hell gestrichene Türen im Erdgeschoß, die Schlafzimmertüren waren kräftig blau; und mein Vater hatte auf jede dieser blauen Türen eine Figur gemalt – auf die Klotüre einen Kaktus. Mein Onkel Paul führte seinen majestätischen Bart durch die neuen Räume spazieren, stieß mit dem Stock auf den Linoleumfußboden und räusperte sich wie einer, der sagen wollte, daß sich das alles nicht gehöre: das war die neue Zeit. Wann aber hatte diese neue Zeit begonnen? Jawohl, ja eben in den ersten Jahren des Jahrhunderts. Was davor lag – je nun...

Dies ist der Augenblick, in dem die Architektur einen neuen Anspruch anmeldet. Dieser Anspruch hat natürlich seine Geschichte, sie war damals gut hundert Jahre alt. Das späte achtzehnte Jahrhundert und das neunzehnte Jahrhundert setzten den Beruf des Architekten Einflüssen von verschiedenen Seiten aus, zu denen er sich verhalten mußte. Seiner Tätigkeit öffneten sich neue Gebiete; das hängt mit dem Aufkommen der Industrie zusammen. Die Industrie bringt dem Architekten neue Konstruktionen, später neue Materialien.

Friedrich Gilly hat kurz vor seinem frühen Tode einen instruktiven Aufsatz darüber geschrieben, daß der Architekt von alledem etwas verstehen müsse; er müsse imstande sein, ein Orchester zu dirigieren, in dem neue Stimmen erklingen, und mehr Stimmen als zuvor; er müsse davon etwas wissen, es sei aber nicht seine Sache, sich in den neuen Wissenschaften und Techniken zu spezialisieren. Dies ist eine Einwirkung der Revolution, die man die industrielle nennt. Mit dieser Revolution hängt es auch zusammen, daß der Architekt frei wird, sich verschiedener Sprachen zu bedienen. Schon das allgemeiner verbreitete Wissen um andere Ausdrucksformen als die der Renaissance und ihrer Wandlungen seit 1550 wirkt auf den Architekten ein.

Um die Mitte des 18. Jahrhunderts entstehen in England gotische Landschlößchen wie Strawberry Hill, bald auch neugriechische wie Osterley Hall. Um 1800 darf man auch ägyptisch bauen, sogar indisch – auch „rustikal“. Die Überlieferung ist abgerissen, man darf sich aller bekannten Stilformen bedienen, man darf sie sogar mischen. Ein allgemeinerer Begriff bildet sich heraus: Das Architektonische. Die Stile werden zu Gewändern. Ja, es hat einen Augenblick gegeben, als der Architekt die reinen Körper zur Geltung brachte, die Urformen des Architektonischen, und zwar in bis dahin ungekannten Dimensionen: die Stufenpyramide, die Pyramide, sogar die Kugel: Boullées Newton-Kenotaph. Man hat diese Architektur mit der Französischen Revolution in Verbindung gebracht, die bald danach ausbrach. Newton: das ist das physikalische Weltbild, nicht mehr das kirchliche. Die politische Revolution hat aber auch die Wirkung auf die Architekten gehabt, daß sie ihre Arbeit nicht mehr allein den Bauten der Fürsten widmeten und denen der Kirche: die öffentlichen Gebäude des bürgerlichen Staates treten in sein Blickfeld: Gericht, Museum, Bibliothek, Krankenhaus, Kaserne, Gefängnis. Bald wird er auch das bürgerliche Haus so ernst nehmen wie vordem das Palais.

Das Feld seiner Wirkung wird zusehends breiter: neue Techniken, neue Aufgaben. Beide Themen werden ihn durch das ganze neunzehnte Jahrhundert begleiten. Gegen Ende des Jahrhunderts erscheinen dann technische Aufgaben wie Bahnhöfe und die Portale der großen Stahlbrücken. Auch wird sich zeigen, daß das Haus nicht die unterste Einheit seiner Tätigkeit ist: die kunstgewerbliche Bewegung in England – Morris und die Arts-and-Crafts-Bewegung –, aber auch das neue kunstgewerbliche Interesse in Deutschland. Die Wiederkehr der deutschen Renaissance veranlassen den Architekten, sich mit dem bürgerlichen Zimmer zu beschäftigen, bald auch mit dem Möbel. In alten Zeichnungen erscheint das Dach als leere Fläche: die Zimmerleute machten das schon richtig. Ebenso wurden die Fensteröffnungen leer gelassen. Wie ein Fenster aussah, das wußte man eben. Jetzt finden Sie in den Zeichnungen der Architekten Dachstühle, und Sie finden die Fensterteilung angegeben bis zu den kleinen Sprossen, welche um 1905 Mode wurden.

Die Raumkunst setzte sich gegen Ende des Jahrhunderts durch: in einem guten Raum sollten Wände, Decke, Fußboden, Teppiche, Vorhänge, Bezüge und Holz der Möbel aufeinander abgestimmt sein. Der Höhepunkt der Raumkunst, die neue Kunst, Art Nouveau, erschien um 1895: wir nennen das den Jugendstil.

Der Jugendstil aber trat mit dem Anspruch auf, nicht nur die Formen des Lebens zu erneuern, sondern seinen Sinn. Morris war ihm darin vorangegangen. Bis dahin hatte sich der Architekt bemüht, neuen Aufgaben gerecht zu werden, jetzt übernimmt er eine aktive Rolle: er wird zum Erzieher nicht nur zu neuen Formen – und das war viel –, sondern zu einem neuen Leben. *Incipit vita nova* hatte der junge Dante seine Gedichtsammlung überschrieben. Es war wieder soweit; nur daß diesmal nicht der Dichter den Weg zu einem neuen Leben zeigt, sondern der Architekt. Morris hatte das durch den Hinweis auf die Arbeit tun wollen, welche zu tun sich lohnt, die gediegene und stimmige Arbeit, die er an seine Räume und seine Möbel gewendet hat. Er hatte noch nicht die neue Form gewollt. Jede gute Arbeit, sagte er, ist Kunst. Der Jugendstil wollte sie.

Damals entstanden aber auch Häuser einer neuen Art – wieder in England. Der Geschichtsschreiber, ja, der Ideologe dieser neuen Art zu bauen und zu wohnen aber war ein Deutscher, Hermann Muthesius. Das neue Wohnen in England war etwas ganz anderes als der Jugendstil, und Leute wie Muthesius benutzten England, um den Jugendstil außer Kurs zu setzen. Auch diese Architekten waren der Ansicht – und fühlten –, daß ein neues Leben im Begriff war zu beginnen; aber sie suchten es nicht auf eine neue Form zu beziehen, wenigstens noch nicht. Der große Mann des Jugendstils in Deutschland, Henry van de Velde, sagte 1914: „Seit zwanzig Jahren suchen manche unter uns die Formen und die Verzierungen, die restlos unserer Epoche entsprechen."

Die Architekten, welche sich auf das neue Wohnen in England bezogen oder auf den neuen Fabrikbau in Deutschland – Peter Behrens, Hans Poelzig –, hatten mehr Geduld. Sie wollten von den Aufgaben ausgehen, vom Bedürfnis, von der besten, der angenehmsten Anordnung. Muthesius hatte in England eine Art Häuser zu planen kennengelernt, welche das Haus und jede seiner Einzelheiten der Lebensart der Gesellschaft zuordnete, der es dienen sollte. Das Haus war dort wohn-wesentlich geplant. Die Fassade – im Sinne der Renaissance – war unwichtig geworden, ja störend, das Wesen des Hauses sollte allenthalben durchscheinen, das Haus sollte der Bequemlichkeit einer bestimmten Gesellschaft dienen und etwas sein wie der Niederschlag dieser Gesellschaft, nicht ein Paradestück der Architektur.

Das englische Haus war einer der neuen Einflüsse, der Einflüsse hin zum Neuen, die sich nach 1900 geltend machten. Ein anderer war die Industrie und ihre Produkte. Die Arts-and-Crafts-Bewegung war industriefeindlich gewesen. Die deutschen Architekten der Jahrhundertwende konnten und wollten sich diese Anschauung nicht zu eigen machen: die Maschine trat in den Fokus ihres Interesses. Muthesius beschrieb die Eigenschaften des Maschinenproduktes so: „Schmucklosigkeit, Glätte, Schärfe, Genauigkeit, knappe Sauberkeit." Diese Eigenschaften, sagte er, haben begonnen, allmählich eine allgemeinere Bedeutung in unserem Leben zu gewinnen. „Es tritt gewissermaßen eine Vergesellschaftung der Dinge ein, die wir anfertigen, ähnlich der Vergesellschaftung, die der Mensch selbst eingegangen ist. Die Einzelarbeit tritt in den Hintergrund, wie die einzelne Person sich der Gesamtheit unterordnet." Damit wird zugleich die Beziehung der Architektur – in dem weiten Rahmen, den sie jetzt ausfüllt: vom Möbel bis zur Stadt – zur Industriegesellschaft bezeichnet. Dem Architekten wird ein soziales Bewußtsein attestiert. Es hat den führenden Architekten jener Zeit nicht gefehlt.

Dies war die neue Zeit, von der ich eingangs gesprochen habe, das Neue, welches wir Kinder bürgerlicher Eltern in dem neuen Hause verkörpert sahen, ohne es in den weiteren Implikationen zu begreifen, von denen eben die Rede war. Wir bezogen das Haus 1910, drei Jahre nach der Gründung des Deutschen Werkbundes. Wir wußten natürlich nicht, daß der Werkbund auch das sah und förderte, was uns noch verborgen blieb: die Wirkung der Architektur in der Industriegesellschaft.

Sie erkennen den Unterschied zwischen dieser neuen Zeit und der, welche einem Manne wie Morris vorgeschwebt hatte – und noch van de Velde: diese hatten ein neues Leben gefordert, befreit von dem, was van de Velde den Kommerzialismus nannte und, wie Morris wollte, unbelastet von den Forderungen des Fortschritts. Van de Velde sprach zwar bereits von der Industrie, welche allen Künsten ihren Stil, den Industriestil, aufprägen werde; aber seine eigenen Entwürfe für Serienherstellung waren keineswegs „schmucklos, glatt, scharf, genau"; sie waren Jugendstil. Wie Morris wollte er ein neues Leben – incipit vita nova –, das verklärt sei durch die Kunst.

Sehr anders war der Neubeginn, welcher jetzt heraufzog. Da war keine Rede mehr davon, daß der Kommerzialismus verschwinden sollte: er sollte lediglich seine schlechten Gewohnheiten aufgeben und statt Schund Qualität produzieren und unter die Leute bringen. Wenn man hier überhaupt von Lebensreform sprechen kann, so war das eine Änderung der Haltung, ein Zurückfinden zum Anständigen, Gediegenen, sinnfällig Einfachen im Bauen, im Handel, im Kunstgewerbe, im Handwerk, in der Industrie, im Ingenieurwesen. Man wollte nicht den Sonnenaufgang über der Menschheit, dem der nackte Fidus-Mensch entgegenschreitet, man wollte lediglich eine bessere Art der Bürgerlichkeit, eine Bürgerlichkeit à la 1800, bereichert durch den gesamten technischen Fortschritt der Gegenwart und den zu erwartenden größeren Fortschritt und erweitert durch ein Bewußtsein der sozialen Verpflichtung des Bürgertums.

Ich bitte Sie jedoch, eines nicht zu vergessen: der Jugendstil war nach der Jahrhundertwende abgetreten: er wurde zur allgemein verwendeten Form, die verhältnismäßig bald durch andere Formen verdrängt wurde; aber der Geist des Jugendstils, dieser Versuch, ohne Übergang – und ohne politischen Wechsel – vom Bürgertum der Gründerzeit in das Neue Leben hinüberzuwechseln, dieser Geist blieb in zahlreichen Gruppen, Bewegungen, „Kreisen" lebendig: im Wandervogel, in der Neuen Gemeinschaft in Schlachtensee, im Dürerbund, im Kreis um Stefan George, im völkischen Antisemitismus – um nur einige zu nennen: Jonas Geist, Janos Frecot und Dietmar Kerbs haben sie alle in ihrem Fidus Buch aufgelistet. Und die Haut schaudert einem, wenn man daran denkt, in welches Neue Leben sie dann vor 50 Jahren, 1933, eingemündet sind.

Ich erinnere aber an das Weiterleben dieses Geistes, an seine Permanenz, weil wir ihm in der Architektur im Laufe unserer kurzen Übersicht wiederbegegnen werden: mehrmals. Es findet da eine seltsame Wellenbewegung statt: der Geist der Lebensreform – um ihn einmal so zu nennen – war immer gegenwärtig, bald latent, bald potent; und das Gleiche gilt für den anderen Geist, den bürgerlich sachlichen oder meinetwegen funktionalen, technischen, rationalen – nennen Sie ihn, wie Sie wollen: er ist ja verschieden genannt worden. Kurz nach der Jahrhundertwende war dieser Geist im Aszendenten, damals entstand Peter Behrens' Haus Obenauer in Saarbrükken. Behrens, der Jugendstilmann von Darmstadt, findet einen elementaren Klassizismus. Wenige Jahre später wird er die reine Geometrie finden: eine wahre Besessenheit mit Kreis und Quadrat, die Proportionen bestimmend, auf die Gebäude gezeichnet und in die Räume: denken Sie an das Krematorium in Hagen.

Das war die höchste Ebene des Umschwunges. Der Bau der bequemen Bürgerhäuser – nennen Sie sie funktionalistisch – war der Umschwung auf einer mittleren Ebene. Damals haben alle Architekten Einfamilienhäuser gebaut. Man redete den Architekten an mit „Herr Baumeister". Er vertiefte sich in die Wünsche des Bauherrn, – zuweilen suggerierte er ihm wohl auch diese „Wünsche". In jedem Falle aber ging man zusammen bis zur letzten Einzelheit, bis zu dem ererbten Barockschrank, um den herum das Eßzimmer geplant wurde. Die Architekten hatten ihren Stamm von Handwerkern, mit denen sie immer wieder arbeiteten: wir lernten den Maler unseres Baumeisters gut kennen, er war achtzehn Jahre später wieder dabei, als der gleiche Baumeister für meine Eltern ein bescheideneres Haus baute, ein Nach-Inflations-Haus. Denn die Baumeister blieben ihren Bauherren freundschaftlich verbunden. Dazwischen lagen Krieg, Nachkrieg und Inflation; in der Baukunst der Expressionismus: Mendelsohns Skizzen und Tauts, die Gläserne Kette, der Einsteinturm; viele Phantasien, wenige Verwirklichungen; als aber dann die kurze Weimarer Prosperität einsetzte, da wurde nicht nur das Bauhaus in Dessau gebaut, von dem die Kunstgeschichte spricht – wie vom Einsteinturm, da entstanden wieder Einfamilienhäuser, und sie wurden so handwerklich gebaut wie zuvor. Vielleicht hatten sie ein zackiges Backsteinmuster am Eingang – solange der Expressionismus galt – oder, unter der „Sachlichkeit“, Travertin; aber Programm und Ausführung hatten sich nicht geändert, und auch die Beziehung Baumeister–Bauherr war die gleiche geblieben. Vor dem Kriege hieß der Einfamilienhauslöwe Muthesius, nun hieß er Breuhaus. Auch 1923 noch konnte einer anfangen, Architektur zu studieren, weil er Häuser bauen wollte.

Ich spreche da von einer Kontinuität, weil man sie gern vergißt: die Kunstgeschichte hat sie vergessen. Sie zeigte sich aber auch in anderem, nicht nur im Häuserbauen. Man hatte vor dem Kriege nicht lediglich Landhäuser gebaut, es hat sogar einige moderne Fabriken gegeben. Behrens und Poelzig suchten damals den Fabrikbau, weil er Neuland war, darum Neues erleichterte, ja, herausforderte. Als Charles-Edouard Jeanneret, später als Le Corbusier bekannt, 1910 in Deutschland gewesen war, schrieb er, Frankreich bleibe das Land der hohen Kunst; aber der Werkplatz des Neuen heiße Deutschland, und der Mann, der das Neue am kräftigsten verwirkliche, sei Peter Behrens. Es gibt ein Photo, da sieht man ihn vor Behrens' Atelier in Neubabelsberg, und nicht ihn allein, sondern Gropius, Mies, Hannes Meyer.

Es ist wahr: 1918 wurde das Zeitalter Wilhelms des Zweiten und die Erinnerung daran in den Orkus verwiesen; aber die führenden Architekten der späten zwanziger Jahre kommen aus Peter Behrens' Atelier. Gewiß: er wurde nun als Vorgänger behandelt; aber die Kontinuität bestand. Man hat das nicht ausgesprochen; aber man knüpfte, nach der Unterbrechung durch die „Programme und Manifeste“ der Nachkriegsjahre, an Tendenzen wieder an, welche in der Zeit des Kaisers wirksam waren. Unterirdisch müssen sie weiter gewirkt haben, unter den Fanfaren der Revolution.

Vorläufig hörte man diese, etwa fünf Jahre lang: das war wieder der Ruf zum Neuen Leben. Fünf Jahre lang, so lange hielten die Künstler im Geiste an der Revolution fest, die in der Gesellschaft nicht zustande gekommen war. Das wirkte wie ein tiefer Einschnitt. Die Veränderungen, welche damals wirklich stattgefunden hatten, bemerkte man eigentlich erst, als man sich am Ende der Nachkriegsjahre umsah und von Neuem begann: abermals von Neuem. Da konnte man die Summe der Arbeit ziehen, welche im Kriege und nachher mit neuen und auch mit alt-neuen Baustoffen geleistet worden war, oder in der Planung des kleinen Hauses und der kleinen Siedlung. „Kleinhaus und Kleinsiedlung“ nennt dann Muthesius das Buch, in dem er über diese Arbeit berichtet; man hatte sich auch – schon im Kriege – mit den rechtlichen und wirtschaftlichen Grundlagen beschäftigt, auf denen der neue Wohnbau für den kleinen Mann, der Siedlungsbau, ruhen konnte. Martin Wagner, der aus dem „Zweckverband Groß-Berlin“ kam – und davor aus Muthesius' Büro –, hat da, vor seiner Zeit als Stadtbaurat von Berlin, wichtige Untersuchungen vorgenommen.

Man hat sich auch mit dem Baubetrieb beschäftigt und den Großbetrieb vorbereitet. In seinem Kleinhausbuch kommentiert Muthesius den Begriff der Typisierung, welche er im Juli 1914 vergeblich in die Diskussion des Werkbundes eingebracht hatte: sie sei als Typisierung der Teile für den billigen Wohnungsbau unverzichtbar. Diese Arbeiten waren nicht spektakulär oder, um es auf Berlinisch zu sagen: sie machten nicht viel her, aber sie waren wichtige Schritte auf dem Wege zum neuen Bauen. Vor dem Kriege waren in den Städten – besonders wieder in Berlin – zahlreiche Wohnhöfe entstanden und einige Wohnsiedlungen. Bauträger waren die Wohnungsvereine, unter anderen der Beamten-Wohnungsverein, dessen Architekten Mebes und Emmerich waren. Nun aber, in den zwanziger Jahren, sobald man die Inflation hinter sich hatte, begann zum Beispiel die Baugesellschaft der Gewerkschaften GEHAG eine Wohnbautätigkeit in neuen Dimensionen.

Zur gleichen Zeit wie die großen Stadtrandsiedlungen in Berlin – Taut, Wagner – entstanden die Siedlungen im Niddatal bei Frankfurt – Ernst May, Ferdinand Kramer –, es entstanden Fritz Schumachers und Karl Schneiders schöne Backsteinviertel in Hamburg. In Berlin waren Martin Wagner als Stadtbaurat und Bruno Taut als Architekt der GEHAG – beide aus Königsberg – die Schlüsselfiguren des neuen Wohnungsbaues. Jawohl: Taut, der im Kriege eine „Alpine Architektur" skizziert hatte, die Umwandlung der Alpengipfel in ein übergroßes Monument für den Frieden: Taut wurde der Architekt der GEHAG. Ein großer Architekt, ein Künstler, der auf dem Recht, ja der Pflicht des Künstlers zur Utopie bestanden hatte, tritt in die Bau-Organisation ein, nein, in die Organisation des Planens und des Bauens und nimmt aktiv an ihr teil, beschäftigt sich auch als Hochschullehrer mit eben diesen Fragen.

Später hat er dann berichtet, wie er die im Büro der GEHAG erarbeiteten Pläne, an denen rein sachlich nichts auszusetzen war, nach Hause nahm und nachts in einem Trancezustand – „der Kopf war ausgeschaltet" – sie sich zu eigen machte oder unterwarf – oder formte. Er nannte das „in Proportion bringen", und er meinte damit, angemessen machen, so daß die Leute, die dort wohnen, „bewußt fühlen", daß das Ganze in Harmonie war. In diesen Nächten behauptet sich der Künstler, der Mann der „Alpinen Architektur" gegenüber dem Betrieb. Wie anders aber war dieser Architekt als der Baumeister der Vorkriegstage gewesen, der die Landhäuser baute. Und wir haben ja gesehen, daß es auch ihn noch gab, als die Siedlungen entstanden. Das Neue aber war der Architekt der Großsiedlungen, der Agent der Wohnungsbaugesellschaft. Ich nenne ihn einen Agenten, denn das war er, mochte er auch wie Taut in seiner Baugesellschaft großen Einfluß ausgeübt haben. Er war der Agent, man kann auch sagen der Spezialist; denn im Grunde ist es eine Art der Arbeitsteilung, daß der Mann der Kunst Pläne, welche funktionieren, in Form bringt. Nehmen wir diese Arbeitsteilung nicht zu leicht, auch bei Taut nicht: sie hat ihre Probleme. Auf jeden Fall ändert sie Bild und Selbstverständnis des Architekten.

Das Bild des Architekten änderte sich damals, in den späten zwanziger Jahren, auch auf andere Weise. Der Architekt nimmt die Arbeit der Erziehung wieder auf, die mit der Gründung des Werkbundes spätestens begonnen hatte: spätestens, denn Architekten haben schon vor 1907 ihre Klienten und darüber hinaus die Öffentlichkeit erziehen wollen. Jetzt aber, gegen Ende der zwanziger Jahre, wurde radikaler erzogen als vor dem Kriege, als es sich lediglich um eine Art Geschmackshygiene gehandelt hatte. Es ist wahr: schon Muthesius und andere hatten von der Form des Massenproduktes gesprochen; aber jetzt erst macht man mit der Maschinenästhetik ernst.

Es ist – wie schon Muthesius gesagt hatte – die Ästhetik der Elementarformen Kugel, Zylinder, Kegel, Pyramide, Kubus. Es ist die Ästhetik der glatten, präzisen, knappen Form. Es ist die Ästhetik der typischen Form, der Serie: das schöne Einzelstück tritt zurück. Auch dies hatte bereits Muthesius gesagt, dieser Maß-Schneider schöner Einzelstücke. Damals gab es da einen Widerspruch, jetzt wird er aufgehoben: das Haus selbst empfängt seine Form vom Serienprodukt, das Einzelhaus wird zum Paradigma: Le Corbusier baut die Villa Savoye und macht eine Skizze, auf der zehn Villen Savoye beieinanderstehen.

Wie gut, daß die holländische Gruppe „de Stijl" – also „der Stil" – ein System entwickelt hatte, durch welches Elementarformen: rechtwinklige Flächen und Linienzüge miteinander in einen Formzusammenhang gebracht wurden, ein dynamisches Gleichgewicht. Das Dessauer Bauhaus selbst ist ein Beispiel für dieses dynamische Gleichgewicht. Und das ist kein Zufall: Theo von Doesburg, einer der führenden Männer des Stijl, hatte das Bauhaus in Weimar 1922 besucht und Walter Gropius zu seinen Prinzipien bekehrt: zu seinen Prinzipien; aber damals verwechselte man gern Prinzip und Form.

Das Bauhaus entfaltete eine starke Propaganda. Man sprach vom neuen Leben – damals von einem Neuen Leben –, aber es war ein anderes Neues Leben: es sollte befreit sein, sportlich-demokratisch; man sprach von einem neuen, einem sozialen Städtebau. Vom Hinterhof war man bereits um 1910 zur Blockrandbebauung übergegangen. In den zwanziger Jahren verschwand die „Korridor-Straße", die Idee des Wohnhochhauses kam auf, endlich wurden Beispiele eines denkbar abstrakten Städtebaus verwirklicht, des Zeilenbaus, zum Beispiel in Dammerstock.

An wen aber richtete sich diese Propaganda? Sie richtete sich an eine Elite. Man hat die Vielen nicht gefragt, für die man plante. Dazu waren wohl die Dimensionen zu groß geworden; denn in der Gartenstadt Hellerau, vor dem Kriege, hatte man es getan. Da wußte man aber auch, wer einziehen würde, bei den Großsiedlungen wußte man es nicht. Den Bauherrn gab es nicht mehr, er war die „unbekannte Menge". Ich muß aber auch dies sagen: man hätte diese unbekannte Menge wohl auch dann nicht befragt, wenn es möglich gewesen wäre. Man diskutierte nicht, man erzog. Man machte Propaganda für die Wenigen, man verließ sich bei den Vielen auf die Wirkung des Gebauten. Die Leute würden „bewußt fühlen" (Taut), daß das, was sie bekamen, eben das war, was sie brauchten. Und sie fühlten es nicht. Die neue Form der zwanziger Jahre verlangte von ihnen ungleich mehr, als die Neuerungen der Vorkriegszeit – etwa Behrens' Fabriken – ihnen zugemutet hatten. Der Bruch mit dem Gewohnten war ohne Beispiel, und die Architekten irrten, wenn sie meinten, die Leute würden da mitgehen.

Allerdings darf man sich die zwanziger Jahre nicht so vorstellen, als habe es auf der einen Seite die Bauhaus-Avantgardisten gegeben und auf der anderen Seite die Leute, die dem Neuen fassungslos gegenüberstanden. Daß man auch um 1930 noch Einfamilienhäuser der alten Art gebaut hat, haben wir erwähnt. Es gab aber auch eine breite Architektur der zahmen Moderne, um das einmal so zu nennen. Ich will hier nur an den Namen Fahrenkamp erinnern. Das war modern, aber da konnte man mit. Und das Volumen, welches Architekten wie Fahrenkamp produzierten, war erheblich größer als die Verwirklichungen der Architekten, deren Werk man heute als die Architektur der zwanziger Jahre vorstellt – die Großsiedlungen allerdings ausgenommen. Im Jahre des Bauhauses, 1926, entstand in Berlin-Schmargendorf die Reichsbanksiedlung von Werner March: sehr angenehm um Höfe gruppierte neobarocke Wohnbauten. Auch das also hat es noch gegeben; oder vielleicht wieder? Ein Jahr später entstand im Fischtal in Berlin-Zehlendorf eine Gruppe von Häusern mit steilen Dächern, eine Angestellten-Siedlung, gebaut immerhin von Architekten wie Tessenow, Poelzig, Schmitthenner, Mebes, Schopohl, Alexander Klein. Sie war als Gegendemonstration gegen die moderne Onkel-Tom-Siedlung von Taut, Häring und Salvisberg gedacht. Hier beginnt die Reaktion gegen die neue Architektur, und sie wurde in den sechs Jahren bis 1933 zusehends stärker.

Zur Erinnerung an die Machtergreifung vor 50 Jahren hat man in Berlin eine Ausstellung gezeigt: „Verordnete Architektur". Die Architektur der steilen Dächer und stehenden Fenster war aber nicht verordnet, sie war populär, nicht nur bei der unbekannten Menge, auch bei den Architekten – oder doch bei vielen Architekten. Viele

Architekten sahen nicht ohne Bedenken, wie das Berufsbild des Architekten sich ausgeweitet hatte. Es gab jetzt den Architekten als Erzieher, als Propagandisten, als Ingenieur, als Soziologen, als Hygieniker. Viele deutschen Architekten, und durchaus nicht nur alte Knochen, Reaktionäre von Natur und Erziehung, waren dieses Theaters – wie sie es nannten – müde und wollten, daß der Architekt wieder zu sich selbst zurückfinde. Einige sahen in den Manifesten nur Vorwände für die neue Form. Man warf aber der neuen Architektur nicht nur Intellektualismus vor – und das war damals ein Schimpfwort, so wie es gegenwärtig wieder zum Schimpfwort zu werden beginnt – man nannte sie auch unsolide – und nicht ganz ohne Grund. Indem man die Industrie auf die Baustelle rief, hieß es, vernachlässige man das Handwerk, und das Handwerk sei nach wie vor die Basis des Berufes. Hat nicht auch Tessenow so gesprochen? Die „Stuttgarter Schule" hat ganz gewiß so gesprochen; und wir Studenten in Berlin haben lange vor 1933 erwogen, einmal nach Stuttgart zu gehen. Damals gab es zwei attraktive Schulen, die andere war das Bauhaus; aber Stuttgart wirkte realer als das Bauhaus und übte eine immer stärkere Anziehung aus.

Als dann das Dritte Reich gekommen war, hatten wir für diese Seite seiner Architekturauffassung Verständnis. Ich erinnere mich, daß ich in *L'Architecture d'Aujourd'hui* die Bauhaus-Moderne so böse kritisiert habe wie ein Nazi-Kritiker; immerhin sah ich auch das Dilemma dieser neu-alten Architektur. Ich faßte es in die Formel: „Man kann nicht das Bodenständige, das Alt- und Urechte durchs Radio proklamieren." Man kann auch keine Autobahnbrücken bauen, die aussehen wie alte Viadukte. Der Gegensatz, den ich sah, war der zwischen Überlieferung und Technik, oder, um es anders auszudrücken, ich meinte, man könne aus der Überlieferung die Technik nicht ausschneiden. Anna Teut hat diese Geschichte erzählt, auch die Enklave Industriearchitektur erwähnt, welche nicht bodenständig zu sein brauchte, weil sie das einfach nicht sein konnte, und endlich den Sieg der Technik über die Sehnsucht nach einer Rückkehr in eine fiktive heile Welt des Handwerks. Eine Erscheinung der zwanziger Jahre konnte man ohnehin nicht rückgängig machen: den Architekten als Agenten einer Großbaugesellschaft. Es gab ihn auch jetzt.

Die politische Revolution verändert nicht genug. Alexis de Tocqueville hat das sogar für die klassische Revolution, die Französische, nachgewiesen. In unserem Jahrhundert wird die Struktur der Gesellschaft in den Industrieländern permanent, ein Machtwechsel berührt sie immer weniger tief. Das besondere Dilemma aber der konservativen Revolution in unserem Jahrhundert ist dies: sie kann das, was sie bekämpft, nicht rückgängig machen. Sie mag den Fortschritt ablehnen, aber sie selbst bedient sich des Fortschritts. Eben das belastet die Versuche, die sie zu seiner Diffamierung unternimmt. Es hat nicht an ihnen gefehlt, nicht am Neu-Handwerk, nicht an einer Schlichtheit, die nicht ganz gepaßt hat, nicht an der Lebensreform, welche wir aus den Augen verloren haben – die sportliche der Bauhauszeit ist nicht sehr tief gegangen –, nun aber sind die Schleusentore geöffnet, und trübe Fluten eines Neuen Lebens, wie Fidus es ersehnt hätte, ergießen sich in alle Bereiche des Lebens, natürlich auch in den der Architektur. Der unterirdische Strom Lebensreform tritt wieder hervor.

Wenn man von der Architektur des Dritten Reiches spricht, so spricht man von seiner monumentalen Art zu bauen und zu planen, von Troosts gespenstischer Trockenheit, von der krampfhaften Megalomanie des Albert Speer. Aber diese Monumentalität hat das Dritte Reich den Strömungen übergestülpt, welche aus der Tiefe wieder heraufgestiegen waren, um sich in einer nationalen Revolution zu verwirklichen: denken Sie an die Expressionisten, die einen Augenblick lang glaubten, sie hätten dort ihre geistige Heimat gefunden, Künstler wie Benn, auch Nolde – und nicht auch ein wenig Barlach? In der Architektur geschah eine Weile beides nebeneinander, das Häuserbauen und die monumentale Parteiveranstaltung; und den Mitlebenden war der Häuserbau wichtiger. Darum habe ich von der monumentalen Architektur nichts gesagt.

Ich fürchte, daß ich noch weniger über den Wiederbeginn des Bauens nach 1945 sagen kann; denn ich war nicht hier. Als ich gute zehn Jahre später, nach meiner Rückkehr, einige dieser wieder modernen Gebäude sah, fand ich sie unsicher, besonders im Detail. Die Architekten hatten offenbar immer noch das Dritte-Reich-Detail im Handgelenk, und das war fast immer zu dünn für die Dimensionen, in denen man jetzt baute. Als ich herkam, war man jedoch gerade dabei, ein paar Marksteine zu setzen, die den Weg zu einer Architektur bezeichnen: die Philharmonie war im Bau. Ich erinnere mich an zwei Äußerungen von Fremden, denen ich sie gezeigt habe, als sie dann, 1963, vollendet war. Der eine war ein hochbegabter Malaye, der nie vorher Ähnliches gesehen hatte. Er bemerkte stammelnd: „Aber hier müssen die Leute sitzen wenigstens 20 Minuten, bevor das Konzert beginnt." Und als ich ihn fragte, warum er das meinte, sagte er: „Die Musik ist ja schon im Raum." Der andere, ein Urberliner, Heinz Rau, damals Architekt in Jerusalem, sagte: „Mit diesem Bau hat die deutsche Architektur wieder den Weg aus der Provinz gefunden."

Damals hat man sich Scharouns Raumschaffen, diesen Räumen, welche leben, zugewandt wie einer Befreiung aus der Monotonie, dem Schema, der ewigen Wiederholung von Gebäuden, die so aussahen, als glaube niemand so recht daran, daß sie gerade so auszusehen hatten: die Bauherren nicht, die Bauträger nicht – und nicht die Architekten. Das lag zum Teil wohl an der Änderung im Status des Architekten, von der wir im Falle von Bruno Taut gesprochen haben:

daß der Architekt der Agent des Bauträgers wird. Jetzt, nach dem Zweiten Weltkrieg, wurde das beinahe die Regel.

Die großen Bauträger werden wichtiger als die Architekten. Sie bauen in Dimensionen, mit denen verglichen die großen Siedlungen der zwanziger Jahre intim wirken; sie bauen schnell; und das Detail, für das ein Mann wie Mies gelebt hat, wird von der Stange gekauft. Das Bauen gerät in eine Zwischenlage zwischen Handwerk und Vorfertigung; dabei wird das Handwerk schlecht, und die vorgefertigten Teile sind noch nicht gut. Einige haben vorgeschlagen, daß der Architekt sich mit dem Kleinsten beschäftigen solle und mit dem Größten: mit den vorzufertigenden Teilen und mit dem Städtebau. Das einzelne Gebäude, früher die Hauptaufgabe, steht nun wirklich zwischen diesen beiden Bereichen: dem Detail und dem Zusammenhang. Es geht zwischen ihnen verloren.

Aber die Architekten zögern noch. Und so bleibt das Detail ungenügend, und der Zusammenhang wird zu schnell gefunden – wie die Planer eines ganzen Stadtteils, des Berliner „Märkischen Viertels", stolz erzählten: in drei Wochen! – und nach rein künstlerischen Gesichtspunkten wie Stadtbild, Silhouette, Höhen und Senken der zu bauenden Masse. Und dies hat man als Funktionalismus kritisiert! Es war bereits als Gegen-Funktionalismus gemeint; aber nun nannte man kritisch alles Funktionalismus, was aus Beton gebaut war, was hoch war, was sich auf jenen Umschwung in den zwanziger Jahren bezog, den man Funktionalismus nannte, obwohl diese Bezeichnung ein Mißverständnis ist. Wir kommen jetzt in ein neues Zeitalter, das der kritischen Reflexion – man kann es allerdings auch unkritische Ablehnung nennen. Man suchte nach den Wurzeln in den zwanziger Jahren, um sich von einem Geflecht zu befreien, das zu einem Dickicht der Monotonie heraufgewachsen war, des Bösen, Kalten, Tötenden. Man hielt sich lange an Scharoun als eine Gegenkraft, welche schon in jener Zeit wirksam war, aber in unsere Zeit hineinragt und in ihr erst sich hat voll verwirklichen können.

Später hat man nach anderen Antidoten gegriffen, man ist vor den bösen Augenblick zurückgegangen, in dem der „zweckrationale" Spuk begonnen hatte: bis zu den Gründerjahren zurück, deren saftige Geschmacklosigkeit willkommen war als Gegengift gegen die dünnblütige Abstraktheit jener Zeit. Und siehe da, in der Phase der Kritik feiert auch die Lebensreform wieder fröhliche Urständ. Nicht von ungefähr haben Geist, Frecot und Kerbs ihr Buch über die bösen Geister der Jahrhundertwende, das Fidus-Buch, geschrieben, als die gleichen Geister aufs neue begannen, ihr Wesen zu treiben: es war als eine Warnung gemeint.

Abrechnung also, ziehen der Summe dessen, was man so lange – und gläubig – die moderne Bewegung genannt hatte. Warum nicht?

Nur: vergessen wir nicht, daß diese Abrechnung über einen Graben hinweg erfolgt, als den man das Jahr 1945 bezeichnen kann. Bis dahin nämlich, bis zu diesem Zusammenbruch, kann man noch eine Kontinuität feststellen, jawohl, auch in der Architektur des Dritten Reiches noch. Nun aber blickt man zurück über einen Abgrund, und dort, jenseits, geistert ein Konstrukt, kein Residuum der Geschichte; denn wir blicken zurück durch zwei Schleier: den Schleier der Furcht vor der Großorganisation, in die der Baubetrieb sich verwandelt hat und immer entschiedener verwandelt. Hatte sie nicht damals ihren Anfang, in der Zeit des Rationalismus? Und wird der Architekt nicht zum Anachronismus, der freie Architekt, der Meister, von dem die Kunstgeschichte spricht?

Ein Schleier der Furcht – oder des Ressentiments – trübt den Blick; der andere Schleier tut es nicht minder: der Schleier des Diskontinuums, welcher das Damals als ein Jenseits erscheinen läßt. Ich habe die Zeit erlebt, die man die des Funktionalismus nennt, sie ist mir gegenwärtiger als der Bruch mit der Geschichte, den ich hier nicht erlebt habe. Wir waren kritische Zeitgenossen, darum ist unsere Kritik eine andere als die gegenwärtiger Kritiker. Wir haben davon gesprochen, daß die Architekten damals diejenigen nicht gefragt haben, für die sie planten. Sie meinten, sie könnten ihnen die neue Zeit schenken.

Auch davon haben wir gesprochen, daß die neue Architektur so rational nicht gewesen ist, wie diejenigen annehmen, die heute in ihr den Teufelstanz der kalten Vernunft sehen wollen. Damals, so sagte ich, haben einige die Vernunft einen Vorwand genannt, einen Vorwand für die neue Form. Es wäre vielleicht richtiger, von einer neuen Kultur zu sprechen, der Kultur des Maschinenzeitalters, welche man in der neuen Form bereits zu besitzen glaubte. Dies sind einige der Gründe, warum ein Denker wie Habermas davon spricht, daß jene neue Architektur ihr Versprechen nicht eingelöst habe: es sei immer noch offen. Man hat zu schnell eine Form gefunden, und man hat sie gültig machen wollen, indem man sie mit Theorien einhüllte, Theorien, welche eine spätere Generation zu ernst genommen hat.

Ernst zu nehmen bleibt das Grundsätzliche, das damals geschah; aber damals ist es fast nie rein in Erscheinung getreten: es ging zu schnell. Daß es zu schnell geht, ist ein Zug der neueren Geschichte – er erscheint zuerst in der Französischen Revolution: daß man glaubt, man brauche die neue Zeit nur zu verkünden und sie sei da. Die Expressionisten haben das geglaubt, die Männer der neuen Architektur und die Nationalsozialisten haben es nicht anders gehalten. Im Laufe meines Lebens habe ich drei-, viermal die Neue Zeit plötzlich eintreten sehen, und ich muß gestehen, daß mich das jedesmal ziemlich durcheinander gebracht hat. Anders war es nur das erstemal: damals vor 1910.

Damals trat ein Vorgang in Erscheinung, man konnte sich daran beteiligen; bei den Wandlungen seit dem Ersten Weltkrieg erschien jedesmal die neue Zeit fix und fertig, eingekleidet und verpackt. Wer da nicht mitmachte, war Feind – wie schon in der Französischen Revolution. Marx hat über deren römisches Gehabe – und wie schnell das verflog – im „Achtzehnten Brumaire" einige kluge Bemerkungen gemacht, aber auch er hat sein Vertrauen in die Revolution gesetzt, welche die neue Zeit, die endgültige, herbeiführen werde.

Mißtrauen wir den Revolutionären! Mißtrauen wir der Neuen Zeit, die an einem bestimmten Tage beginnt! Sie läßt immer vieles ungelöst, unerlöst, unverarbeitet; sie schleppt das mit, es legt sich wie Bremsen auf die Räder des Neuen und bringt es zum Stillstand, worauf der Unerlöste selbst wieder hervortritt als Hauptmacht der nächsten neuen Zeit. Habermas spricht davon, daß die Architektur der zwanziger Jahre ihr Versprechen nicht erfüllt habe. Ich möchte ihm zustimmen, auch darin, daß die Erfüllung dieses Versprechens uns obliegt. Die Architektur der zwanziger Jahre, sie, die man Funktionalismus nennt, hat selbst vieles vom Aufbruch jener Jahre nach der Jahrhundertwende wieder aufgenommen – über den Graben des Krieges hinweg.

Wir haben in dieser Skizze zwei Tendenzen mehrmals einander ablösen sehen: eine funktionale und eine romantische. Die romantischen Tendenzen haben wir jedesmal verständlich gefunden, ja, auch am Beginn des Dritten Reiches; die funktionalen haben jedoch den Vorteil, daß sie der Entwicklung unserer Zivilisation nicht ausweichen: sie versuchen, sich mit ihr ins Benehmen zu setzen. Das soll keine Aufforderung sein, zu den zwanziger Jahren zurückzukehren: deren Architektur liegt sechzig Jahre zurück. Wenn heute einige von einer Postmoderne sprechen, so darf uns das recht sein. Das ist produktive Kritik – oder kann es sein; das führt weiter – oder es kann weiterführen. Wenn einige unter den Postmodernen uns auf einen neuen Historismus verpflichten wollen, und zwar von heute auf morgen, so ist mir das weniger recht: ich habe zu viele grundsätzliche Änderungen „von heute auf morgen" kommen sehen – und gehen: von morgen auf übermorgen. Etwas ist in den zwanziger Jahren geschehen, das nicht rückgängig gemacht werden kann: das Ausscheiden der Gliederungen und der schmückenden Einzelformen. Wir werden zu diesen toten Sprachen nicht wieder zurückfinden.

Vortrag anläßlich einer Festveranstaltung des Bundes Deutscher Architekten 1983. Unter dem Titel „Achtzig Jahre BDA – Achtzig Jahre Architektur, Wandel und Kontinuität" erschienen in: *Der Architekt*, Nr. 7/8 1983, S. 361–366.

Form und Bedeutung in der Architektur

Hans Poelzig, mein verehrter Lehrer, hat gesagt, er arbeite so lange an einem Gegenstand, bis nichts übrigbleibe als Form. Ich kann mir wohl denken, was er damit gemeint hat. Schon vor dem Ersten Weltkrieg war die Luft dick mit Theorien, welche die Form eines Gegenstandes von seinem Zweck ableiten wollten, oder von seiner Konstruktion. Man hat schon vor 1900 von der Zweckform gesprochen, und einige Architekten blickten mit Neid auf den Ingenieur, weil es für ihn kein Formproblem gebe. Die Form *seiner* Gegenstände ergebe sich, meinte man, ohne sein Zutun aus dem Zweck und aus den technischen Mitteln, derer er sich bediene. Demgegenüber betonte Poelzig, daß der Architekt ein Künstler sei und das Ergebnis seiner Arbeit ein Kunstwerk. Das ist leicht einzusehen, und doch habe ich mit diesem Ausspruch meines Meisters stets Schwierigkeiten gehabt.

Poelzig hat auch davon gesprochen, daß es ohne einen Bauherrn keine echte Architektur geben könne. Aber Bauherren mögen Form und Kunstwert ihres Hauses schätzen; was sie haben wollen, ist dennoch nicht ein Kunstwerk. Es ist ein Haus. Und die meisten Bauherren wünschen, daß ihr Haus nicht allenfalls auch bewohnbar sei, sondern wohnlich. Sie wissen ja, daß Goethe diesen Unterschied gemacht hat. Als er Palladios „Rotonda" gesehen hatte, schrieb er in sein Tagebuch: „Ich würde sie bewohnbar, nicht wöhnlich nennen."

Dieses Haus war wirklich nicht in erster Linie für die Bequemlichkeit der Bewohner gebaut. Es gibt also Bauherren, denen es mehr auf die Form ankommt als darauf, wie man sich in einem Hause befindet. In unserem Jahrhundert hat es sogar Bauherren gegeben, die in erster Linie ein authentisches Kunstwerk haben wollten. Mies hat einmal gesagt, wer ihm einen Auftrag gebe, dürfe sicher sein, daß er einen echten Mies erhalten werde. Aber selbst die Bauherrin, die am nächsten auf seine Intentionen eingegangen ist, Grete Tugendhat, hat sich widersetzt, als Mies vorschlug, auch aus den Schlafzimmern eine Komposition miteinander zusammenhängender Räume zu machen. Die Tugendhats wollten ungestört schlafen, jeder in seinem Zimmer. Unter dieser Bedingung haben sie das Haus akzeptiert, und Grete Tugendhat hat dem Architekten noch in späteren Jahren bescheinigt, daß sie restlos glücklich dort gelebt habe. Sie konnte glücklich dort leben, weil sie sich dem Versuch, der Form überall das Übergewicht zu geben, widersetzt hatte. Aus einer Raumkomposition war schließlich doch ein Haus geworden. Darum nenne ich Grete Tugendhat seine beste Bauherrin.

Damals, als das Haus eben gebaut war, konnte man Zweifel hören, ob es – trotz des veränderten Schlafzimmergeschosses – noch ein Haus genannt werden könne. In der Zeitschrift des Deutschen Werkbundes mit dem bezeichnenden Namen *Die Form* fragte Justus Bier: „Kann man im Hause Tugendhat wohnen?" Der Redakteur der *Form* hatte den guten Gedanken, Biers Aufsatz zur Beantwortung an beide Tugendhats zu schicken, und Gretes Antwort endete mit dem Satze: „*Nur* im Hause Tugendhat kann man wohnen." Die Frage war gut gestellt und wurde beantwortet. Der Fragesteller wollte wissen, ob man in einem so neuartigen Gebilde wohnen könne, so wie wir das Wohnen nun einmal verstehen; und Grete Tugendhat antwortete, daß man lernen könne, anders zu wohnen, besser zu wohnen, im Hause Tugendhat zu wohnen.

Um das zu können, muß sich der Bauherr allerdings mit dem Architekten auseinandersetzen. Das tun die Bauherren nicht, welche lediglich ein authentisches Kunstwerk haben wollen. Madame Savoye hat es nicht getan, und sie hat niemals in dem Hause gewohnt, das Le Corbusier für sie gebaut hat. Mrs. Farnsworth hat sich zu spät mit ihrem Architekten auseinandergesetzt; das Haus stand schon. Beide haben ihre Häuser dann durch Möbel beeinträchtigt: Mrs. Farnsworth durch jenen Kleiderschrank, den sie Mies gezwungen hat nachträglich noch zu entwerfen, und der so ist, wie das Trotz-Spielzeug eines ungezogenen Jungen. Mies hat alles getan, den Schrank so störend erscheinen zu lassen wir möglich. Was die von ihr selbst entworfenen Möbel angeht, die Madame Savoye in ihr Haus gestellt hat, so hat uns die Gärtnersfrau gelegentlich unseres Besuches gesagt: „Il a craché du feu, Monsieur Le Corbusier, quand il a vu ça." Es war wie in Molières Komödien, die Dienerschaft verstand mehr als die Herrschaft.

Das Farnsworth-Haus ist ein Versuch eines Architekten, seine Arbeit reiner Form zu nähern. Um nur von der Konstruktion zu sprechen: die Verbindung zwischen den Stahlteilen ist geschweißt, und die Schweißnaht ist mit Sandstrahlgebläse so behandelt, daß man sie nicht sieht. Die Glieder der Stahlkonstruktion halten einander, man sieht nicht wie. Auch als Haus soll es sich reiner Form nähern. Es war ja nicht als Wohnhaus gedacht, sondern als ein glorreiches Wochenendhaus weit außerhalb von Chicago: schön gelegen, schön anzusehen. Raumbeziehungen, wie sie hier walten, entfalten sich dem, der das Haus betritt, es durchschreitet, sich endlich in ihm niederläßt. Und doch, auch dieses Haus ist nicht ganz frei vom Materiellen; wenn man es von der Seite und etwas von oben ansieht, bemerkt man, daß es einen „Stiel" hat: ein dickes Rohr unter Bad und Küche, in dem die

Ludwig Mies van der Rohe, Haus Farnsworth, Plano, 1950.

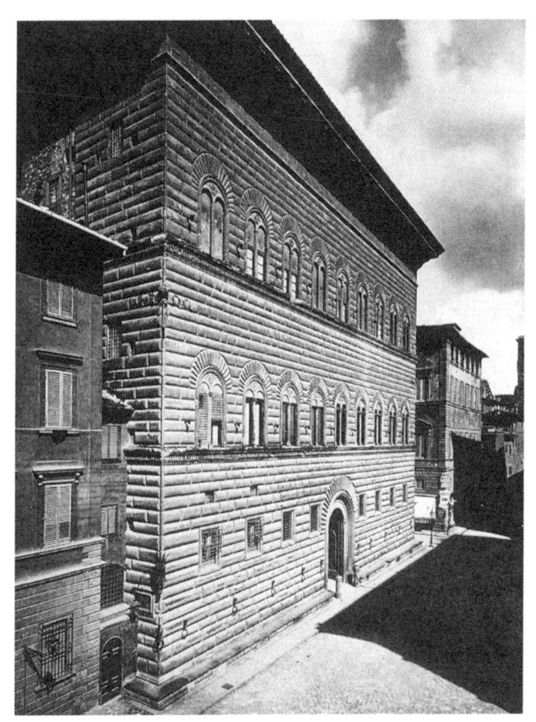

Palazzo Strozzi, Florenz, begonnen 1489 von
Benedetto da Maiano, vollendet von Cronaca 1497–1507.

Abfallrohre heruntergehen. Man sieht es und bekommt einen leichten Schock.

Man fühlt den Schock, weil hier der Versuch, sich reiner Form zu nähern, so energisch gemacht wurde. Aber natürlich ist auch das Farnsworth-Haus nicht reine Form. Man betritt es über Stufen und eine Plattform. Und wenn die Raumbeziehungen dem Ankommenden sich entfalten, verschränken, verwandeln: sie werden vermittelt durch Stufen, Stützen, Balken und Glasscheiben; durch den geschlossenen hölzernen Körper in der Mitte, in dem die Küche liegt – die man nicht sieht, aber „weiß" –, und man sitzt auch dort auf Stühlen an einem Tisch: alles Gebrauchsgegenstände, Teile von Konstruktionen, Raumabschluß – und sei er aus Glas. Gewiß macht es die Schönheit des Hauses aus, daß hier der Rahmen so leicht ist; aber er bleibt Rahmen, und Rahmen für Tätigkeiten und Zustände des Lebens, das hier „verdünnt" ist wie der Rahmen selbst; aber doch Leben. Auch was uns hier umgibt, entmaterialisiert bis zum Äußersten, bleibt Gegenstand. Wäre das nicht so, hätte einer hier wirklich Form gespielt, eine begehbare Plastik, wie André Bloc welche geschaffen hat, dann wäre es eben dies: eine begehbare Plastik. Es wäre *nicht* ein Werk der Architektur.

Wie verhält sich in der Architektur die Form zum Gebäude? Stellen Sie sich ein Gebäude ganz anderer Art vor, den Palazzo Strozzi; einen Kubus mit, in der Straßenfront, jeweils neun Öffnungen. Jeweils, das heißt in drei Stockwerken. Die mittlere unten ist der Eingang, die anderen Fenster, kleine Quadrate im Erdgeschoß, Bogenfenster darüber: eine klare Form, und eindringlich. Was aber macht sie eindringlich? Was sogleich auffällt, sind die großen Rustika-Quader im Erdgeschoß. Blicken Sie hinauf, werden Sie finden, daß die Quader im ersten Geschoß weniger stark rustiziert sind. Im obersten Geschoß, unter dem stark vorspringenden Dach, wirken sie beinahe glatt. Die Fenster sind verhältnismäßig klein: viel Mauer, wenig Öffnung. Die Fenster in den beiden oberen Geschossen sind rundbogig. Aber die Wölbsteine steigen zur Parabel auf, sie stemmen sich der Last der Mauer entgegen. Was hier „eindringlich" ist, ist die tragende Wand, die ungegliederte Mauer, welche die ganze Arbeit leistet. Unten, wo die Last am schwersten ist, bedarf sie offenbar der stärksten rustizierten Blöcke. Das Thema von Benedetto da Maianos Gebäude ist: schwere Mauern.

Die Mauern sind wirklich zwei Meter dick; aber sie bestehen nicht aus Stein. Sie sind aus Backstein aufgemauert, und die Ziegel sind so geschichtet, daß die Werksteine der Verkleidung in die Backsteinmauer einbinden. An einer Stelle hinten am Hause, wo die Mauer bis heute nicht fertig geworden ist, sieht man die Backsteine. Ein deutscher Kunsthistoriker des vorigen Jahrhunderts, Geymüller, hat die Werksteinverkleidung der starken Backsteinmauern ein „Fournier" genannt. Dünn genug ist sie, verglichen mit der gesamten Mauerstärke, um diese Bezeichnung plausibel erscheinen zu lassen, aber dieses „Fournier", diese Bekleidung, drückt die Schwere der Mauer vortrefflich aus, die Backsteine hätten das so gut nicht gekonnt.

Wir sagten eben, daß die Mauer unten, wo die Last am schwersten ist, der stärkeren Bossen offenbar bedarf. Sie bedarf ihrer nicht wirklich, aber diese Bossen drücken den Tatbestand der stärkeren Last sehr gut aus: Gewicht, Arbeit. Darüberhinaus drücken sie – und drückt die ganze Front – einen gesellschaftlichen Tatbestand aus, nämlich die Macht dessen, der solche Arbeit kommandieren kann und sich mit einer so starken Mauer umgibt. Bringt das Farnsworth-Haus schwebende Leichtigkeit zum Ausdruck, so besagt dieser Palazzo das Gegenteil. Beide tun es durch Form. In beiden Fällen spricht die Form von der Konstruktion; beim Palazzo überdies von einem gesellschaftlichen Tatbestand. Dies ist bei dem Farnsworth-Haus weniger einsichtig – wir wissen ja, eben dies, das Gesellschaftliche, hat beim Farnsworth-Haus nicht geklappt. Das ist das Problem unseres Jahrhunderts. Wir werden darauf zurückkommen. Hier nur so viel: in beiden Fällen ist die Form auf die Konstruktion bezogen. Sie ist nicht etwas, was einer sich ausgedacht hat. Sie trägt Bedeutung.

Damit meine ich auch dies: ein Gebäude wie der Palazzo Strozzi – aber das gilt auch vom Farnsworth House – ist nicht eine Erfindung, es hat Vorgänger. In Italien haben lange vor dem Palazzo Strozzi Stadtpaläste, auch Adelspaläste, von der Schwere der tragenden Mauer gesprochen. Der Strozzi-Palast ist später, 1489, begonnen. Vierzig Jahre früher, 1446, stellt der Palazzo Rucellai von Alberti den Versuch dar, das Gewicht der tragenden Mauer *nicht* zum Ausdruck zu bringen, auf diese Mauer sozusagen ein anderes konstruktives System zu zeichnen: Säulen und Balken. Man könnte dies den Versuch nennen, dem Palast eine reine Form zu geben.

Die Form ignoriert wirklich die konstruktiven Bedingungen des Palastes, welche die gleichen gewesen sind wie beim Palazzo Strozzi. Sie ist gleichwohl nicht reine Form, denn sie bezieht sich auf ein konstruktives System, nur ist es hier nicht das „richtige", nicht das, welches angewandt wurde. Das liegt an der Besessenheit der Renaissance mit dem antiken Rom, welches, notabene, auch bereits seine Gebäude *gegen* die Konstruktion dekoriert hat. Ein Amphitheater ist eine Konstruktion aus Pfeilern und Bögen. Die Pilaster und Gebälke sind bereits im antiken Rom auf eine andersgeartete Konstruktion „gezeichnet" worden, weshalb einigen Architekten unseres Jahrhunderts, Poelzig zum Beispiel, die Ingenieurbauten der Römer, Brücken und Aquädukte, mehr bedeutet haben als ihre Architektur. Aber auf diese Frage, ob es erlaubt sei oder nicht, so mit der echten Konstruktion umzuspringen, wie die Römer – und wie Alberti – das getan haben, brauchen wir hier nicht einzugehen. Hier nur soviel, daß auch die Form, welche Alberti der tragenden Mauer des Palazzo Rucellai aufgenötigt hat, eine Konstruktionsform ist, keine „reine" Form. Und daß die „ehrliche" Konstruktionsform, die Benedetto da Maiano im Palazzo Strozzi zeigt, nicht seine Erfindung war, sondern das Ergebnis einer langen Reihe von Versuchen, darunter auch „Gegenversuchen" wie dem, den Alberti unternommen hat.

Architektur arbeitet mit Pfeilern und Balken und Säulen, mit Stufen, Mauern und Fenstern, mit Trägern, Glaswänden und Rahmen; bauliche Gegenstände alle, welche etwas bedeuten, das, was sie sind, wie im Palazzo Strozzi, oder etwas, was sie nicht sind, wie im Palazzo Rucellai. Die baulichen Gegenstände bedeuten immer mehr als sie sind, denn wir haben ja gesehen, daß sich Bedeutungen an diese Gegenstände anschließen. Bedeutungen zweierlei Art: die eine hat mit der Arbeit zu tun; der gewichtigen Arbeit im Palazzo Strozzi, der das Gewicht überwindenden im Farnsworth-Haus, wo die Arbeit so elegant erscheint, daß sie sich als Arbeit beinahe negiert – aber eben doch nur beinahe. Von der Arbeit, die sie errichtet hat, sprechen beide. Zum anderen sprechen sie vom Besitzer, das heißt, eine gesellschaftliche Tatsache wird sichtbar, wenn wir ein Haus betrachten. Wobei in beiden Fällen die gesellschaftliche Bedeutung nicht sofort, nicht auf einmal in Erscheinung tritt. Sie entfaltet sich dem, der das Haus betritt. Wir haben angedeutet, daß so etwas beim Aufsteigen in das Haus Farnsworth stattfindet. Beim Palazzo Strozzi ist es nicht anders. Wenn man die abweisende Front durchschritten hat und unter den Empfangsräumen des Palastes in den Hof gelangt, bietet der Palazzo ein anderes Bild: Arkaden in allen Geschossen, auch im Erdgeschoß, offen und diaphan, im Gegensatz zu der Straßenfront, welche den Abschluß betont. Zwei Arten der menschlichen Beziehung werden erkennbar, beide auf Prozesse bezogen: die eine auf den Prozeß der Arbeit, durch die das Gebäude entstanden ist; die andere wird durch einen Prozeß vermittelt, durch die schrittweise Einführung in das gesellschaftliche Leben, dem das Gebäude dient.

Nun hat aber Mrs. Farnsworth das ihr zugedachte Haus abgelehnt, als es fertig war. Sie hat den Architekten verklagt. Dafür hatte sie hinreichend Grund, denn Mies hatte die Baukosten stark überschritten. Sie hat aber auch das Kapitel, welches in ihren Memoiren dem Hausbau gewidmet war, überschrieben „my miestakes". Und da sehen wir nun die Schwierigkeit unseres Jahrhunderts, denn ich bin gewiß, daß dergleichen im Falle des Palazzo Strozzi – oder eines anderen Stadtpalastes der Renaissance – nicht hätte geschehen können. Noch Hans Poelzig hatte es mit Bauherren zu tun, die wußten, was sie wollten: sie wollten ein Haus. Mrs. Farnsworth gehört zu einem neuen

Palazzo Rucellai, Florenz, 1446–51 erbaut von Bernardo Rossellino nach einem Entwurf von Leon Battista Alberti.

Ludwig Mies van der Rohe, Entwurf für ein Landhaus in Backstein, 1923.

Typ von Bauherren. Diese wollen nicht eigentlich mehr ein Haus, sie wollen ein Kunstwerk; manche wollen nicht mehr als eine Signatur. Als Mrs. Farnsworth – zu spät – zum Erkennen der Tatsache erwachte, daß sie ein Symbol erworben hatte, nicht eigentlich ein Haus, eine Veranstaltung für einige exquisite Stunden, nicht ein Ding für jeden Tag, zwang sie ihren Architekten zu jenem „störenden" Kleiderschrank und verklagte ihn dann.

Um ein Haus als angemessen ansehen zu können, muß zwischen dem Bauherrn und dem Architekten und auch zwischen der Gesellschaftsschicht des Bauherrn und denen, die Häuser bauen und einrichten, Übereinstimmung darüber herrschen, wie ein Haus gebaut wird und wozu es gebaut wird – also über die beiden Aspekte, die man, wie wir gesehen haben, von der Gestalt des fertigen Hauses ablesen kann. Das war noch der Fall, als Poelzig anfing zu arbeiten, vor dem Ersten Weltkrieg. Es ist wahr, daß eben damals neue Arten des Bauens erprobt wurden, man denke an die Betonkuppel der Jahrhunderthalle in Breslau von 1913. Aber wie ein *Haus* gebaut wird, das wußte man, da hatte sich wenig geändert. Man fiel nicht etwa aus den Wolken, wenn man eine Baustelle betrat. Man fand, was zu erwarten man gelernt hatte.

Das hat sich seit dem Ersten Weltkrieg geändert, zögernd, langsam bei den kleinen alltäglichen Aufgaben wie dem Einfamilienhaus. Ebenso aber hat sich der gesellschaftliche Aspekt geändert. Vor dem Kriege konnte man die Lebensgewohnheiten der hausbauenden Klassen von der Gestalt des Hauses ablesen. Das Raumprogramm des bürgerlichen Wohnhauses unterschied sich nur wenig von dem der „besseren" Mietwohnung. Man kann es noch hersagen: „Garderobe-Diele-Salon-Herrenzimmer-Eßzimmer-Anrichte-Küche"; oben die Schlafzimmer der Eltern, Kinder, Gäste, vielleicht ein Zimmer für das „Kinderfräulein"; unter dem Dach und im Sous-sol Mädchenzimmer, Waschküche, Vorratskeller, Heizkeller, Dachboden. Man könnte sagen, daß nur diese, die Keller- und Bodenräume zu den Räumen der Stadtwohnung hinzugekommen waren. Da gab es nichts Unerwartetes. Diese Übereinkunft aber ist notwendig für die Architekten, oder sagen wir die beiden Übereinkünfte: darüber, wie ein Haus gebaut wird und darüber, was ein Haus ist.

Die Architekten der Avantgarde nach dem Kriege waren geneigt, weder die eine noch die andere Übereinkunft voll anzuerkennen. In diesem Zeitalter der expansiven Technik, meinten einige, sei das Haus, wie man es immer noch baute, im Begriff, ein Anachronismus zu werden. Und was die hausbauenden Schichten der Gesellschaft anging, so waren die durch den Krieg und seinen Ausgang ein wenig ins Schwanken geraten. Die Architekten der Avantgarde wollten die Gunst der Stunde Null nutzen – oder ihren Verpflichtungen nachkommen. Sie waren geneigt, nichts als hergebracht anzunehmen, sondern alles frisch und von Grund auf zu untersuchen. Damals veröffentlichte die Gruppe „de Stijl" in Holland ein Manifest, dessen Sätze mit den Worten begannen: „Wir haben untersucht." Diese Künstler haben so gewichtige Themen wie die Beziehung von Raum und Zeit „untersucht" und sind zu Ergebnissen gelangt – zu Ergebnissen der Form. Es hat bereits damals Leute gegeben, welche den Verdacht ausgesprochen haben, daß die Form zuerst da war, und daß die „Untersuchungen" dazu dienen sollten, sie zu bestätigen. Das war wohl so. Und wir könnten dieses Manifest und die „de Stijl"-Form auf sich beruhen lassen, wenn sie nicht um jene Zeit und auch noch später, als um die Mitte der zwanziger Jahre eine neue Architektur ins Leben trat, einen sehr starken Einfluß ausgeübt hätten, und zwar auf beide Arten: als Anreger von Gedanken und als Bringer einer bestimmten Form.

Den Einfluß, den die „de Stijl"-Gruppe als Anreger von Gedanken hatte, kann man an einem Manifest wie dem von Walter Gropius für das zweite Bauhaus erkennen, dem Bauhaus in Dessau. Man bemerkt eine merkwürdige Bereitschaft in diesem Manifest, mit den schwersten Problemen schnell fertig zu werden, so wie die „de Stijl"-Leute es in ihrem Manifest gemacht hatten. Gropius „stellt fest", daß die Bedürfnisse aller Menschen im wesentlichen die gleichen sind. Spricht aber jemand von den Menschen, allen Menschen, so schafft er den Begriff des Bauherrn ab, von dem Poelzig gesprochen hatte. Er brauchte ihn vielleicht nicht einmal abzuschaffen, weil der Bauherr in den Jahren nach dem Kriege selten geworden war, fast nicht mehr existierte. Und als er wieder aufkam, in der kurzen Zeit der Prosperität der Weimarer Republik, war er nicht mehr seiner selbst so sicher, wie es jene Bauherren gewesen waren, von denen ich vorhin sprach: die Bauherren, welche genau wußten, was ein Haus ist und wie es gebaut wird. Was die Architekten der Avantgarde angeht, die Gropius-Mies-Le Corbusier, so fühlten diese, daß sie über die Wünsche des Einzelnen bereits hinaus waren: der Bauherr war ihnen das unumgängliche Mittel, um das Haus des Menschen zu bauen – da die Bedürfnisse aller Menschen die gleichen waren –, besser noch, des kommenden Menschen, des „homme de demain", von dem Le Corbusier so gern gesprochen hat. Konnte sich ein Bauherr in diese Rolle einigermaßen hineinfinden, so war das gut für ihn – und für den Architekten.

Wir haben gesehen, daß es den Tugendhats so einigermaßen gelungen ist – und der Madame Savoye nicht. Konnte der Bauherr das nicht, so hatte er wenigstens zum Anlaß gedient, daß ein Haus gebaut wurde, welches im Grunde nicht für ihn gemeint war, sondern für den Menschen von morgen, einen Menschen, den es noch nicht gab, über den die Architekten der Avantgarde gleichwohl gewisse Aussagen machten, welche nicht besser begründet waren – und nicht besser begründet sein konnten – als jene allgemeinen Aussagen im Manifest des „de Stijl", von denen wir gesprochen haben. Die Form aber, welche die „de Stijl"-Gruppe anbot – man hat sie als ein dynamisches Gleichgewicht rechteckiger Flächen bezeichnet, und wenn man an Mondrian denkt, wird man diese Bezeichnung einigermaßen passend finden. Die Form des „de Stijl" war darum so willkommen, weil man sich entschlossen hatte, von einer Stunde Null auszugehen. Die apokalyptischen Ereignisse des Jahrhunderts setzten das Zurückschauen, den Eklektizismus oder Historismus, außer Kraft. Man hatte eine ganz neue Form zu finden. Und der „de Stijl" bot seine: das dynamische Gleichgewicht. Wir finden es wieder in den Meisterhäusern in Dessau von Walter Gropius, wir finden es noch entschiedener wieder in Mies van der Rohes Barcelona-Pavillon.

Der Barcelona-Pavillon ist ein schönes Beispiel. Mies van der Rohe hatte angenommen, er sei beauftragt, ein Haus zu bauen, das der Ausstellung dienen sollte, und erkundigte sich bei einem Herrn des Auswärtigen Amtes, was man darin ausstellen wolle. Zu seiner Überraschung erfuhr er, daß der Pavillon selbst der deutsche Ausstellungsgegenstand in Barcelona werden solle, ein Bau ohne fest definierten Inhalt, ein Bau als Bau-Form – eine wahrhaft bemerkenswerte Entscheidung, das Haus *in abstracto*: so könnte es aussehen, so können wir es heute bauen. Man könnte es sogar bewohnen. Ich habe das viel später zum Anlaß genommen, den Studenten in Kuala Lumpur eine Kurzaufgabe zu geben mit dem Titel: „Das Mies-Spiel". Hier ist das Programm: „Gegeben acht Stahlstützen, eine Dachplatte aus Stahlbeton von soundso vielen Quadratmetern Fläche, vier durchsichtige und vier undurchsichtige Wandscheiben von der und der Länge. Aufgabe: Man setze diese Elemente dreimal auf verschiedene Art zusammen. Dann wähle man diejenige unter den Skizzen aus, welche dafür am besten geeignet scheint, und interpretiere sie als eine Wohnung."

Das ging natürlich immer. Man konnte den entstandenen Räumen durch geringe Hinzufügung Funktionen zuweisen und die wenigen Räume abschließen, die geschlossen sein mußten. Mies hat es, wenn er in den frühen dreißiger Jahren Häuser skizzierte, offenbar nicht viel anders gemacht. Man könnte aber dem „Mies-Spiel" auch diesen Namen geben: *Function follows form.*

Wenn Sie den berühmten Entwurf Mies van der Rohes für ein Landhaus in Backstein ansehen (1923), finden Sie zunächst ein Muster, einen Formzusammenhang, wie die Leute der „de Stijl"-Gruppe ihn erfunden haben. Mies hat ihn räumlich interpretiert. Sehr auffällig sind die langen Backsteinwände, welche innen raumteilend wirken und weit aus dem Hause hinausführen, einen neuen Zusammenhang Innen-Außen bestimmend. Darüber ist mit Recht viel gesagt worden.

Darüber hat man vergessen, daß es in diesem Hause zwischen den Räumen Zonen gibt, die nicht recht brauchbar sind. Daß der Grundriß als Formzusammenhang zuerst da war, sieht man auch daran, daß der Hauskörper nicht ganz so überzeugend wirkt wie das Grundmuster. Erst im Barcelona-Pavillon (1929) hat Mies das Grundmuster restlos in die dritte Dimension übertragen. Das war möglich, weil der Barcelona-Pavillon das reine „Mies-Spiel" ist – die Räume hatten keine Funktion. Die Anordnung läßt Raum, Funktionen hineinzudichten, was wohl jeder unwillkürlich getan hat, der den Pavillon sah. Sind diese Arbeiten nun, das Backsteinhaus und der Barcelona-Pavillon, Arbeiten eines Architekten, der an einem gegebenen Thema, einer praktischen Aufgabe, so lange gearbeitet hat, bis nichts übrigblieb als Form – um an Poelzigs Wort zu erinnern? Der Pavillon war das gewiß nicht, denn er war Form, und um das Backsteinhaus steht es auch nicht anders. Es war als ein Gebäude in Backstein gedacht. Mies hat die Mauerstücke schließlich auf Backstein-Maß gebracht. Er hat die Konstruktion immer ernst genommen. Aber das Backsteinhaus ist eine Mischkonstruktion. Es werden lediglich Mauerstücke aufgemauert, sie alternieren mit Fensterflächen, die ebenfalls bis zur Decke gehen; und Mauern und Fenster werden mit einer Betonplatte überdeckt. Ein Backsteinbau, wie ein Handwerker, zum Beispiel Tessenow, ihn aufgefaßt hätte, war das nicht mehr. Die Mauerstücke hätten ebensogut aus Werkstein sein können oder aus Beton.

Mies wollte durch den Namen „Backsteinhaus" immerhin sagen, daß seine Form nicht abstrakt sein solle, sie solle Konstruktionsform sein. Beim Barcelona-Pavillon geht er weiter auf die Konstruktion zu. Der Barcelona-Pavillon war gedacht als eine Demonstration der Konstruktion, welche die Mauern zum Tragen des Daches nicht benötigt. Das Dach, eine Betonplatte, ruht auf acht kreuzförmigen Stahlstützen, die Wandstücke sind von der Konstruktion unabhängig und können frei zwischen diesen Stützen eingestellt werden. Der Pavillon ist als eine Demonstration der Trennung von tragenden und schließenden Organen im Hause gedacht, welcher bereits Le Corbusiers Haus Domino von 1914 hatte dienen sollen. Hier muß allerdings bemerkt werden, daß die Konstruktion simuliert ist. Nicht acht Stützen tragen eine Dachplatte, sondern dreizehn, von denen man fünf nicht sieht; und das Dach ist nicht eine Betonplatte, es sieht lediglich so aus. Es ist aus sehr feinen Stahl-Fachwerkträgern konstruiert. Mies wollte eine Konstruktion zeigen, welche man noch nicht ausführen konnte. Dieses Verfahren scheint mir legitim zu sein. Nicht anders ist Mendelsohn beim Einsteinturm verfahren, einer Demonstration der fließenden Eigenschaft des Beton, welche nicht durchgeführt werden konnte: der Turmkörper ist gemauert. In beiden Fällen aber ist die Frage nicht zu überhören, ob nicht auch hier ein Formzusammenhang, freilich ein konstruktiver, konzipiert worden war, bevor die Modalitäten des Baus bedacht wurden.

Das ist nicht das, was Poelzig mit seinem Diktum von der Arbeit meinte, die solange fortgesetzt wird, bis nicht mehr übrigbleibt als Form. Hier erscheint die Form zuletzt, bei Mendelsohn und bei Mies erscheint sie zuerst. Poelzig hat innerhalb der Techniken gearbeitet, die ihm bekannt waren, wenn wir auch zugeben, daß sie sich veränderten. Er hat auch innerhalb von Programmen gearbeitet, die ihm bekannt waren, dem Programm „Haus" zum Beispiel. Die Sequenz wird jetzt umgekehrt. Die Idee einer Konstruktion ist vor der Konstruktion da. Das Programm Haus ist – im Backsteinhaus bereits, im Pavillon stärker – das Ergebnis eines Formzusammenhangs, einer Interpretation, welche einem Formzusammenhang gegeben werden kann: function follows form. Ja, sie folgt der Form nicht unmittelbar. Die Form suggeriert Möglichkeiten – schon im Backsteinhaus – eines „befreiten Wohnens"; auf jeden Fall eines Wohnens, von dem man noch nichts wußte, das einem neuen Menschen angemessen sein sollte, zu dem man den neuen Menschen recht eigentlich erfinden mußte. An dieser Stelle erscheint das Wort „Zeitwille" in den Manifesten der Männer der Avantgarde.

„Baukunst", sagte Mies, „ist raumgefaßter Zeitwille." Was aber ist dieser Zeitwille, wer kennt ihn? Die Antwort, welche Mies' Definition der Baukunst impliziert, ist elitär. Einer Gruppe von Eingeweihten ist der Zeitwille offenbar, er erscheint ihnen als Formzusammenhang. Wenn Mies ein „de Stijl"-Muster wie den Grundplan des Backsteinhauses entwirft, Linienzüge und durch sie definierte rechteckige Flächen, welche sich in jenem dynamischen Gleichgewicht befinden, von dem wir gesprochen haben, so ist seine Absicht, die Bewohner in dieses dynamische Gleichgewicht einzuspannen, weil das dem Willen der Zeit entspreche. Die Geschichte ist bekannt, wie Mies van der Rohe – noch in späten Jahren in Chicago – die Stühle in seinem Raum, deren Stellung zueinander im Zuge einer hitzigen Diskussion gestört worden war, wieder an die Stelle rückte, welche sie in dem geplanten Muster einnahmen, und welches auf keinen Fall gestört werden sollte. So weit ging Mies, der auf der Gültigkeit jenes Musters bis ans Ende bestanden hat.

Erlauben Sie mir, an dieser Stelle von Raumformen zu sprechen, welche Funktionen anregen können, ohne sie einem Muster zu unterwerfen. Wir haben einmal in der Hochschule der Bildenden Künste in Berlin einen Wettbewerb unter den Studenten mit dem Ziel veranlaßt, einen Raum, der zum Gebäude der Schule gehörte, aber nicht benutzt wurde, einem Nutzen zuzuführen. Ein Teilnehmer hatte durch Galerien verschieden hohe Raumteile, hellere und dunklere Zonen Tätigkeiten suggeriert. Man konnte nicht genau sagen, welche

Tätigkeiten; aber das durfte man der Zeit überlassen: der Raum wirkte anregend. Es gibt das in der Tat. Man kann gelegentlich das Diktum Sullivans umdrehen und sagen: function follows form. Die Beziehung war aber in diesem Falle ungezwungen, bei Mies ist sie gezwungen. Es findet etwas wie eine Unterwerfung statt, die Unterwerfung des einzelnen, der sich des Zeitwillens noch nicht bewußt ist, unter denselben oder vielmehr unter die Form, welche eine bestimmte Gruppe von Künstlern als die Manifestation dieses Zeitwillens versteht.

Wir haben schon angedeutet, warum der Einfluß einer bestimmten Form auf eine Architektur, welche im Entstehen war, so stark sein konnte – oder mußte. Er war außerordentlich stark. Die Dessauer Meisterhäuser, aber auch das Bauhaus selbst, aber auch Mendelsohns Warenhäuser – um nur diese zu nennen – waren diesem „de Stijl"-Einfluß unterworfen.

Da man die Hilfsmittel, Gliederungen, auch Schmuckformen, auf die bis dahin keine Architektur verzichten wollte, aufgab – und ich meine, aufgeben mußte –, fand man sich im Leeren. Man mußte nun das Ganze formen; das ganze Gebäude wurde in eine Form gepreßt. Das ist es, was geschah, mochte man das nun den Willen der Zeit nennen oder das logische Ergebnis realistischer Überlegungen oder eine hygienische oder eine soziale Notwendigkeit. Lassen Sie mich gestehen, daß ich damals beim Lesen der Manifeste und beim Betrachten der Resultate über diesen Punkt immer gestolpert bin. Die Manifeste schienen keinen Anhalt zu geben, warum die Resultate so aussehen mußten, wie sie aussahen. Ich sprach von einem „Kurzschluß zur Kunst". Ich war der einzige nicht. Poelzig fand, daß man aus dem ganzen Haus ein Ornament mache. Der alte Muthesius nannte die Architektur der Weißenhofsiedlung das Ergebnis einer „künstlerischen Strömung" und erinnerte in diesem Zusammenhang an den „Jugendstil", welcher auch von Dingen außerhalb der Kunst gesprochen, aber die Kunst gemeint habe. Wir wissen heute, daß er so unrecht nicht hatte. Er sprach eine Kritik der Architektur aus, welche damals heraufkam und die man die moderne genannt hat oder die Architektur der „Neuen Sachlichkeit" oder die internationale. Sie hatte mehrere Namen, welche eigentlich alle nicht ganz paßten – am wenigsten wohl der der Sachlichkeit. Um so mehr war ich dann erstaunt, als ich viel später einer Kritik jener Architektur begegnet bin, welche ihre Manifeste betraf, nicht ihre Resultate. Diese Kritik nahm die Worte der zwanziger Jahre wörtlich und verurteilte die neue Architektur, weil sie „zweckrational" gewesen sei. Sie war es nicht. Sie war viel mehr mit der Form beschäftigt, als ihre Protagonisten zugeben wollten.

Eines müssen wir feststellen: die modernen Architekten der Richtung, welche in den späten zwanziger Jahren die führende war – nennen wir sie nun nach dem Bauhaus oder, weiter gefaßt, nach den CIAM –, haben keine klare Definition der Beziehung der Inhalte zu den Formen versucht. Sie haben von neuen Inhalten gesprochen – und neue Formen präsentiert. Es hat aber zumindest eine Richtung in den zwanziger Jahren gegeben, welche versucht hat, diese Beziehung festzustellen, indem sie „form follows function" wörtlich nahm; wörtlicher, notabene, viel wörtlicher, als Sullivan selbst es genommen hat.

Hugo Häring sagte, daß jede Funktion die ihr angemessene Form herstelle und daß der Entwerfende diese Form zu finden, nicht zu *er*finden habe. Er hat seinen ersten rein funktionalistischen Entwurf, für den Leizpiger Hauptbahnhof, auf *eine* Bedingung bezogen; das heißt, er hat jede andere Bedingung, welcher der Bahnhofsbau ebenfalls hätte entsprechen sollen, vernachlässigt. Da seine Bedingung der Menschenstrom war, welcher den Bahnhof betritt, hatte sein Entwurf bereits den Menschenstrom nicht berücksichtigt, welcher den Bahnhof verläßt. Darin darf man eine gewisse Weisheit sehen. Denn in der Tat mag es geschehen, daß *eine* Bedingung – und zwar eine rein mechanische – *eine* bestimmte Form verlangt – man denke an einen Windkanal. Aber so eindeutig bestimmt sind unsere Gebäude nicht, und wenn es dazu kommt, eine Wohnung für Menschen zu entwerfen, so werden der Bedingungen so viele und von so verschiedener Art, daß die reine Übertragung von den Bedingungen auf die Form eigentlich unmöglich wird.

Häring hatte die Form determinierenden Bedingungen mit dem Gedanken verknüpft, daß dies die Art sei, wie die Natur ihre Geschöpfe formt, wobei er allerdings von der Natur eine einseitige Vorstellung hatte. Die Natur, sagte er, forme Organe; um ihr nahezukommen, sollten die Schöpfungen des Menschen „organhaft" sein. Man denkt bei diesem Worte an innere Organe, den Magen, das Herz. Der ganze Körper, in dem diese Organe liegen, ist aber nicht organhaft geformt, vielmehr symmetrisch, zusammenfassend, abbrevierend. Wenn Häring davon spricht, daß die Natur sich den Bedingungen des Lebens weich anschmiege, so ist man versucht, auch in einer solchen Vorstellung einen Willen zur Form zu erkennen; und wenn man Härings sehr schöne Grundrisse betrachtet, wird dieser Verdacht bekräftigt.

Offenbar stand die Form hier nicht weniger am Anfang als in der CIAM- oder Bauhaus-Architektur. Es ist beruhigend für einen Architekten, der ins Unbekannte vordringen will, wenn er sich sagen darf, daß die Form dieses Unbekannten vorbestimmt sei. Man kann den gleichen Gedanken auch banaler und weniger liebenswürdig fassen. Man kann sagen, daß Architekten, die sich als Künstler sehen und als Künstler ausgebildet sind, selbstverständlich auf die Form den größten Wert legen, was immer sie sagen. Von Härings Theorie – die sich übrigens im Laufe der Jahre geändert hat – kann man noch dies sagen, daß der Gedanke, der Mensch sei nun so weit, der Natur analog zu gestalten, eben doch ein wenig anmaßend ist und daß auch diese Art zu gestalten auf diejenigen, welche die so geformten Räume bewohnen sollen, einen nicht geringen Zwang ausübt. Mies van der Rohe hat das einmal – in seinem letzten Interview – lapidar festgestellt. Er nannte den Gedanken, daß jeder Funktion im Raume eine bestimmte Position zugeordnet sein solle, „übertrieben": „Mach doch die Räume jross, Hugo, habe ich ihm jesacht, kannstu alles drin machen."

Dem darf man zustimmen, wenn auch ein wenig amüsiert, wie ich sagen muß. Man sollte allerdings dabei nicht vergessen, daß seine eigenen Anordnungen – wir haben ja von den in ein bestimmtes Muster eingestellten Möbeln gesprochen – keinen geringeren Zwang ausgeübt haben. Den Zwang bei Häring kann man etwa so beschreiben: wenn er die Stellung des Klavierflügels und der Zuhörer in einem Grundriß festlegt, weil dies die beste Stellung sei, so ist eben durch die Festlegung bestimmt, daß sie die einzige Stellung sein soll. Das ist wahrhaft unerträglich. Dieser Anspruch aber zu bestimmen, festzulegen ist den verschiedenen Ausprägungen einer neuen Architektur in den zwanziger Jahren gemeinsam.

Ich habe mich an einige auffallende Erscheinungen der mittleren zwanziger Jahre gehalten: das Bauhaus, Mies, Häring, weil an ihnen meine These am leichtesten zu erhärten war, daß der Wille zur Form eine stärkere Rolle in den Bemühungen jener Männer gespielt hat, als sie selbst bereit waren zuzugeben. Es hat aber ernsthafte Versuche gegeben, die Wohnung und ihren Inhalt, Möbel und Hausrat, aufs Einfachste herzustellen, so daß sie einfachsten Ansprüchen genügen würde. Man braucht nur an die Arbeit eines Mannes wie Ferdinand Kramer in Frankfurt zu denken. Welche Rolle in seiner Arbeit die Form gespielt hat, ist ungleich schwerer zu zeigen. Eine kritische Auseinandersetzung mit dieser Arbeit ist meines Wissens noch nicht versucht worden; denn die Behauptung, welche man auf den ganzen Funktionalismus angewandt hat, den formalistischen eines Mies und eines Häring und den ungleich zurückhaltenderen eines Kramer, daß er keine Form habe, sondern „zweckrational" sei, ist keine Auseinandersetzung.

Ich möchte aber hier noch den sehr eigenartigen Standpunkt von Bruno Taut erwähnen. Taut sagte, daß die richtige Lösung einer Aufgabe der Architektur oder des Städtebaues noch nicht die annehmbare Lösung sei. Es sei nötig, sie „in Proportion" zu bringen, ein Vorgang, den er als unbewußt beschreibt: „Der Kopf ist ausgeschaltet", und welcher in seinem eigenen Werk in den zahlreichen Verschiebungen, Abweichungen von der Norm resultiert, welche man beim Durchschreiten einer Tautschen Siedlung fühlt, ohne sie eigentlich wahrzunehmen. Das heißt, es wird künstlich der Eindruck des Zufälligen, des

Gewachsenen erzeugt. Ich führe das hier nur an als einen erneuten Hinweis auf die keineswegs einfache Beziehung zwischen Funktion – oder Konstruktion – und Form.

Die Form folgt nicht der Funktion – oder welcher Bedingung auch immer. Sie entsteht in einem Umfeld komplexer Art, welches Eigenschaften funktionaler, konstruktiver, allgemein technischer, gesellschaftlicher, historischer und ich weiß nicht wie vieler anderer Arten enthält. Und selbst von diesem undurchdringlichen Knäuel von Bedingungen, Wünschen, Gewohnheiten, ja auch Moden kann man nicht sagen, daß die Form ihm „folge". Die Form folgt nicht. Sie entsteht auf eine Art, von der wir wenig wissen.

Ist sie darum unabhängig? Kann ein jeder eine Form erfinden, weil sie ihm gefällt und weil er sich zutraut, sie anderen annehmbar zu machen? Ist die Form losgelöst von dem, was wir Bedingungen nennen, Gewohnheiten, Techniken und eng umschriebene Möglichkeiten? Gewiß nicht. Die Form ist nicht frei. Zwischen ihr und der Funktion, der Konstruktion, auch zwischen ihr und dem, was Mies den Zeitwillen genannt hat, zwischen ihr und der Geschichte, der Gesellschaft, dem Klima und den Künsten, besteht eine Wechselwirkung, welche wir nicht genau kennen. Immerhin wissen wir, daß es keine Abhängigkeit gibt – und keine Unabhängigkeit –, vielmehr eine Kette von Beziehungen zwischen Form und Sinn, welche niemals die gleichen bleiben, sondern sich ständig ändern. Man hat in der Stilgeschichte einige dieser Beziehungen studiert. Es scheint, daß in der Gotik die Konstruktion wirklich eine stärkere formanregende Kraft gewesen sei als im Barock; und daß in den englischen Landhäusern vom Ende des vorigen Jahrhunderts, die Muthesius für uns interpretiert hat, die Funktion ein stärkeres architektonisches Agens gewesen sei als im Klassizismus.

Das gilt für Entwicklungen innerhalb der Zeit der „de Stijl" oder der historischen Besinnung auf die Stile. Die zwanziger Jahre haben wir als den kritischen Augenblick sehen gelernt, in dem eine Loslösung von diesen uralten Bindungen versucht wurde. Die Gewohnheiten waren verlorengegangen, Theorien sollten an ihre Stelle treten, was ein Übermaß an Theorie zur Folge hatte – und an Form. Wie aber steht es seitdem? Wie steht es heute? Die Bedingungen, unter denen Architektur entsteht, sind nicht durchsichtiger geworden. Wir haben von den beiden Bereichen gesprochen, auf welche die architektonische Form sich bezieht: die bauliche Arbeit und die Gesellschaft. Geben wir zu, daß beide, sogar verglichen mit den zwanziger Jahren, an Substanz verloren haben. Wo aber kann man die architektonische Form verankern, da diese beiden Auflager brüchig geworden sind?

Über die gegenwärtige Gesellschaft zu sprechen, wäre im Rahmen dieser Studie ungehörig. Ich kann es besonders wenig, denn ich gehöre nicht dazu, ich bin zu alt. Aber über die Arbeit am Bau darf ich wohl eine kurze Bemerkung machen. Sie scheint mir eine Mischung von heruntergekommenem Handwerk und nicht perfekter Serienherstellung zu sein. Die letztere betrifft besonders das Detail, die Fenster, Türen, Fußböden usw. Man darf wohl annehmen, daß das alles funktioniert, aber es sagt nichts mehr aus. Man sieht nicht zweimal hin, man lebt gelangweilt zwischen diesen Dingen: sie sind eben da. Sagen Sie nicht, daß es uns mit jedem anderen in Serie produzierten Gegenstand ebenso geht. Wer liebt nicht seine Kamera, wer bewundert sie nicht? Oder sein Auto? Oder sein Fahrrad? Langweilig sind die Fenster und Türen, die Mauern, die Stufen. Und man schlägt ja schon vor, sie wieder ansehenswert zu machen. Sie sollen so aussehen wie etwas, das sie einmal waren: Fenster mit falschen Sprossen, Türen mit falschen Füllungen, Erker, die keine sind, Ziegeldächer, zwanzigmal unterbrochen, Mauern, die nicht gemauert sind, aber Backsteinschichten zeigen; alles verzweifelte Versuche, das Wesenlose vergessen zu lassen, mit dem wir uns umgeben haben.

Man hat uns eingeladen, das Zufällige, das Momentane, das Ungereimte wichtig zu nehmen. Venturi hat die Arbeit einer weiteren Zerstörung überalterter Lebensformen übernommen und andere Umgangsformen einführen wollen, die vielleicht ebenfalls überaltert sind. Die schwachen Stellen in seinem Werk sind eben die, wo er uns auffordert, barock dekorierte Sperrholzstühle zu akzeptieren; denn, so scheint er zu denken, dergleichen wollen wir doch.

Andere gehen in die entgegengesetzte Richtung, zurück zu den ewigen Gesetzen der Architektursprache. Aldo Rossi spricht die reine Sprache der Architektur: eine elementare Sprache, von der er annimmt, daß alle sie verstehen. Immerhin habe ich von einer Mieterin in seinem Hause in Gallaratese bei Mailand etwas gehört, das ihn bestätigt. Man hatte sie gefragt, warum sie in diesem Teil der Siedlung wohne und nicht in dem von Aymonino entworfenen. Sie antwortete: „Weil dies hier neutraler ist: hier kann ich zur Geltung kommen." Bei diesen Worten denkt man an den anderen Aldo, an Aldo van Eyck und an Hertzberger, deren Architektur sich wiederholender Grundstrukturen dem gleichen Bedürfnis nach Neutralität entgegenkommt.

In den zwanziger Jahren haben die Architekten der Avantgarde gemeint, die Architektur könne dazu beitragen, die Gesellschaft zu verändern. Darüber macht man sich heute lustig, aber jede gebaute Umgebung hat eine gesellschaftliche Wirkung. Da wir bei den Elementen wiederbeginnen müssen, ist es womöglich unsere Aufgabe, Selbstverständlichkeiten zu schaffen: ich meine eine Umgebung oder Elemente einer Umgebung, die als selbstverständlich angenommen werden können. Es sieht so aus, als sei eben hierfür eine starke und ungewöhnliche Architektur notwendig. Ich habe im vorigen Jahre endlich das Haus gesehen, welches Venturi in Philadelphia für seine Mutter gebaut hat. In den Photos wirkte es sophisticated – vielleicht ist es *sophisticated*. Der wirkliche Eindruck ist gleichwohl anders. Wir traten ein, wir wurden von der Frau empfangen, die jetzt in dem Hause lebt, einer Zeichenlehrerin in der Grundschule. Wir fühlten uns – zu meinem Erstaunen – sofort zu Hause. Das lange Küchenfenster, das quadratische Schlafzimmerfenster, sie hatten Bedeutung. Man sah sie immer wieder an. Die Zeichenlehrerin sagte, der gegenwärtige Besitzer des Hauses habe ihr geraten: „In diesem Hause kannst Du Dich gehenlassen. Du sollst Dich sogar gehenlassen." So ging es auch uns. – Nein, ich sage nicht, daß Venturi die Antwort gefunden hat; aber ich meine, er zeigt einen Weg.

Unpubliziertes Manuskript aus dem Jahre 1986.

Handwerk und Maschine

Mein berufliches Thema ist die Geschichte der neuen Architektur. Bis vor kurzer Zeit konnte ich das ansehen als Vorgeschichte zur modernen Architektur. Darüber ist viel geschrieben und gesprochen worden, und oft sehr sachkundig. Ob es vor einiger Zeit noch gelungen wäre, einen Kreis wie den Ihren für diese Vorgeschichte zu interessieren, das vermag ich nicht zu sagen. Gegenwärtig, das weiß ich, bestimmt nicht; denn es scheint ja, daß die moderne Architektur selbst Geschichte geworden ist. Beton ist ein *dirty word*, Funktion ist das schon lange, einige ziehen seit geraumer Zeit gegen den rechten Winkel zu Felde, welchen Le Corbusier als eine Errungenschaft des Menschengeschlechtes gefeiert hat: die gesicherte Position der modernen Architektur ist auf jeden Fall nicht mehr eine gesicherte Position. Durch Wandlungen in der Gegenwart aber wird jedesmal auch die Auffassung der Geschichte in Mitleidenschaft gezogen. In dem Gebiet, der Entwicklung von Gedanken, die Baukunst betreffend, schien bis gestern eine recht große Folgerichtigkeit zu herrschen. Die Sache stellte sich in etwa so dar...

In England, dem am schnellsten gewachsenen Industriekomplex des vorigen Jahrhunderts, stellten sich zuerst Zweifel ein an der wohltätigen Wirkung der Industrialisierung. Sie nehmen bei dem bekanntesten dieser Zweifler, William Morris, die Form des ästhetischen Protestes an: Die „unbeschreibliche Häßlichkeit" – wie er sagte – alles dessen, was auf der ersten internationalen Ausstellung 1851 in London gezeigt wurde, war für Morris der Anstoß, tätig zu werden. Gegen Ende des Jahrzehntes, das mit der Ausstellung begonnen hatte, heiratete Morris, und es war ihm unmöglich, in den Londoner Einrichtungsgeschäften irgendein Stück zu finden, sei es Möbel, Geschirr, Bestecke, Tapeten, Stoffe, das seinen Ansprüchen genügte. Er beschloß, das alles selbst zu machen. Das war der Anfang der Firma Morris & Co.

Nun ist es gewiß wahr – fuhr die offizielle Geschichtschreibung der modernen Architektur fort –, daß Morris selbst eine Menge von Handwerken gelernt hat und daß die Firma Einzelstücke von ihm und anderen Mitgliedern der Firma Morris & Co. verkaufte; aber davon hat die Firma nicht gelebt. Sie lebte in erster Linie von den herrlichen Tapeten, welche Morris gezeichnet hat. Wenn aber eine Tapete kein Serienprodukt ist, was ist sie dann? Die Firma lebte von Tapeten, von Möbelbezügen, den berühmten „Chintzes", die sie machte, sie war auch beteiligt an einem anderen Unternehmen, der Kelmscott Press;

das war eine Kunstdruckfirma. Die Kelmscott-Bücher, auch sie von Morris entworfen, stellen den großen Schritt in der Wiedereroberung des Buchdruckes für die Kunst dar. Aber der Buchdruck ist die älteste Serienproduktion, die erste Industrie. Eine Druckerpresse ist eine Maschine. Man mag die gängigen schlechten Drucktypen durch gute ersetzen, die Presse mag kostbare Bücher herstellen, die man mit Ehrfurcht in die Hand nimmt; aber sie bleibt eine Maschine. Morris mag dies und das und jenes gesagt und geschrieben haben: in praxi war er ein Produzent von Serienware – zugegeben von Serienware sehr hoher Qualität. Was er bewirkte, war eine Reform der Maschinenproduktion. Woran er dachte, war die Wiederherstellung des guten Handwerks.

Nun wohl, wenn es so gewesen ist, dann hat William Morris durch seine praktische Tätigkeit den Deutschen Werkbund vorbereitet, jenen Zusammenschluß von Architekten, freien Künstlern, Handwerkern, Industriellen, Pädagogen und Publizisten, welcher 1907 in München gegründet wurde. Auch im Werkbund dachte man daran, das gute Handwerk wiederherzustellen. Man legte aber gleichzeitig Wert darauf, die Arbeit der Maschine ehrlich zu machen. Man kann sagen, auch Morris habe das getan; allerdings bestehen zwischen den siebziger Jahren des vorigen Jahrhunderts und den ersten Jahren unseres Jahrhunderts gewisse Unterschiede. Morris hatte bereits eine größere Einfachheit in den Produkten der praktischen Künste angestrebt: der Kamin in seinem Hause, das ihm der befreundete Architekt Philip Webb 1850 entworfen hatte, muß damals schockierend einfach gewirkt haben. Morris nannte das Haus „The Red House". Der Name war ein Programm: Rot war die Farbe des unverputzten Backsteins – den zeigte man damals nicht, Webb und Morris zeigten ihn jedoch –, und der Schmuck dieses urwüchsigen Hauses bestand darin, daß die Wände gut – und schön – gemauert waren, die Fenster gediegen – und schön – eingewölbt.

Wenn Sie aber in dem Zimmer, in dem der Kamin steht, den Blick schweifen lassen, so werden Sie auch Schmuck anderer Art finden, viel Schmuck: Ornamente und Figuren der Malerei. Dieses Zimmer war einfach in den Strukturen und reich in der Dekoration. Die Freunde hatten einander in der Mühe überboten, den Raum des Meisters mit hoher Kunst zu schmücken, am meisten der Maler Edward Burne-Jones, der Präraffaelit, der seine Vorbilder in der Malerei vor Raffael suchte, in einem Mittelalter, das vielleicht niemals bestanden hat. Ein Mystiker, ein Vorläufer des Jugendstils, wenn Sie wollen, besonders aber einer, der die menschliche Gestalt stilisiert hat, der jene sehr englischen – oder vielleicht gälischen – Gestalten schuf, die noch meine Generation, als wir jung waren, begeisterten, wohl darum, weil sie auf den Dichter Stefan George hindeuten, der uns so viel galt.

Um 1900 war diese Kunst jedoch im Abklingen. Um 1900 – und in Deutschland – verschob sich der Akzent, ich will es stärker nicht ausdrücken. Man schob die einfachen Strukturen, die gut und schön gemauerte Mauer, den gut und schön gezimmerten Schrank in den Vordergrund, und der Schmuck mußte die zweite Stelle einnehmen. Von der Maschine, besonders, verlangte man das Einfache, *weil es der Maschine angemessen sei.* Morris hatte sich der Maschinen bedient, weil er sie nicht vermeiden konnte. Die Produkte, die er herstellen ließ – ich erinnere an seine Tapeten –, waren sehr schön. In ihnen wurde eine großartige Handarbeit, William Morris' Zeichnung, vervielfältigt.

Das konnte die Maschine leisten, und Morris ließ sich das gefallen, machte aber kein Wesens daraus. Das änderte sich nun. Die Maschine war wichtiger geworden. Man stellte die Frage nach dem, was der Maschine angemessen sei; und der Architekt und Kunstschriftsteller Hermann Muthesius gab darauf die Antwort, das angemessene Produkt der Maschine könne nur „die ungeschmückte Sachform" sein.

Die ungeschmückte Sachform. *Sie* herzustellen hatte Morris die Maschine keineswegs bemühen wollen. Gerade die ungeschmückte Sachform – und für gewisse Gegenstände wie Möbel, Schränke, auch für Mauerwerk, wie wir gesehen haben, schwebte auch ihm so etwas vor – sei Sache der Menschenhand. Die Maschine – jawohl, das *ist* ein Widerspruch –, diente *ihm* dazu, Schmuckformen zu reproduzieren. In diesen Zusammenhang gehört die bekannte Geschichte, wie ein Freund den alten Meister besuchte, das war schon in den neunziger Jahren – und 96 ist er gestorben –, und ihn an der Hobelbank fand. Auf die Frage, was er denn Schönes da mache, erwiderte Morris: „Ich mache im Schweiße meines Angesichts ganz einfache Möbel, die so teuer sind, daß nur die Reichsten unter den Kapitalisten sie sich leisten können."

Da haben Sie den Gegensatz: die Maschine als Reproduzent reicher Muster, die Menschenhand als Produzent einfach-gediegener Stücke. Der Deutsche Werkbund – man kann Hermann Muthesius seinen geistigen Vater nennen – kehrte die Situation beinahe um. Ich sage „beinahe", weil er zwar darauf bestand, daß die Maschine so arbeiten solle, wie es ihr gemäß sei. Man bestand aber *nicht* darauf, daß das Handwerk nur geschmückte Stücke hervorbringen sollte. Man hielt das einfache, handgearbeitete Stück für wertvoll, obwohl es nur fair ist, anzumerken, daß auch im normalen Tischlereibetrieb Maschinen eine zusehends größere Rolle spielten. Da gab es in Hellerau bei Dresden einen Betrieb, welcher sich nannte: „Deutsche Werkstätten für Handwerkskunst". Auch dieser Name ist ein Programm. Wenn aber der erwähnte Muthesius die Möbel dieses Betriebes in den Lichtbildvorträgen zeigte – die er so gern für die Ideen des Werkbundes hielt – so nahm er seine Dias aus einem Kästchen, überschrieben mit

„Dresdner Maschinenmöbel". Ich habe das Kästchen selbst in Händen gehabt. Die „Deutschen Werkstätten für Handwerkskunst" produzieren die „Dresdner Maschinenmöbel" – da sehen Sie!

In einem Punkte waren die Werkbundleute nicht konsequenter, als William Morris und seine Leute – die sogenannte Arts-and-Crafts-Bewegung – gewesen waren: über diejenigen Maschinen, welche Tapeten, bedruckte Stoffe, Bücher herstellten, verlor man nach wie vor nicht viele Worte. Morris hatte sie stillschweigend akzeptiert. Er hat sie, weiß Gott, gebraucht. Wenn aber in seinen Schriften von „der Maschine" die Rede ist, so will er nur die Maschinen zulassen, welche dem Arbeiter gewisse grobe Arbeiten abnehmen, Erdarbeiten zum Beispiel. Die reproduzierende Maschine ist ihm unsympathisch. Den Werkbundleuten ist sie ebenfalls unsympathisch, weil sie ja nicht „maschinengemäß" arbeitet. Die Maschine, sagten sie, arbeitet einfach. Wenn Sie mich fragen, wo das geschrieben steht, so ist die Antwort: in den Schriften des Werkbundes, nicht aber in denen eines Ingenieurs. Wenn Sie die Sache unbefangen ansehen, so ist nicht einzusehen, warum die Maschine einfach arbeiten sollte. Auf der Weltausstellung von 1851 in London wurde eine Ornamentmaschine gezeigt, und als besonderer Vorteil – neben der größeren Billigkeit – wurde die größere Genauigkeit der von ihr hergestellten Ornamente gerühmt. Die Maschine arbeitet so, wie sie programmiert wird. Sie hat keine besonderen Vorlieben. Was in Wirklichkeit den Werkbund von Morris' Arts-and-Crafts-Bewegung unterscheidet, ist die Maschinenästhetik.

Die Maschinenästhetik ist Teil der Entdeckung, daß Gegenstände, welche ohne einen Gedanken an ihr Aussehen hergestellt worden sind, schön sein können. Diese Entdeckung betrifft die Arbeiten des Ingenieurs, etwa weitgespannte eiserne Brücken. Schinkel hat in England technische Weltwunder seiner Zeit kennengelernt, und seine Reise fällt in das Jahr 1826. Er beschreibt sie, ohne das Wort Schönheit zu gebrauchen. Aber seine Beschreibung, und besonders seine Zeichnung der Menai Straits Bridge, zeigt, daß die große Hängebrücke den Künstler Schinkel beeindruckt hat. Zwischen Schinkels Zeit und dem Ende des Jahrhunderts wurde diese Empfindung ins Bewußtsein gehoben. Man stellt fest, daß der Begriff Schönheit auf Gegenstände anwendbar ist, bei deren Herstellung niemand an Schönheit gedacht hat. Man hat an den reinen Nutzen gedacht. Es entsteht jene Theorie, die wir Funktionalismus nennen und die in ihrer entschiedensten Form sagt: „Mache das, was die Aufgabe Dir vorschreibt, genau, und Du brauchst Dir um die Form keine Sorgen zu machen: das Resultat wird schön sein, weil es richtig ist."

Hugo Häring, der später, um 1925, diese radikale Theorie des Funktionalismus formuliert hat, spricht von der „Leistungsform" und sagt, sie sei in der Aufgabe bereits enthalten, sei vorgegeben. Der Mann, der ein Haus baut, ein Ruder macht, eine Brücke entwirft, erfindet sie nicht, er findet sie. Michelangelo hat einmal den Prozeß des Bildhauens so beschrieben: Der fertige Körper liege, sagt er, wie in einem Wasserbad. Man brauche nur das Wasser abzulassen, und der Körper trete in Erscheinung. Das „Wasser" ist der überflüssige Stein. Der Bildhauer arbeitet von allen Seiten bis an die Grenze des vorgeschauten Körpers, welche er allein kennt. Bei der Leistungsform ist es insofern anders, als im Grunde ein jeder die Grenze der vorgegebenen Gestalt kennen könnte; denn nicht die künstlerische Vision eines Einzelnen hat sie definiert, sondern die Bedingungen selbst, denen der Gegenstand genügen muß, haben das getan. Die Maschinenästhetik geht von dem gleichen Gedanken aus. Seit etwa 1880, entschieden seit 1890, hat man sich darüber Gedanken gemacht, warum man eine Lokomotive schön findet. Was an ihr schön sei, fand man, ist die Kraft, die sie verkörpert, und die Geschwindigkeit, die in ihrer Form zum Ausdruck kommt. Damals bereits, um 1890, kam das Wort Zweckform auf – Leistungsform ist wahrscheinlich der genauere Ausdruck.

Soviel von der Schönheit der Maschine. Maschinenästhetik im engeren Sinne betrifft jedoch weniger die Maschine selbst als das, was sie herstellt. In einem Vortrag aus dem Jahre 1917, den er nennt „Handarbeit und Massenerzeugnis", versucht Muthesius die Charakteristika des von der Maschine Hergestellten zu definieren. Er tut es, wie der Titel seines Vortrages zeigt, indem er das Massenprodukt der Maschine vom Einzelstück abgrenzt, welches der Handwerker macht. Ganz allgemein sei der Unterschied dieser: „In der angedeuteten allgemeinen Entwicklung auf das Schmucklose, Sachliche, Knappe äußert sich der Geist einer Zeit der Wissenschaftlichkeit, der Forschung, des Denkens im Großen, der Einordnung ganzer Massen zur einheitlichen Wirkung. Und das eben ist der Geist unserer Zeit. Es tritt gewissermaßen eine Vergesellschaftung der Dinge ein, die wir anfertigen, ähnlich der Vergesellschaftung, die der Mensch selbst eingegangen ist. Die Einzelarbeit tritt in den Hintergrund, wie die einzelne Person sich der Gesamtheit unterordnet."

Muthesius spricht anschließend von einer gewissen Entpersönlichung. Behalten wir diese allgemeine Feststellung im Gedächtnis. Wir werden auf sie zurückkommen. Wie wirkt sich nun diese Lage der Dinge im einzelnen auf die Produkte der Maschine aus? Muthesius macht hierzu eine Reihe von Feststellungen. Bei massenweise hergestellten Gegenständen ergibt sich als erstes Merkmal, sagt er, „die vollkommenste Übereinstimmung aller Einzelgegenstände". Diese bringt mit sich „eine deutlich erkennbare Beschränkung der Form". Daher zum Beispiel das Zurückgehen auf mathematische Grundformen wie „Zylinder und Rechteckskörper, das wir zum Beispiel bei mechanisch hergestellten Maschinenteilen beobachten". Nun ist aber die Maschine der menschlichen Hand eben hier überlegen, und darum sollte man, sagt Muthesius, den Stempel dieser spezifischen Überlegenheit ausdrücken: „Die unerschütterliche Gleichmäßigkeit und Genauigkeit ihrer Bewegungen bringt eine mathematische Schärfe der Maschinenarbeit mit sich, die früher nicht denkbar war." Die hervorragenden Eigenschaften des Maschinenproduktes bezeichnet er darum als „Schmucklosigkeit, Glätte, Schärfe, Genauigkeit, knappe Sauberkeit". Eigenschaften, von denen er sagt, daß sie „allmählich eine allgemeine Bedeutung in unserem Leben gewinnen".

Diesen Vortrag hielt Muthesius im Jahre 1917, im Kriege, welcher von ihm als die entscheidende Manifestation der Vergesellschaftung aufgefaßt wurde, der Unterordnung des einzelnen unter den Willen der Gesamtheit. Er hatte bereits unmittelbar vor Beginn des Krieges, im Juli 1914, davon gesprochen, daß man im Werkbund nicht mehr an das Einzelstück denken solle, sondern an den Typ, und war mißverstanden worden. Im Werkbund protestierte man gegen seine Vorschläge im Namen der Kunst und im Namen des Handwerks. Muthesius' Gegenspieler bei dieser Gelegenheit war Henry van de Velde. Er sprach von den „Gaben der Erfindung, der persönlichen geistreichen Einfälle". Er sprach auch von den „Gaben der individuellen Handfertigkeit" und von „der Freude und dem Glauben an die Schönheit einer möglichst differenzierten Ausführung". Diese Gaben, sagte van de Velde, solle der Werkbund pflegen: „Und es heißt geradezu, eine Kastration vornehmen, wenn man diesen reichen, vielseitigen schöpferischen Aufschwung jetzt schon festlegen will."

Ich erzähle Ihnen das, damit Sie den Werkbund richtig einschätzen. Er stand zur Zeit seiner Gründung, also vor dem großen Kriege, noch nicht auf dem Standpunkt, den Muthesius in seinem Vortrag von 1917 so klar herausstellt. Er erlebte noch Rückfälle zu dem Standpunkt von William Morris; in jener Sitzung in Köln im Juli 1914 ist besonders interessant die Haltung der Jungen im Werkbunde, Gropius, Taut. Walter Gropius, der etwa zehn Jahre später das Bauhaus in Dessau schaffen wird, ist im Jahre 1914 leidenschaftlich gegen den „Ausverkauf der Kunst an die Industrie", gegen Muthesius und ganz für van de Velde. Wir wollen auch nicht vergessen, daß das Bauhaus in Dessau, das wir eben erwähnten, das *zweite* Bauhaus war. Ihm ging voran, ebenfalls unter Gropius' Leitung, das Bauhaus in Weimar, in dessen Programm, 1919, die bezeichnenden Worte stehen: „Architekten, Bildhauer, Maler, wir alle müssen zum Handwerk zurück."

Wenn also die Geschichtsschreibung der modernen Architektur den Werkbund als eine Gruppe von schöpferischen Denkern und Künstlern hingestellt hat, die Morris' Reform des Handwerks überwunden haben, weil sie begriffen, daß man vom Handwerk fortkommen mußte und hin zur Maschine – was Morris nicht gesehen hatte und nicht hatte sehen wollen –, so ist das, sagen wir einmal, zur Hälfte wahr. Es gab im Werkbund die, welche wußten, daß die Zukunft der Maschine gehörte, und daß die Kunst sich mit ihr auseinanderzusetzen hatte. Es gab sie. Muthesius gehörte unentwegt zu ihnen, seit den ersten Jahren des Jahrhunderts, als es den Werkbund noch nicht einmal gab. Man kann das Gleiche von Peter Behrens sagen, der der Schöpfer der modernen Fabrikarchitektur gewesen ist. Sie kennen alle seine Fabriken für die AEG hier in Berlin. Es waren aber auch Leute wie der Belgier van de Velde im Werkbund, ein Künstler, der mit dem belgischen Jugendstil eng verbunden war. Paul Schultze-Naumburg war im Werkbund, der Vertreter der Heimatschutz-Bewegung, dessen Bücher *Kulturarbeiten* im deutschen Bildungsbürgertum einen starken Einfluß ausübten. Heinrich Tessenow war ein frühes Mitglied des Bundes, und er war ganz und unentwegt Vertreter des Handwerks als der Basis jeder Kunst. Den Ausspruch von Gropius, den ich zitiert habe – „Architekten, Bildhauer, Maler, wir alle müssen zum Handwerk zurück" –, scheint in Tessenows Gedankengut besser zu passen als in das von Gropius.

Was hielt diese verschiedenen Leute im Werkbund zusammen? Was war eigentlich dieser Werkbund? Wir haben vorhin von seiner Zusammensetzung gesprochen, und die schien reichlich disparat: Was wollten die Industriellen in dem Bunde? Was, auf der anderen Seite, die freien Künstler? Wir müssen präzisieren: wenn wir von Industriellen im Werkbund sprechen, dann meinen wir *Kunst*-Industrielle wie die Württembergische Metallwarenfabrik. Die Handwerker sind Kunsthandwerker, besser gesagt, Kunstgewerbler; die Pädagogen solche, die der Erziehung des Auges und der Hand wieder den Platz im Curriculum der Schulen einräumen wollen, der ihr zukommt, Männer wie der berühmte Kerschensteiner. Die Publizisten sind Leute wie Friedrich Naumann, welche sich darum bemühen, den Zusammenhang zwischen der Kunst und der Wirtschaft zu klären; und wir werden gleich sehen, daß da ein Zusammenhang bestanden hat.

Ziel des Bundes war „die Veredelung der gewerblichen Arbeit"; und gewerbliche Arbeit kann beides sein, handwerkliche und industrielle Arbeit. Ja, sie kann auch sein – und war in der Auffassung des Werkbundes – die Arbeit des Kaufmanns: kann die Art seiner Auslagen, seiner Werbung, seiner Auffassung von der Ware überhaupt und ihrer Vermittlung betreffen. Den Arts-and-Crafts war der Werkbund verbunden durch den ästhetischen Protest und, damit eng zusammenhängend, den Begriff der Qualität, zu dem auch die Qualität der Form gehörte. Von den Arts-and-Crafts trennte ihn die Haltung vieler seiner Mitglieder der Maschine gegenüber, der Industrie, der Zweck- und Sachform; auch ihre Haltung dem Schmuck gegenüber. Für Morris war der Schmuck wesentlich. Für van de Velde war er das auch noch. Einige Mitglieder aber, die auf dem linken Flügel des Werkbundes standen – um es einmal so zu nennen –, begannen sich mit dem Gedanken zu befreunden, daß eine wesentliche Form des Schmuckes nicht bedarf. Eine wesentliche Form kann mit der Hand gemacht werden, sie kann aber ebensogut von der Maschine gemacht werden. Sie muß nur im einen wie im anderen Falle den Bedingungen der Hand oder denen der Maschine gemäß ausgeführt werden. Da aber, wie Muthesius spätestens 1917 einsah, die Industrie ständig und immer schneller an Boden gewann, während das Handwerk schnell in seine letzten Winkel zurückgetrieben wurde, so war der Schritt entscheidend, den der Werkbund bei seiner Gründung getan hatte: daß er auch der Industrie Raum gewähren wollte. Um 1907 mag das auch im Werkbund noch der kleinere Raum gewesen sein; aber als 1926 das zweite Bauhaus gegründet wurde – das in Dessau –, war die Industrie, war das, was man *industrial design* nennt, bereits die wichtigste, fast könnte man sagen die ausschließliche Erwägung im Werkbund. In der Theorie des Bauhauses in Dessau – die Praxis sah etwas anders aus – hatte das Handwerk beinahe nur noch die Aufgabe, Modelle und Gußformen für Serienprodukte herzustellen. Dies war im Programm des Dessauer Bauhauses die Rechtfertigung des Handwerks.

Noch eine Bemerkung zum frühen Werkbund sei gestattet: er übte in jenen Jahren zwischen 1907 und dem Kriege einen erstaunlich großen Einfluß aus. Diesen Einfluß verdankt er ganz gewiß seiner Haltung der Industrie gegenüber. Die deutsche Industrie interessierte sich für den Werkbund. Die AEG ließ Peter Behrens nicht nur ihre Fabriken entwerfen, ihre Arbeitersiedlungen, Läden, Ausstellungsgebäude, Clubhäuser. Sie vertraute ihm auch die Gestaltung gewisser Gebrauchsgegenstände an, die sie herstellte, elektrischer Teekessel zum Beispiel, oder jener Bogenlampen, die Geschichte gemacht haben, als sehr frühe Beispiele für die neue Entwurfstätigkeit, das *industrial design*. Er machte sogar ihren Schriftsatz und ihre Werbung. Die AEG gehörte dem Werkbund nicht an. Der umfassende Auftrag an Behrens erfolgte im gleichen Jahre wie die Gründung des Bundes: 1907. Eben das aber zeigt, wie richtig der Werkbund lag, um es salopp auszudrücken, wie sehr das, was er wollte, dem entsprach, woran der Industrie gelegen war. Er hat es denn auch in seinem Schrifttum nie versäumt, darauf aufmerksam zu machen, daß er wirtschaftlich etwas bedeute, daß er nützlich sei. In der Gründungsansprache in München erklärte Fritz Schumacher: „Und so ist die Kunst nicht nur ästhetische, sondern zugleich eine sittliche Kraft; beides zusammen aber führt in letzter Linie zu der wichtigsten der Kräfte, der wirtschaftlichen Kraft."

Meine Herren, viele unter Ihnen sind Männer der Wirtschaft. Ihnen brauche ich nicht zu erklären, warum der Werkbund für die deutsche Industrie vor 1914 nützlich war. Damals unternahm die deutsche Industrie Schritte, um sich auf dem Weltmarkt durchzusetzen. Man hatte das vorher durch das Unterbieten erreichen wollen; der Erfolg war der, daß das deutsche Produkt im Ausland einen schlechten Namen bekam: „camelotte boche" oder „German trash". Eroberung des Marktes durch Qualität schien dagegen ein besseres Konzept. Und die deutsche Form konnte als deutsches Gütezeichen gelten. War die deutsche Form die moderne Form, und eben dies wollte ja der Werkbund, so konnte dies den Erfolg draußen schneller und durchschlagender machen. Die moderne Form wird international sein, sagte Muthesius; aber wir, wir werden die internationale Form prägen. Natürlich war die Rückkehr zur Qualität nicht nur als eine Waffe in der wirtschaftlichen Weltoffensive gemeint, sie galt mindestens ebenso stark für die Bemühungen des deutschen Unternehmers und des deutschen Kaufmanns um den inneren Markt. Man könnte die Beziehungen des Werkbundes zur deutschen Wirtschaft so ausdrücken: für die Wirtschaft kam es auf Expansion an, unter der Flagge mit den Farben Qualität und Geschmack. Für den Werkbund kam es auf Qualität und Geschmack an, und der Motor war die wirtschaftliche Expansion. Für uns aber, für die Historiker, kam es darauf an, zu zeigen, daß die ganze Geschichte der Bejahung der Industrie, aber auch die ihrer Vereinigung im Werkbund mündete, und daß sie aus dieser Retorte herausfloß als die Geschichte der neuen Form in allen Bereichen der gestalteten Umwelt: um einen Werkbund-Slogan zu benutzen: vom Sofakissen bis zum Städtebau.

Negative Haltung zur Industrialisierung – positive Haltung zum technischen Fortschritt: beide haben ihre Geschichte, beide waren oft in der gleichen Person anzutreffen, denken Sie an einen Mann wie Paul Schultze-Naumburg, von dessen Bücherreihe *Kulturarbeiten* wir kurz gesprochen haben. Gab es jemals einen *laudatorem temporis acti*, so war es Schultze-Naumburg. Und doch spricht er in jenen Büchern auch von der Schönheit der Eisenbahn, und er zeigt – mit Bewunderung! – die Turbinenfabrik von Peter Behrens. Das war vor 1914. Seit aber in der Mitte der zwanziger Jahre der Werkbund zum Vertreter der technischen Form geworden war, oder der Form, die man für die technische hielt, der Maschinenästhetik, um es genauer zu sagen, seitdem wurde die andere Auffassung, die handwerkliche, in die Ecke gedrängt – in den Schmollwinkel, könnte man auch sagen –, aus dem sie freilich 1933 sehr kräftig hervortrat.

Aber davon wollen wir jetzt nicht sprechen; vielmehr hiervon: daß die Geschichtsschreibung sie dort ließ und daß sie mit Gusto die Geschichte erzählte, derzufolge der ästhetische Protest in der Maschinenästhetik endlich sein Genügen gefunden habe und Arts-and-Crafts vom Fortschritt absorbiert worden seien. In dem Buch, welches lange das Textbuch für die Geschichte der neuen Architektur gewesen ist, Sigfried Giedions *Space, Time and Architecture* (1941), wird William Morris nur eben erwähnt, und zwar als „Parallelfall" zu dem erst viel später auftretenden Henry van de Velde. Giedion erzählt eine schöne, gerade Geschichte: wie in Frankreich die erste große Auseinandersetzung des Architekten mit dem Ingenieur bereits in den vierziger Jahren des vorigen Jahrhunderts stattfand, als Henri Labrouste in seinen beiden Bibliotheksbauten das Eisen in die Architektur einführte, um die Technik für die Architektur zu erobern. Die Geschichte führt weiter über die Weltausstellungen mit ihren Eisen-und-Glashallen, beginnend mit Joseph Paxtons „Crystal Palace" in London, 1851, bis zu der stählernen „Galérie des Machines" und dem Eiffelturm auf der Pariser Ausstellung von 1889; wie dann, wieder in Frankreich, der Stahlbeton entwickelt wurde und wie seinerzeit das Eisen durch Labrouste, nun der Beton durch Auguste Perret für die Architektur gewonnen wurde. Er beschreibt das amerikanische Zwischenspiel, die Eroberung der Höhe durch das Stahlskelett im Chicagoer Wolkenkratzer und kommt endlich zur Gegenwart, zu den Congrès Internationaux d'Architecture Moderne CIAM, gegründet 1927 in La Sarraz (Schweiz) und auf den wichtigsten unter ihren Gründern, Le Corbusier, in dem er, gewiß mit viel Recht, den Vollstrecker dieser evolutionären Geschichte sieht.

Ein gerader Weg, meine Herren. Und solange er hier endete, bei Le Corbusier, bei dem siegreichen Internationalen Stil, durften wir diese Geschichte in den Schulen weitergeben als das Evangelium der Neuen Architektur nach Sigfried Giedion. Heute aber liest sich das alles anders, und wir tun gut, auf die andere Geschichte zurückzukommen, die Geschichte des Zweifels an den Segnungen der Industrialisierung. Wir werden sie in ihren Anfängen betrachten, ehe sie im Werkbund umgeformt wurde in eine Geschichte der Toleranz – wenngleich mit Rückfällen in die Verneinung wie den im Juli 1914 – und endlich in eine der Bejahung.

Wir haben uns bisher mit der neuen Form beschäftigt: mit der Form und ein wenig mit der Wirtschaft als einer Grundlage der neuen Form. Wovon wir noch nicht gesprochen haben, das ist die Wirkung der Industrialisierung auf diejenigen, die in der industriellen Herstellung tätig sind. Diese Wirkung aber ist der Ausgangspunkt der Zweifel gewesen, von denen wir nun handeln wollen. Denn diese Zweifel gingen tiefer als der ästhetische Protest, von dem William Morris ausgegangen war. William Morris hat den ästhetischen Protest im Laufe seiner Tätigkeit zu einem sozialen Protest vertieft – aber der ästhetische Zweifel war sein Ausgangspunkt.

Ein anderer Mann der Epoche, ebenfalls von hoher Sensibilität, John Ruskin – 15 Jahre älter als Morris –, ist etwas früher auf diese Frage gestoßen und grundsätzlicher auf die Frage: was macht die

Industrie mit dem, der arbeitet? Und was macht sie mit dem Prozeß der Arbeit? Ruskin hatte von seinem Elternhause, einem sehr reichen Hause und einem sehr bibelfesten, ein Gegengewicht zu seiner Empfänglichkeit für die Kunst mitbekommen: Religion. Es wird erzählt, daß am Sonntag in seinem Zimmer die schönen Turners, die er besaß, umgedreht wurden, damit ihre Farbigkeit die Sabbatstille nicht beleidige. Ohne dieses Element Bibel wäre Ruskin wahrscheinlich nichts gewesen als ein Kunstjünger, einer, der alles aufnimmt, was da kommt, und vieles schön findet. Ohne seine Sinnlichkeit wäre er nichts gewesen als ein Moralprediger. Die Kombination eines starken Sinnes für die Kunst mit einem echten Gefühl der christlichen, und das heißt für ihn der gesellschaftlichen Verpflichtung, machte ihn zu einem der Wegbereiter des Jahrhunderts.

Er besaß die Kunst, das Wesentliche eindrucksvoll zu sagen. Zu jener Frage, was die Industrie mit dem macht, der arbeitet, und mit dem Prozeß der Arbeit, hat Ruskin das folgende gesagt: „Wir haben in letzter Zeit einer großen Erfindung der Zivilisation viel Arbeit gewidmet. Wir haben sie ständig vervollkommnet. Ich spreche von der Arbeitsteilung. Aber wir geben ihr nicht den richtigen Namen. In Wirklichkeit wird nicht die Arbeit geteilt, sondern Menschen. Man teilt sie in Menschenpartikel. In kleine Fragmente und Krümel des Lebens, so daß schließlich das bißchen Intelligenz, das ein Mensch dann noch übrig hat, nicht mehr dazu ausreicht, eine Nadel zu machen oder einen Nagel. Sie wird dazu verbraucht, eine Nadelspitze zu machen oder einen Nagelkopf. Es ist sicher gut und wünschenswert, an einem Tage viele Nadeln zu machen, aber: könnten wir einmal sehen, was das für Kristallsand ist, mit dem wir die Nadelspitzen polieren – Sand aus Menschenseelen; der allerdings nur unter starker Vergrößerung als solcher erkannt wird –, dann würden wir wohl sehen, daß bei dieser Massenherstellung etwas verlorengeht. Und der große Schrei, der aus unseren Fabrikstätten aufsteigt, lauter als der Wind der Öfen, der schreit in Wahrheit dies: daß wir alles Mögliche herstellen, alles, nur keine Menschen. Wir bleichen Baumwolle, wir machen Stahl hart, wir raffinieren Zucker, aber daß man etwas anderes reinigen, kräftigen, verfeinern oder gar formen könne, ja, das bedenkt keiner, wenn er seinen Profit berechnet. Und für all das Schlimme, zu dem dieser Schrei aus den Fabrikstätten unsere Massen antreibt, gibt es nur eine Heilung. Nicht lehren und predigen, denn indem wir sie belehren, die Arbeiter nämlich, zeigen wir ihnen nur ihr Elend. Und wenn wir ihnen predigen, nicht mehr tun als predigen, dann verspotten wir sie. Anders geht es nicht, als daß alle Klassen das richtige Verständnis dafür zeigen, welche Arbeit für den Menschen gut ist, ihn erhebt und glücklich macht, daß man entschlossen ist, Bequemlichkeit, Schönheit, Billigkeit zu opfern, wenn ihre Herstellung den Arbeitsmann degradiert, und dagegen ebenso entschlossen die Produkte fordert, die das Resultat einer gesunden und würdigen Arbeit sind."

Sie sehen, hier ist nicht davon die Rede, daß der Arbeiter ausgebeutet wird, daß ihm das Seine vorenthalten wird. Das ist ein anderes Thema – Ruskin hat gelegentlich auch *davon* gesprochen. Hier aber geht es einzig und allein darum, daß er durch eine Arbeit degradiert wird, die keine „gesunde und würdige Arbeit" ist. Dieses Thema hat auch Morris beschäftigt, es hat auch die deutschen Werkbundgründer beschäftigt, Männer wie Muthesius. Aber Muthesius fand, daß der Arbeiter eine Kompensation für das, was er verloren hat, da er selbst nicht mehr ein Werk schafft, in dem Bewußtsein finden könne und müsse, daß er an der Fertigung eines Werkes von Dimensionen und Wirkungen teilnimmt, von denen frühere Generationen nicht zu träumen gewagt hätten. Das ist ohne Zweifel der modernere Standpunkt. Aber Sie wissen besser als ich, daß wir mit einer noch viel größeren Abstraktion des Arbeitsprozesses in eine Phase eingetreten sind, in der diese Form der Arbeit der kommenden Generation aufs neue unerträglich scheint. Mag sein, daß der Widerstand mit jeder weiteren Stufe der Abstraktion erneut aufflammt, vielleicht immer schwächer aufflammt und endlich in die Reihe der geschichtlichen Phänomene zurücksinkt, die man *ad notam* nimmt, ohne sie noch recht verstehen zu können, etwa wie die religiösen Kämpfe des siebzehnten Jahrhunderts. Es kann aber auch sein, daß ein Grad der Abstraktion erreicht wird, der Unwirklichkeit, den man nicht mehr hinnehmen will.

Bleiben wir jedoch bei Ruskin und hören wir, was er zu einer Frage zu sagen hatte, die unser Thema, Architektur, näher angeht. Ruskin schrieb in dem Buche *The Stones of Venice* (1853): „Bisher habe ich die Worte ‹unvollkommen› und ‹vollkommen› lediglich dazu benutzt, um zwischen gröblich ungeschickter und solcher Arbeit zu unterscheiden, welche mit der üblichen Genauigkeit und Kenntnis ausgeführt wurde; und ich bin dafür eingetreten, daß keine Arbeit, nicht einmal die ungeschickteste, zu schlecht sei (...) Jetzt wollen wir aber genauer sein und sagen, daß gute Arbeit niemals vollkommen sein kann, und daß die Leute, die Vollkommenheit fordern, den Sinn der Kunst mißverstanden haben. Und zwar aus zwei Gründen. (...) Erstens: Kein großer Mann hört auf zu arbeiten, ehe er gescheitert ist. (...) Ob also große Leute arbeiten, ob weniger große ihr Bestes geben, immer wird ihre Arbeit unvollkommen sein, sei sie noch so schön. Vollkommene Werke? Das Schlechte daran ist vollkommen, und zwar auf seine eigene schlechte Art. ... Zweitens: Alles, was wir vom Leben wissen, deutet darauf hin, daß Unvollkommenheit zu seinem Wesen gehört. Unvollkommenheit ist ein Merkmal des Lebens."

Darum aber, fährt Ruskin fort, ist die Renaissance schlecht und ist auch die Antike schlecht: sie streben das Vollkommene an, das Regelmäßige, und unterdrücken jede Unregelmäßigkeit. Hören wir noch einmal Ruskin selbst: „Wo immer der Arbeitende sklavisch gearbeitet hat, sind alle entsprechenden Teile des Gebäudes einander völlig gleich; denn er arbeitet nur dann vollkommen, wenn er nur *eine* Sache tut und nichts anderes tun darf als immer wieder dieses Eine. (...) Und wenn, wie beim griechischen Tempel, alle Kapitelle gleich sind, alle Profile ohne Abwechslung, dann ist die Degradierung vollkommen."

Degradierung: wir haben das Wort vorhin schon einmal von Ruskin gehört, als von der industriellen Arbeit die Rede war. Ruskin hat denn auch die Nutzanwendung gezogen und die griechische „Sklavenarbeit" – wie er sie nennt – mit der Sklavenarbeit an der Maschine verglichen. Gemeinsam sind ihnen die beiden Züge Arbeitsteilung und Vollkommenheit: Arbeitsteilung als Bedingung der Vollkommenheit. Das ist eine konsistente Kritik der Industrie, und wir finden – wenn wir genauer hinsehen als die Geschichtsschreiber der Modernen Bewegung – eine Kritik dieser Art immer wieder seit Ruskin; wir finden sie bei Heinrich Tessenow, wir finden sie – ich darf das nicht auslassen – im Dritten Reich, wir begegnen ihr gegenwärtig wieder.

Ich komme zum Schluß. Wir sind davon ausgegangen, daß die Geschichte der modernen Architektur sich heute bereits anders liest als noch vor zehn Jahren. Da viele begonnen haben, an der Gültigkeit der modernen Architektur zu zweifeln, da einige sie für überwunden halten, sehen wir uns genötigt, neben der Geschichte des Fortschritts auch die Geschichte der Kritik am Fortschritt genauer anzusehen und ernster zu nehmen, als man sie bis dato genommen hat. Ich habe zunächst die alte Art der Geschichtsschreibung mehr oder weniger nachgezeichnet, nicht ganz ohne Kritik. Ich bin dann auf die Anfänge der anderen Geschichte eingegangen, nur auf die Anfänge; und wir haben gefunden, daß bereits einiges von dem, was John Ruskin gesagt hat, uns als recht aktuell in den Ohren klingt; manche von Ihnen werden meinen, *zu* aktuell – dem sei wie ihm wolle. Alles,was ich sagen wollte, ist dies: daß gegenwärtig die Grundfrage des Jahrhunderts aufs neue gestellt wird, ja, aufgerissen: die Frage nach dem Sinn der Arbeit, dem Sinn alles dessen, was wir tun: und daß man Angst hat vor dem, was getan wird. Hüten wir uns vor den gängigen Antworten. Respektieren wir die Angst. Halten wir einen Augenblick den Atem an.

Unpublizierter Vortrag, gehalten vor dem Lions Club Berlin vom 7.10.1981.

Paestum, Hera-Tempel II, um 460 v. Chr.

Konstruktion und Form

Aus irgendeinem Grund habe ich Poelzigs Rede „Der Architekt“ noch einmal gelesen und fand dies: „Technik folgt den Gesetzen der Natur, sie ist eine Weiterentwicklung der Natur. (...) Die Logik der Kunst geht gegen die Natur – gegen ihre Gesetze. Der griechische Tempel hat nichts mit einer Konstruktion im rechnerischen Sinne zu tun, keine Linie an ihm entspricht einer bestimmbaren mathematischen Form, die Kurven folgen einer höheren Ordnung als der mathematischen. (...) Der Ingenieur geht unbeirrt seinen Weg, aber seine Schöpfungen bleiben Natur – sie werden nicht symbolhaft, sie werden nicht Stil. (...) Der empfindende Laie läßt sich von einem begabten Künstler eher ein völlig unpraktisches Haus aufschwatzen, als daß er in eine praktische, ihm formlos erscheinende Behausung hineingeht, er braucht eine Steigerung seines seelischen Lebens.“

Dies alles mag wahr sein, und doch mußte ich beim Lesen den Kopf schütteln; wie schon bei den Sätzen, die das Leitmotiv der ganzen Überlegung abgeben: „Worum handelt es sich bei der Architektur? Doch wohl um Form, und zwar um symbolische Form. Sind die technischen Formen symbolisch, können sie es jemals sein? Sind Kunstformen vergänglich?“

Auch dies darf man unterschreiben, gewiß. Enthalten die oben angeführten Sätze aber das Ganze? Was Poelzig nicht sagt, ist dies: wofür sollen die Formen der Architektur symbolisch sein? Er sagt es an anderer Stelle; er spricht von der Gotik, welche eigentlich eine schlechte Konstruktion gewesen sei – besonders das Gewölbe, das von allen möglichen Dübeln, Ankern, Ketten zusammengehalten werden mußte. Aber die Gotik schuf symbolische Räume. Sie bezogen sich auf die Religion. Und so war der griechische Tempel symbolisch – ebenfalls für eine Religion – oder für einen Begriff des Göttlichen, dem zu allen Zeiten die Kunst gehört hat, selbstverständlich auch die Kunst Architektur, besonders die Architektur.

Sie werden mich fragen wollen, was mir denn hieran nicht einleuchte. Lassen Sie mich zunächst mit einer Frage erwidern: Besteht nicht zwischen der Kunst Architektur und den Mitteln, durch die sie sich verwirklicht – der Konstruktion –, eine Beziehung? Oder anders: Ist die jeweilige Konstruktion, die Säule des griechischen Tempels oder die Dienste und Gewölberippen der gotischen Kathedrale – ein beliebiges Mittel, die symbolische, die auf Gott bezogene Form herzustellen – die Kunst Architektur?

Lassen Sie mich zunächst von gewissen Gegenthesen sprechen. Gegenthesen, meine ich, gegen die These Poelzigs, auf die wir eben einen Blick geworfen haben. Es sind im wesentlichen zwei, von denen nur eine einen Namen erhalten hat: man nannte sie – später – funktionalistisch. Das ist die These, welche sagt, daß die Form eines Gebäudes sich ergebe, daß sie ohne Wissen und Wollen des Architekten entstehe, wenn dieser die Aufgabe, der das Gebäude dienen solle, bis ins letzte konsequent denke. Das heißt, eine jede Aufgabe habe immer nur eine Lösung, damit sei die Form vorgegeben. In dieser These – es ist die von Hugo Häring gewesen, aber sie hatte Vorgänger – wird die Konstruktion nicht erwähnt. Sie muß, so gut sie eben kann, der Herstellung der vorgegebenen Gestalt dienen: Form follows function.

Eine These, welche sagt: Form follows construction, man könnte sie konstruktivistisch nennen, eine solche These hat es nicht gegeben. Aber Auguste Perret ist ihr nahegekommen. Er hat das poetisch umschrieben: „L'architecture c'est ce qui fait les belles ruines." Der Sinn ist eindeutig, und man hat nach dem letzten Weltkrieg gesehen, was Perret gemeint hat. Die Trümmerhaufen unserer Städte waren keine schönen Ruinen, weil die Gebäude nicht gut konstruiert waren. Sie waren irgendwie konstruiert: ein Stahlskelett etwa, das nicht in Erscheinung trat. In der Zerstörung *trat* es in Erscheinung: als verbogenes Gestänge, und die schöne Fassade, die es den Blicken entzogen hatte, lag herum: Schutt und Brocken. Das Parthenon aber, das nicht weniger gewaltsam zerstört worden war – der Tempel wurde im achtzehnten Jahrhundert gesprengt –, blieb als Ruine schön. Weil es, so Perret, reine Konstruktion gewesen sei. Da gab es nicht ein unsichtbares Gerüst und eine verbergende „Architektur": das Gerüst *war* die Architektur. Und so sei es in der Gotik gewesen, und so war es, endlich wieder, in Perrets Betonbauten. Da war wieder das Gerüst das Eigentliche.

Man dürfte Perrets These konstruktivistisch nennen, der Name würde uns dienen: denn es ist zur Genüge behauptet worden, daß die Funktion die Gestalt eines Gebäudes bestimme. Man muß auch zugeben, daß die Konstruktion das nicht ganz so unmittelbar tut wie die Funktion. Sie ist in jedem Falle das Mittel gewesen, durch das der Aufgabe eines Gebäudes – was immer diese Aufgabe sein mag – genügt werden kann. Die Konstruktion ist immer mittelbar beteiligt.

Untersuchen wir diesen Tatbestand ein wenig, gehen wir in die Geschichte. Es hat nicht wenige Zeiten gegeben, in denen Gebäude, die dem gemeinen Leben zu dienen hatten – Wohnhäuser etwa –, anders gebaut wurden als die einer höheren Bestimmung dienenden – Tempel, Paläste. Man denke nur an die älteste der uns gut bekannten Kulturen, die ägyptische. Von den Wohnhäusern auch des Neuen

Reiches – der letzten großen Epoche Ägyptens – ist nichts erhalten; Tempel dagegen sind bis in die letzte, die ptolemäische Zeit erhalten, der Zeit der Cleopatra und des Julius Caesar. Was offenbar daran liegt, daß die Häuser, auf welche die Kunst der Architektur keinen Wert legte, aus kleinen Steinen zusammengebaut wurden, mit Gewölben. Sie mögen den arabischen Häusern, die heute in dieser Weltgegend gebaut werden, ähnlich gesehen haben. Im Bau der Tempel dagegen hat man die Wölbung nicht angewandt. Man hat für diese eine Konstruktion ad hoc gebraucht, an der sich übrigens während der langen Zeit ägyptischer Geschichte recht wenig, so gut wie gar nichts, verändert hat. Ich möchte damit andeuten, daß auch die Konstruktion einen Sinn besaß. Sie war an der Entstehung des ägyptischen Tempels, dieses schier eine Ewigkeit gültigen Gebäudes, durchaus beteiligt.

Und wenn Sie näher hinsehen, werden Sie es nicht leicht finden, für den griechischen Tempel den Unterschied zwischen Form und Konstruktion so ausschließend gelten zu lassen, wie Poelzig das getan hat. Ich erinnere an die Formel, die er gebraucht hat: „Der griechische Tempel hat nichts mit einer Konstruktion im rechnerischen Sinne zu tun, keine Linie an ihm entspricht einer bestimmbaren mathematischen Form."

Der Satz enthält zwei Ausdrücke, welche für die Umstände, unter denen Poelzigs Rede entstanden ist, bezeichnend sind: „im rechnerischen Sinne" und „bestimmbare mathematische Form". In ihnen ist eine Auffassung von der Arbeit des Ingenieurs sichtbar, etwa so: der Ingenieur sei einer, der rechnet, im besten Falle mathematisiert, einer, der eine bestimmte Aufgabe zu lösen hat und sich dazu der Mittel bedient, die er gelernt hat oder vielmehr, die der Stand der modernen Technik vorschreibt: er rechnet, und er rechnet mit geschlossenen Augen. Was dabei als Form herauskommt, geht ihn nichts an. Er hat seine Arbeit getan, er gibt sie denen weiter, die für Form zuständig sind. Entspricht diese Auffassung dem, was der Ingenieur tut, dem, was er ist? Sind die schönen Formen moderner Konstruktionen, die Luftschiffhallen in Orly etwa, die von Limousin und Freyssinet 1916 gebaut wurden, zufällig entstanden? War es so, daß die Ingenieure Limousin und Freyssinet gerechnet haben, und siehe da, das Ergebnis der Rechnung ist recht ansehnlich geworden? Immerhin haben nicht wenige Architekten jener Zeit diese ohne Willen und Bewußtsein aus dem „Rechenschieber" – ein beliebtes Wort der Herablassung – hervorgegangenen Formen bewundert, ja zum Vorbild genommen.

Es müssen übrigens nicht Bauformen sein, was Architekten bereits vor 1914 mit einer geradezu neidischen Bewunderung erfüllt hat. Hermann Muthesius hat zu Anfang des Jahrhunderts von der Schönheit des Fahrrades gesprochen. Der gleiche Muthesius hat damals auch davon gesprochen, wie der Ingenieur arbeitet. Er habe, sagt er, für jede Aufgabe stets mehrere statisch gleichwertige Lösungen zur Hand. Er suche diejenige aus, die ihm am schönsten erscheint. Man könnte das Wort schön, das Muthesius gebraucht, durch andere Worte ersetzen: angemessen, bezeichnend, sogar ausdrucksvoll. Denn das wird es wohl sein, der Ingenieur will, daß die Konstruktion nicht nur richtig sei, sondern mehr als richtig. Ob man dieses „mehr als" nun gleich symbolisch nennen darf oder ob man sich mit einem bescheideneren Ausdruck zufriedengibt, auf jeden Fall wollte Muthesius von der Auffassung nichts wissen, daß der Ingenieur eine Art Maschine sei, welche das Richtige und zufällig gar das Schöne „errechne". Muthesius glaubte beobachtet zu haben, daß der Ingenieur das keineswegs sei; schon darum nicht, weil es solche menschlichen Rechenmaschinen nicht gibt.

Poelzig, das muß zugegeben werden, sah den Künstler als einen Spezialisten der Form, und zwar in Gegenwehr gegen jenes Phantom, das ihn bedrängte: die technische Form. Eine gültige technische Form, meinte Poelzig, könne es schon darum nicht geben, weil jeder Fortschritt technischer Art, handle es sich um das Auto, die Lokomotive, das Schlachtschiff – ich nenne beliebige Gegenstände der technischen Ästhetik jener Tage –, auch die Form des betreffenden Gegenstandes außer Kraft setze: eine Anschauung, die auch im rein Technischen nicht aufrechterhalten werden kann. Es ist vielmehr durchaus so, daß gewisse Apparate – ich gebrauche mit Fleiß diesen Ausdruck – bisweilen Formen erreichen, welche einer bestimmten Stufe ihrer Entwicklung so gut entsprechen, daß die den Begriff des Fortschritts transzendieren. Das Werkbund-Jahrbuch für 1914 mit dem Titel *Der Verkehr* bildet Dampflokomotiven der Firma Maffei, München, ab, die uns noch heute begeistern. „Schönere" Lokomotiven sind nie gebaut worden. Will ich damit sagen, daß der Ingenieur in seiner Eigenschaft als Künstler auch hier den rein technischen Tatbestand überschritten habe, daß er, um es sehr groß auszudrücken, eine symbolische Form geschaffen habe? Erlauben Sie mir auf jeden Fall, darauf hinzuweisen, daß auch hier die Form die technischen Gegebenheiten überschreitet.

Poelzig war ganz gewiß nicht der einzige, der auf dem Unterschied zwischen Konstruktion und Form bestanden hat. Zu dem gleichen Werkbund-Jahrbuch hat Walter Gropius einen Aufsatz über den „stilbildenden Wert industrieller Bauformen" beigetragen, in dem er das Folgende feststellt: „Die verstandesmäßige arithmetische Berechnung der Stabilität eines Materials unterscheidet sich wesentlich von der instinktmäßig empfundenen geometrischen Harmonie der Bauteile, die Konstruktionsform von der Kunstform." Daß aber diese These der Vergangenheit angehört, wissen wir, die wir das Werk der großen Ingenieure Limousin und Freyssinet, Pier Luigi Nervi, Torreja, Finsterwalder – um nur wenige Namen zu nennen – haben entstehen sehen. Der Unterschied zwischen dem Ingenieur, der „rechnet", und dem Künstler, der symbolische Formen schafft, ist nicht aufrechtzuerhalten.

Kehren wir gleichwohl noch einmal zu Poelzigs Wort über den griechischen Tempel zurück. Er bezeichnet ihn als Kunstwerk, welches mit der Konstruktion nichts zu tun hat, die der Tempel ebenfalls ist. Das ist, ich muß gestehen, zu einfach ausgedrückt. Wir wollen einmal primitiv fragen: Was ist denn eine Säule? Eine Säule ist zunächst eine Konstruktion. Ebenso ist das Gebälk eine Konstruktion; jener Wechsel zwischen Triglyphen und Metopen.

Die Geschichte dieser Konstruktion ist bekannt: ursprünglich eine Holzkonstruktion, hat man – vielleicht um ihr Dauer zu verleihen, vielleicht aus anderen Gründen – die Konstruktion wörtlich in Stein übersetzt; man hat alles übernommen, man hat nicht etwa eine typische Steinkonstruktion daraus gemacht. Es entstanden dabei Bauformen, welche die Griechen selbst nach kurzer Zeit schon nicht mehr verstanden haben, wie ein Passus in einem Drama von Aischylos zeigt. Da man aber in Stein zu bauen sich entschloß, baute man doppelt steinern, will sagen schwer, massiv. Man stellte die Säulen viel enger als notwendig. Einige Interpreten haben von einer äußeren Tempelmauer gesprochen, welche um enggestellte Achsen aufgerollt sei, aber doch ein Gesamt bilde. Mag sein. Aber diese Mauerteile bleiben Säulen.

Ja, ihre Säulenhaftigkeit, will sagen die Funktion des Tragens, wird aufs Stärkste dadurch ausgedrückt, daß die Säulen unten stark sind und sich unter dem Kapitäl zusammenziehen. Dieses lädt dann wieder weit aus, um das Gebälk aufzunehmen. Das mag eine symbolische Darstellung der Säule sein, es bleibt jedoch eine Darstellung der Säulenfunktion: die Säule trägt. Ebenso wird die Aufgabe des Tragens in der Schrägstellung der Säulen ausgedrückt, und der Tempelgiebel als Masse, die getragen wird, auch dadurch, daß die Abstände der Säulen nach den Giebelenden zu geringer werden. Es entsteht nicht irgendeine Form, sondern die Form der Last und des Entgegenstemmens. Das ist ein Vorgang der Konstruktion; aber nicht – Poelzig hat recht – der effektivsten Konstruktion. Diese könnte siebenmal leichter sein. Der Tempel ist also nicht mehr technische Form, beileibe nicht, aber er bleibt symbolisch für einen konstruktiven Vorgang: Last und Stütze. Dies ist ganz gewiß ein griechisches Symbol. Es gibt einen Vers von Aischylos, etwa so: „Klagend halle der Ruf, doch siegreich walte das Schicksal!" Oder, wie es am Eingang der Zehnten Elegie von Rilke heißt: „Daß ich dereinst, an dem Ausgang der grimmigen Einsicht, Jubel und Ruhm aufsinge zustimmenden Engeln."

Das ist griechisch empfunden, und der dorische Tempel ist eben dafür ein Symbol. Aber er ist ein Symbol in der Gestalt der Konstruktion. Goethe in Paestum: „Der erste Eindruck konnte nur Erstaunen erregen. Ich befand mich in einer völlig fremden Welt. Denn wie die Jahrhunderte sich aus dem Ernsten in das Gefällige bilden, so bilden sie den Menschen mit, ja, sie erzeugen ihn so. Nun sind unsere Augen und durch sie unser ganzes inneres Wesen an schlankere Baukunst hinangetrieben und entschieden bestimmt, so daß uns diese stumpfen, kegelförmigen, enggedrängten Säulenmassen lästig, ja furchtbar erscheinen. Doch nahm ich mich zusammen, erinnerte mich der Kunstgeschichte, gedachte der Zeit, deren Geist eine solche Baukunst gemäß fand, und in weniger als einer Stunde fühlte ich mich befreundet, ja, ich pries den Genius, daß er mich diese so wohl erhaltenen Reste mit Augen sehen ließ, da sich von ihnen durch Abbildung kein Begriff geben läßt. Denn im architektonischen Aufriß erscheinen sie eleganter, in der perspektivischen Darstellung plumper als sie sind, nur wenn man sich um sie her, durch sie durch bewegt, teilt man ihnen das eigentliche Leben mit; man fühlt es wieder aus ihnen heraus, welches der Baumeister beabsichtigte, ja, hineinschuf."

Dieses „eigentliche Leben" aber hat Goethe in seinem Innern behalten und offenbart es Jahrzehnte später in der Szene der Erscheinung Helenas im Faust II. Natürlich ist Paestum der Hintergrund dafür. Der Astrologe erklärt:

„Durch Wunderkraft erscheint allhier zur Schau,
Massiv genug, ein alter Tempelbau.
Dem Atlas gleich, der einst den Himmel trug
Stehn reihenweis der Säulen hier genug;
Sie mögen wohl der Felsenlast genügen,
Da zweie schon ein groß Gebäude trügen."

Und der Architekt – der gotische (natürlich am Kaiserhof):

„Das wär antik! Ich wüßt' es nicht zu preisen,
Es sollte plump und überlästig heißen,
Roh nennt man edel, unbehülflich groß.
Schmalpfeiler lieb ich, strebend, grenzenlos."

Ein Geisternebel umwallt den Bau. Der Astrolog spricht wieder:

„Und nun erkennt ein Geister-Meisterstück!
So wie sie wandeln, machen sie Musik.
Aus luftgen Tönen quillt ein Weißnichtwie,
Indem sie zieh'n, wird alles Melodie.
Der Säulenschaft, auch die Triglyphe klingt,
Ich glaube gar, der ganze Tempel singt."

Ja, da erscheint „das eigentliche Leben, (...) welches der Baumeister (...) hineinschuf". Sie haben aber bemerkt, daß auch in diesen Versen das, was singt, in seinem Wesen Konstruktion ist: diese seltsame Konstruktion, von Holz zu Stein gewandelt, beschwert, dem an eine schlankere Baukunst hinangetriebenen und bestimmten Auge und Sinn zunächst lästig, ja furchtbar – und schließlich – Musik.

Ich bin auf Goethes Erlebnis Paestum so genau eingegangen, um Sie darauf vorzubereiten, wie eigenartig die Konstruktion in der Architektur sich verhält – ehe sie beginnt zu klingen. Ich will Ihnen nicht verhehlen, daß die gotische Konstruktion sich nicht weniger anspruchsvoll, ja, wohl noch anspruchsvoller den Augen darstellt, bevor auch sie beginnt zu klingen. Zuallererst dies: während die Substanz des Tempels Konstruktion ist und eben darum der These Poelzigs besonders wenig entgegenkommt, ist das, was sich im Raum der Kathedrale als Konstruktion darstellt, in der Tat Darstellung, Übersetzung – nicht die Konstruktion selbst. Die Bündelpfeiler, fünf Säulchen, welche vom Kapitäl der großen Säulen zwischen Haupt- und Seitenschiff bis zum Gewölbe reichen, können ebensogut wegbleiben. Für die Stabilität macht das keinen Unterschied. In gotischen Pfarrkirchen sind sie oft weggeblieben, oder sie beginnen irgendwo an der Wand. Über das Rippengewölbe ist viel Falsches geschrieben worden, bis Pol Abraham in den dreißiger Jahren nachgewiesen hat, daß ein Gewölbe mit Rippen sich statisch nicht anders verhält als eines ohne Rippen.

Die im Raum sichtbare Konstruktion ist die Darstellung einer Konstruktion, mehr: sie ist Wunschbild einer Konstruktion. Die Mauertiefe hinter dem Bündelpfeiler tritt nicht in Erscheinung, ebensowenig die Strebepfeiler und Strebebögen: der ganze Apparat der außen sichtbaren Konstruktion; wobei man selbst dort zu fragen hat, was wirklich ist, was Darstellung – der Strebebogen wird nicht selten weggelassen. Man könnte sagen, daß derjenige, der die Kirche betritt, die zur Schau getragene konstruktive Anstrengung außen gesehen habe, daß sie ihm im Bewußtsein geblieben sei, wenn er den Raum betritt. Aber ist das wirklich so? Schwindet nicht beim Eintritt in den Kirchenraum diese „Anstrengung" draußen aus dem Bewußtsein, welches zu sehr damit beschäftigt ist, den Raum zu erfassen, welcher unwahrscheinlich ist und gleichzeitig überzeugend? Diese gotische Anordnung aber wirft auf die Frage Konstruktion und Form in der Architektur ein neues Licht; denn hier „erscheint" nur eine Konstruktion. Wie sich diese Darstellung der Konstruktion im einzelnen verhält, dafür möchte ich ein paar Beispiele geben...

Chartres zunächst: Die Säulen unten im Hauptschiff sind von vier schlanken Säulen umgeben. Die seitlichen, welche Bögen tragen, haben vor dem großen Kapitäl der Säule ihre eigenen kleinen Kapitä-

Kathedrale von Chartres, Langhaus, 1194–1220.

le; die dem Hauptschiff zugewandten lediglich ein Profil, welches den Abakus des großen Kapitäls fortsetzt. Auf ihm steht eine Basis für die fünf Säulchen des Bündelpfeilers: eine schwierige Anordnung. Die Kunst, von der Meister Poelzig spricht, wäre auf sie schwerlich verfallen. In Chartres ist sie nicht künstlerisch gelöst. Was also hat diese Anordnung bestimmt? Ich will es Ihnen sagen: die Baugeschichte. Und die Baugeschichte bewirkt noch eine weitere seltsame Anordnung, welche auf den ersten Blick wohl den wenigsten auffällt: einen Stützenwechsel. Achteckige Hauptsäulen mit runden Vorlagen wechseln mit runden Säulen und achteckigen Vorlagen. Ein großer Gelehrter hat mich in Chartres hierauf aufmerksam gemacht und hinzugefügt, das sei geschehen, weil das Licht diese verschiedenen Säulen – oder Pfeiler – verschieden modelliert, also um der optischen Bereicherung willen. Man darf es bezweifeln, so hat das Mittelalter nicht gedacht. Der Stützenwechsel war vielmehr, dessen bin ich überzeugt, die Bekräftigung einer Erinnerung. Chartres ist eine der ersten Kirchen, in denen das große, etwa quadratische Joch im Hauptschiff, dem sechsteiligen Gewölbe, zwei „halben" vierteiligen Jochen Platz macht. Die achteckigen Säulen in Chartres stehen an den Ecken des großen Joches, welches nicht mehr da ist! Poelzig hat davon gesprochen, daß der Ingenieur die Natur fortsetze; hier setzt der Architekt das Verfahren der Natur fort, indem er Organe, die bereits überwunden sind, dennoch sichtbar bleiben läßt. Eben dies macht die Architektur des Mittelalters so spannend, um es ruhig einmal so banal auszudrücken.

Auf Chartres folgt in kurzem Abstand Reims: kein Stützenwechsel mehr, alle Säulen und Vorlagen sind rund. Die vier Vorlagen – nicht nur die seitlichen – haben Kapitäle, so hoch wie die der Säulen. Man könnte sagen, das Kapitäl der großen Säule sei um die vier kleinen herumgezogen, das Ganze sei *ein* Kapitäl geworden. Im Stil verändert ist das Blattwerk der Kapitäle. Die Blätter sind mehr konventionell wie in Chartres, es sind natürliche Blätter: eine Erscheinung, die diesen Augenblick der Gotik bezeichnet. Pevsner hat darüber eine wunderbare Studie geschrieben: *The leaves of Southwell.* Über dem großen Kapitäl haben die Säulchen des Bündels eine jede ihre eigene, kaum wahrnehmbare Basis. In Reims ist so der Augenblick der Harmonie erreicht, Reims „klingt".

Bereits in Amiens ist er überschritten. Jetzt geht der dem Schiff zugewandte Pfeiler durch, nur vom oberen Profil des Abakus umwunden. Neben ihm beginnen dort nur zwei der schlanken Säulchen, die anderen beiden, die äußeren, noch dünner, beginnen erst im Triforium. Der Vertikalismus der hohen Gotik beginnt sich durchzusetzen. In Köln vollends gibt es keine großen Säulen mehr. Alles ist Bündelpfeiler geworden. So genau wird der Zeitgenosse das kaum wahrgenommen haben; aber an gewisse Anordnungen gewöhnt, die sich

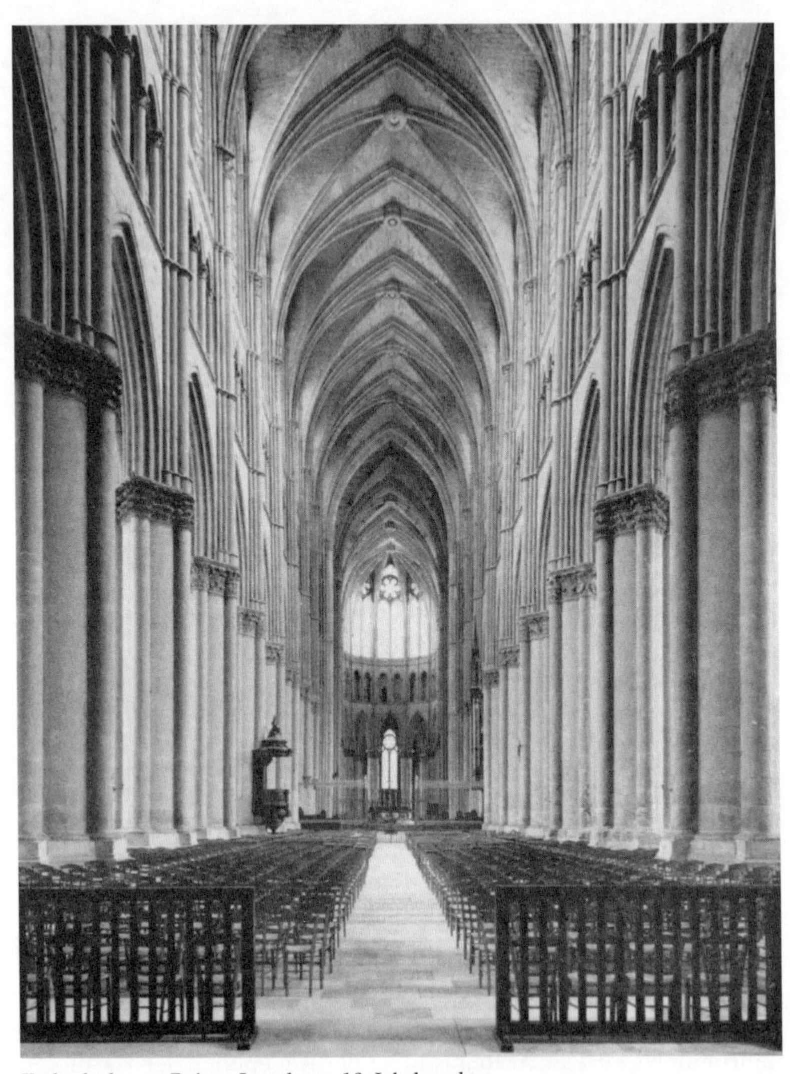

Kathedrale von Reims, Langhaus, 13. Jahrhundert.

eben damals so schnell änderten, hat man zumindest empfunden, daß etwas geschah.

Zwei Konstruktionen, zu symbolischer Gestalt gesteigert: die eine durch Übergewicht aller Teile, der lastenden und der stemmenden, zum Symbol des Schicksals; die andere durch Darstellung einer Leichtigkeit, die der wahren Konstruktion nicht entspricht, zum Symbol – ja, wovon? Der christlichen Hoffnung? Auch sie mag dort ausgedrückt sein, aber es geht um mehr. Es geht wohl um das europäische Streben zum nicht mehr Glaubhaften, vielleicht um das Streben an sich: man hat dies das Faustische genannt. Anlaß aber und Inhalt bleibt beide Male die Konstruktion. Wie kann man es erklären, daß Poelzig, der Meister, in der Rede vom Architekten diese Beziehung leugnet?

Ihm hat an der modernen Technik dies Sorgen gemacht, daß sie stets bestrebt ist, ihre materielle Grundlage zu reduzieren, endlich gar aufzugeben. Und Architektur kann nun einmal ohne Material nicht bestehen. Poelzig, übrigens auch Tessenow und andere haben davon gesprochen, daß die Apparate immer kleiner werden und ihre Wirkung immer größer. Dadurch stelle die Technik sich außerhalb der Kunst, ganz gewiß der Architektur. Diese beruhe geradezu darauf, daß man sie eindeutig, als Entstehung, Wirkung, Gegenstand vor sich sehe. Und soweit die Technik auch in ihr eine Rolle spiele, meinte Poelzig, solle, müsse und habe sie anschaubar zu bleiben und faßbar. Die Zauberei des Unsichtbaren habe in der Architektur keinen Sinn und keinen Platz. Offenbar hat Poelzig das schon empfunden, als er noch anders gesprochen hat: in seinen frühen Jahren in Breslau.

In einem Text aus dieser Zeit spricht Poelzig davon, daß alle Bauglieder immer dünner werden, und auch davon, daß Bauen nicht mehr „für die Ewigkeit“ geschehe; ein moderner Fabrikbau sei von kurzer Dauer – er spricht von 50 Jahren. Aber der von ihm gebaute Wasserturm sieht aus wie für die Ewigkeit gebaut, schwer, massig, die Gewalt der Konstruktion überbetonend. Und selbst wenn Poelzig sich damals eines der neuen Materialien zur Konstruktion eines Gebäudes bedient hat – wie bei dem Stahlskelett im Wasserturm in Posen (1911) – tat er alles, um auch diesen Bau in die Reihe der technischen Bauten der Vergangenheit einzureihen, welche ihm Vorbilder waren: römische Aquädukte oder Speicher und Kräne des Mittelalters, oder die Forts Vaubans. Sie wollte er in der eigenen technischen Architektur fortsetzen, das war sein Ziel, dem entsprach seine Praxis.

Das war, könnte man sagen, die Bedrohung, als welche die Architekten der Generation von 1870 die schnell alle Gebiete des Lebens verändernde moderne Technik empfanden; sie alle haben sich dieser Technik bisweilen bedient, aber das war es, was sie empfanden. Poelzig wollte den Bruch zwischen der Geschichte der Ingenieurbauten und den Anforderungen der Gegenwart vermeiden. Tessenow wollte die

Hans Poelzig, Wasserturm, Posen, 1911.

neue Bautechnik aufgeben – oder sagen wir, möglichst wenig nutzen – und zum Bauhandwerk zurückkehren; der jüngere Schmitthenner und seine Stuttgarter Schule schlossen sich dem an. Peter Behrens hat moderner gebaut als diese Architekten; aber er hat versucht, die modernen Fabrikbauten für die AEG durch den Klassizismus der Geschichte zurückzugeben. Der einzigartige Perret hat konsequent – und sichtbar – in Stahlbeton konstruiert, und doch hat auch er die neue Konstruktion in einen konventionellen Aufbau eingeordnet. Sie wirkte keineswegs sensationell, sie sollte nicht so wirken.

Der Aufbruch beginnt im Werk der Architekten, die in den achtziger Jahren geboren sind. Poelzig, das haben wir gesehen, war durch ihn irritiert, er hat ihn abgelehnt, seine Rede von 1931 dient zum guten Teil dieser Ablehnung. Das sei, sagte er, technische Form, also keine Form mehr. Natürlich hat er Mendelsohn abgelehnt, der die neue Konstruktion Stahlbeton als eine aus dem Stück gegossene, eine fließende Konstruktion behandeln wollte. Mies van der Rohe wollte ein Stahlskelett schaffen, das den Ansprüchen der Architektur genügen sollte, und ihm ist das gelungen; wobei immerhin zu bemerken ist, daß seine Lösungen in hohem Maße künstlich sind. So etwa lagen die Dinge in den zwanziger Jahren mit der möglichen Ausnahme, doch, man darf sagen, der Ausnahme Le Corbusier. Le Corbusier hat die Betonkonstruktionen, Säulen und Deckenbalken benutzt, um den neuen, den zusammenhängenden Raum zu schaffen: jene „promenade architecturale" der Villa Savoye. Und wer diesen Weg vom Zugang, durch den Eingang, hinauf in den schwebenden Garten und weiter zu den Dachaufbauten gegangen ist, begreift, was Le Corbusier mit diesem Ausdruck gemeint hat: einen Raumzusammenhang, welcher sich mit jedem Schritt dem Eintretenden entfaltet, das Ganze aber in eine strenge, einfache Form eingeschlossen. Hierin, das sei zu sagen erlaubt, ist die Villa Savoye einzig geblieben.

Dies aber, neue fließende, konstruktionsbedingte Räume haben einige Architekten unserer Tage aufgegriffen und entwickelt. In dem neuen Postmuseum in Frankfurt von Behnisch werden Sie eben dies vor sich sehen. Selbst in einem Gebäude wie Frank Gehrys Museum in Weil am Rhein wird die Konstruktion indirekt sichtbar – oder direkt fühlbar. Räume dieser Art hat keine andere Zeit bauen können. Und wenn Sie heute eine Bauzeitschrift aufschlagen, werden Ihnen Räume begegnen, welche sichtbar konstruiert sind. Sie zeigen, daß die Konstruktion, die uns mittlerweise selbstverständlich geworden ist – diese schlanken Betonsäulen –, daß sie es ist, welche Räume neuer Art ermöglicht; daß die Konstruktion Teil unseres Raumbewußtseins ist.

Hier will ich diese Studie abbrechen, weil ich meine, daß gerade in den Räumen neuer Prägung, von denen ich spreche, die Konstruktion ein Element der Architektur geworden ist. Poelzig hat recht gehabt:

man muß Architektur begreifen können, sie muß handgreiflich bleiben. Die Technik als Zauberei ist das nicht, auch darin hat Poelzig recht gehabt. Unrecht hatte er, als er meinte, die neue Technik an sich – Stahl und Beton – sei bereits Zauberei oder müsse in Zauberei ausarten. Wir haben erlebt, daß eine Technik neu sein kann und begreiflich bleibt.

Unpubliziertes Manuskript ohne Jahresangabe.

Kritik der Kritik des Funktionalismus

Daß der Funktionalismus nun bereits seit vielen Jahren sehr hart kritisiert wird, darf niemanden wundern. Er hat die neue Architektur geschaffen, diese Architektur, welche mit so großem Abscheu und mit so großen Hoffnungen aufgenommen wurde, welche dann mit Schimpf und Schande aus dem Lande gejagt wurde, nach zwölf Jahren wieder auferstand und nun Quadratkilometer der Stadtlandschaft besetzt hält. Das klingt fast wie der Text der Messe; und wie die zweite Person des Credo findet der Funktionalismus auch nach der Auferstehung auf Erden keine Ruh. Das könnte für seine Lebenskraft sprechen. Seine Kritiker sagen das Gegenteil. Sie beziehen sein langes Nachleben auf die Fortdauer der Fesselung, der er seine Entstehung verdankt habe: seiner engen Bindung an die politisch-wirtschaftliche Ordnung, der seinem Charakter, sagen sie, so genau entspricht. Das ist die Kritik von links, die Kritik, mit der wir uns zu beschäftigen haben, denn die Kritik von rechts ist still geworden, nachdem sie zwanzig Jahre lang, von 1925 bis 1945, sehr laut gewesen war. Daß sie unterschwellig gleichwohl vorhanden ist, wer wollte daran zweifeln?

Die Kritiker des Funktionalismus blicken um sich, und was sie sehen, finden sie grauenhaft. Es ist grauenhaft. Sie verfolgen diese Architektur zu ihrer Quelle zurück: zum Bauhaus, zu den CIAM, zur Charta von Athen. Sie sehen da keinen Bruch. Aber wir sehen einen – den Bruch, der durch die Verjagung eingetreten ist. Man sollte ihn nicht vergessen. Man sollte auf jeden Fall die Frage stellen, ob der auferstandene Funktionalismus der gleiche ist wie der Funktionalismus, den man aus seinem Ursprungslande verwiesen hat.

Damals war die Abkehr von der Architektur, die man funktionalistisch nennt, nicht auf Deutschland beschränkt: sie war eine internationale Erscheinung. In den dreißiger Jahren wollte die Architektur allenthalben wieder „menschlich" werden. Diese Tendenz hat auch vor den großen Gestalten der funktionalistischen Architektur nicht halt gemacht: man vergleiche Walter Gropius' Haus in Dessau mit dem Hause, welches er sich dann, 1938, in Lincoln, Massachusetts, gebaut hat. Das Haus in Dessau war abstrakt: rechte Winkel, Materialien der Industrie, Eisenbeton, Stahlfenster. In Lincoln gibt es Kurven und Schrägstellungen, und es gibt dort viel Holz: Holz, das organische Material katexochen. Die dreißiger Jahre waren auch die große Zeit der nationalen Architekturen; denn es war, neben dem Vorwurf, daß er unmenschlich sei, der andere große Vorwurf, den man dem Funktionalismus machte, und zwar von rechts und von links: daß er international sein wollte. Um nur *eine* linke Stimme zu zitieren – denn die rechten kennen wir ja –, Hannes Meyer sagte 1938, also zur Nazizeit: „Der Schrei nach einer ‹internationalen Architektur› im Zeitalter nationaler Autarkien, des Erwachens der Kolonialvölker... das ist ein snobistischer Traum jener Bauästheten, die sich eine einheitliche Bau-Welt aus Glas, Beton und Stahl erträumten (zum Wohle der Glastrusts, Cementtrusts, Stahltrusts), losgelöst von der gesellschaftlichen Wirklichkeit."

Es gab aber damals eine Internationale des Nationalismus: eine Internationale schon darum, weil diese Architekturen einander auf so fatale Art ähnlich sahen. 1945 war in Deutschland der Spuk verflogen, und man stürzte sich mit dem Eifer, der für deutsche Umbrüche bezeichnend ist, zurück in den Funktionalismus. Man durfte wieder und, bei Gott, man wollte auch. Jeder Architekt hatte zu beweisen, daß es ihm mit dem anderen niemals ernst gewesen war; und dieses bewiesen sie ...

Kann da irgend jemand glauben, daß dieser neue Funktionalismus, der aus schlechtem Gewissen und einer recht ungenauen Rückbesinnung entstand, der gleiche ist wie der, der um 1925 mit so viel Abscheu und so großen Hoffnungen aufgenommen wurde? Es ist doch wohl ein Unterschied, ob man neue Gedanken konzipiert und sie unter Kämpfen, äußeren und inneren, zu verwirklichen sucht, oder ob man einen abgelegten Anzug wieder anzieht und feststellt, daß er trotz allem noch paßt. Dem Gedankengut der Bauhausjahre wurde nichts hinzugefügt, und nicht wenig davon wurde weggelassen. Die Geschichte des Nachlebens nationalsozialistischer Gedanken und Formen in der deutschen Architektur der fünfziger Jahre ist noch nicht geschrieben worden. Es ist eine aufschlußreiche Geschichte. Die Umstände aber haben dafür gesorgt, daß ein sehr bedeutendes Volumen dieser Bauten eines ausgehöhlten Funktionalismus gebaut wurde.

Sehr bald zog man die Bilanz: Mitscherlich sprach von der Unwirtlichkeit unserer Städte. Es entstanden Bilderbücher, wie Siedlers und Niggemeyers *Die gemordete Stadt*: Putten und Karyatiden der Gründerzeit wurden den kahlen Kisten der neuen Wohnviertel entgegengestellt; Beispiel und Gegenbeispiel, wie beim seligen Schultze-Naumburg, nur daß die Beispiele nun Schultze-Naumburgs Gegenbeispiele waren, womit ich freilich nicht sagen will, daß die Gegenbeispiele Schultze-Naumburgs Beispielen ähnlich gesehen hätten – das beileibe nicht! Die kahlen Kisten hat auch er gehaßt. Der Abscheu, gegen den die neue Architektur in den Jahren ihres Entstehens sich hatte durchsetzen müssen, war ja Schultze-Naumburgs Abscheu gewesen. Ich erwähne aber diese Namen, weil mir die Gemeinsamkeit des Abscheus damals, als der alte Funktionalismus abgelehnt wurde, und heute, wo man den neuen Funktionalismus (und durch ihn wieder den alten) zurück in die Hölle schickt, ein wenig Angst macht: Wer etwas angreift, was der Nationalsozialismus angegriffen hat, sollte zum mindesten ein gewisses Unbehagen verspüren. Daß man trotzdem den Funktionalismus auch faschistisch genannt hat, erwähne ich ganz am Rande; einen Faschisten nennt in Deutschland jeder jeden, den er nicht leiden mag.

Unser Unbehagen wächst, wenn wir die Argumente von damals mit denen vergleichen, welche heute von Kritikern des Funktionalismus ins Feld geführt werden. Beide lehnen eine bestimmte Form des Fortschrittes ab: die, welche sie funktionalistisch nennen. Und beide führen gegen dieses Neue das Alte ins Feld: die Nationalsozialisten damals, weil es dem „gesunden Volksempfinden" entspreche; die Sozialisten, weil sie die Architektur des Sozialismus noch nicht vorstellen konnten. Die sozialistische Kritik kann nur sagen, daß die Architektur des Sozialismus menschlich sein werde, denn sie wird auf die Gesellschaft bezogen sein. Die alte Architektur sei das immerhin gewesen. Von beiden Seiten also wird das Bild einer Vergangenheit als Leitbild beschworen. Die Vergangenheit, die die Sozialisten beschwören, ist zwar nicht mehr wie die, auf die Schultze-Naumburg sich berufen hatte: ländlich-sittlich. Sie ist „urban". Es ist die Vergangenheit der großen Stadt, von der man sagt, sie sei durch den Funktionalismus gemordet worden, im besonderen durch die Charta von Athen (1933), welche die Stadt, eine Ganzheit, in drei Städte zerlegen wollte.

Man muß diesem Argument gegenüber fragen, ob die Stadt, die man zurückruft, in der Tat noch eine Ganzheit gewesen ist. Mir scheint, sie war dafür bereits zu groß. Aristoteles hat den Satz geprägt: „Zehn Menschen, das macht noch keine Stadt, hunderttausend sind keine Stadt mehr." Er hat die Zahl zu niedrig gegriffen. Was aber an seinem Satz wichtig ist, ist der Begriff der oberen Grenze. In Berlin war sie lange schon überschritten. Wer ein Milieu zurückwünscht – in dem zu leben, notabene, niemand von denen verdammt war, die es mit so viel Gefühl zurückrufen –, der sollte sich sagen: so ein Milieu ist kein Spaß. Schließlich hat der gleiche Heinrich Zille, der es so liebevoll geschildert hat, von seinen Wohnungen gesagt, man könne mit ihnen einen Menschen ebensogut töten wie mit einer Axt. Der berühmten Eckkneipe entsprach die Zweizimmerwohnung: Stube, Küche, kein Klo, geschweige denn ein Bad, in der sieben Menschen hausten und gelegentlich noch ein Schlafbursche. Der Hinterhof, nach dem man sich zurücksehnt: nun, Sie kennen ihn ja. Die Mischung der Funktionen, die sich dort abspielten, haben Sie aber wahrscheinlich nicht erlebt. Die Trennung der Funktionen, welche die Charta von Athen vorschlägt, mag zu weit gehen. Es gibt aber auch eine Mischung der Funktionen, die zu weit geht: es ist die, die in der „gemordeten Stadt" vorherrschte. Und die Architektur der Putten und Karyatiden, die auf viele heute so anziehend wirkt, sie war nicht mehr echt; ihr Ziel war, was man heute Verschleierung nennt.

Erlauben Sie mir, in kurzen Sätzen zusammenzufassen, was wir bisher gefunden haben: Der Funktionalismus ist der Beginn der neuen Architektur. Aber er ist nicht die neue Architektur. Er ist ein historisches Phänomen sui generis. Der Funktionalismus wird als fons et origo für die neue Architektur verantwortlich gemacht, von links und von rechts. Dabei bedient sich die linke Kritik gewisser Argumente, welche ursprünglich von den Nazis geprägt worden sind – und von den alten Rauschebärten. Geändert hat sich dies: der Funktionalismus wird nicht, wie damals, als Zerstörer der Landschaft verdammt, sondern als Auflöser der Städte: Urbanität versus Funktionalismus. Aber die neue Kritik hat mit der alten die Romantik gemeinsam: beide sehnen sich nach dem, was unwiederbringlich dahin ist. Beide beschwören falsche Leitbilder.

Der Kern aber jeder Kritik ist der Vorwurf, daß der Funktionalismus vom Zweck ausgegangen sei und an nichts anderes gedacht habe als an den Zweck. Man hat dafür einen unschönen Ausdruck geprägt: zweckrational. Zweckerfüllung war das Ziel, das Mittel die Herausstellung des Zweckes oder der Zwecke durch Analyse, durch Teilung des Problems in eine Anzahl von Bedingungen. Jeder Bedingung entsprach dann eine eigene Antwort – also wieder Teilung. Die Charta von Athen hat die Stadt in drei Zweckbereiche geteilt, Le Corbusier hat bereits 1910 die drei Aufgaben der Wand, daß sie stütze, daß sie schütze, daß sie teile, isoliert und jeder Aufgabe ein eigenes Organ zugewiesen: Stützwerk, Schale, Wandschirme. Mies ist seit Barcelona ebenso verfahren. Häring stellte bestimmte Fragen an das Haus und wollte, daß es ihnen sichtbar genüge. Immer handelte es sich um eine endliche, meist um eine ganz kleine Anzahl von Bedingungen; ja, es ist vorgekommen, daß man nur *eine* Bedingung nannte wie Duiker in jener erstaunlichen Erklärung, die er zu seinem Glasturm, der Schule in Hilversum, gegeben hat: er spricht in ihr von nichts anderem als von dem Bedarf der kindlichen Haut an ultravioletten Strahlen. Macht man aus der Bedingung eine Definition, so lautet sie so: eine Schule ist eine Falle für ultraviolettes Licht. Gegen dieses Verfahren besonders hat die Kritik sich gewandt. Sie hat es intellektuell genannt: der Intellekt analysiert, er erkennt Ganzheiten nicht an. Der Funktionalismus ist die Sünde des Intellekts wider den Geist.

Nur am Rande möchte ich des Unbehagens Erwähnung tun, welches mich überkommt, wenn man den Intellekt verteufelt. Dies erinnert an dunkle Zeiten. Ich möchte Sie daran erinnern, daß Kleist gesagt hat, wir müßten weiter vom Baume der Erkenntnis essen, um wieder in den Stand der Unschuld versetzt zu werden. Denn da wir einmal davon gegessen haben, ist auf unsere Instinkte kein Verlaß mehr, und die *verbotene* Frucht ist die einzige, die uns noch *erlaubt* ist. Kleist weist hier auf die Schwierigkeit hin, in der das Kreative sich befindet, seit die Analyse so stark die Oberhand gewonnen hat. Daß sie aber die Oberhand gewonnen hat, ist kein Zufall; und das Datum, in dem Kleist seine bedeutende Feststellung gemacht hat, ist auch kein zufälliges Datum. Er schrieb am Beginn der wissenschaftlichen Revolution, welche, drückt man es materialistisch aus, ein Teil der industriellen Revolution gewesen ist. In ihr wird der Prozeß der Teilung in der Arbeitsteilung sichtbar, welche seither mit immer zunehmendem Momentum alle Bereiche des Lebens durchsetzt und zersetzt.

Die Kritik des Funktionalismus von links hat eben diesen Punkt betont, um zu zeigen, wie eng der Funktionalismus mit dem Mechanismus der kapitalistischen Industrie verbunden ist. Wir haben bereits gehört, was Hannes Meyer 1938 darüber zu sagen hatte: daß der Funktionalismus der Erfüllungsgehilfe der großen Trusts gewesen sei. *Darum* hat er analysiert, geteilt, die Ganzheit zerstört. Und hat er nicht selbst eingestanden, daß das seine Rolle war? Gropius sagt im Programm für das Dessauer Bauhaus 1926: „Die Lebensbedürfnisse der Mehrzahl der Menschen sind in der Hauptsache gleichartig. Haus und Hausgerät sind Angelegenheiten des Massenbedarfs“ und durch „die typenschaffende Maschine“ zu befriedigen. „Eine Vergewaltigung des Individuums durch die Typisierung ist nicht zu befürchten.“

Gropius ist also offenbar von der Massenherstellung ausgegangen und hat die Gleichheit der Bedürfnisse postuliert. Man kann auch sagen, daß er sie dekretiert habe. Auf jeden Fall hat es sich für ihn erübrigt, die Menschen nach ihren Bedürfnissen zu fragen. Eine kleine Gruppe von Leuten hat sie bestimmt, und diese Gruppe meinte auch zu wissen, wie die Massenherstellung ihnen genügen könne. Nur ein Wort in Meyers Kritik stimmt nicht so ganz zu diesem Bilde eines zielbewußten, zweckrationalen Denkens im Dienste des Kapitalmechanismus. Er nennt diese Leute eine Gruppe von Ästheten, und er spricht von ihrem Traum: Ästheten, Träumer! Es wird hohe Zeit, daß wir danach fragen, *was* diese Funktionalisten wirklich gewesen sind.

Betrachten wir zunächst die Lage der Architektur im neunzehnten Jahrhundert, die Lage, auf welche die Funktionalisten reagiert haben. Wir haben von der Arbeitsteilung gesprochen, welche in diesem Jahrhundert so rapide fortgeschritten war. Die Architektur ist keine Ausnahme gewesen. Vom Handwerker hatte sich der Architekt bereits in der Renaissance getrennt. Er hat sich damals zum Künstler „befreit“. Im neunzehnten Jahrhundert trennte er sich auch vom Ingenieur und wurde dadurch noch entschiedener nur ausschließlich Künstler. In der Gründerzeit und noch um die Jahrhundertwende war es üblich, daß der Architekt am Miethausbau zum Beispiel nur noch als Formgeber teilnahm; der Plan lag ohnehin fest. Die Form war also in Gefahr, sich im Zuge der Arbeitsteilung von der Sache selbst abzulösen. Sie kennen alle den Berliner Witz von dem Maurerpolier, der zum Bauherrn kommt und sagt: „Det Haus is im Rohbau fertig, wat forn Stil wollnse denn nu dranne haben?"

Ich habe hier überzeichnet. Es hat im neunzehnten Jahrhundert Architekten gegeben, die große Konstrukteure waren; es hat Architekten gegeben, die große Planer gewesen sind. Es hat sogar bereits eine Gegenbewegung gegen die Arbeitsteilung eingesetzt, deren Opfer der Beruf des Architekten zu werden drohte. Der Funktionalismus hat ja eine lange Geschichte. Aber dies war die Gefahr: daß der Architekt der Formspezialist wurde. Und sie zeigte sich besonders in den niederen Bereichen des Bauens, zum Beispiel im Miethaus. Die niederen Bereiche des Bauens waren in Wahrheit niemals die Domäne des Architekten gewesen. Nun aber entstand ein so großes Volumen solcher Gebäude, und es waren so neue Arten von Gebäuden, so jenseits jeder Überlieferung, daß einige Architekten begannen, sich Sorgen zu machen, daß sie als Formspezialisten an den Rand des Baugeschehens gedrängt wurden; denn dies war die letzte „Befreiung" des Architekten: Freiheit vom Gebrauch. Seit der Architekt bildender Künstler geworden war, hielt er den Gebrauch, den Zweck des Bauens zunehmend für die Last, welche es ihm verwehrte, künstlerische Gedanken so rein zu verwirklichen, wie der Maler das konnte. Der Gebrauch war der Klotz am Bein der Architektur, ganz besonders der niedere, der alltägliche Zweck. Die Funktionalisten – nicht erst Gropius, bereits Leute wie Lethaby – waren die ersten, die das Gegenteil behaupteten: daß erst der Gebrauch, der ganz gemeine, alltägliche Zweck den Auftrieb gebe, der den Architekten überhaupt befähige, Gedanken zu konzipieren.

Das war der Sinn dieser Bewegung: sie war der verzweifelte Versuch, die Arbeitsteilung zu überwinden und zur Ganzheit zurückzufinden. Darum ist es nicht so verwunderlich, wie es auf den ersten Blick scheint, daß ein Mann wie Gropius die Ganzheit zuzeiten beim Handwerk gesucht hat: wieso hätte er sonst seine Schule das Bauhaus genannt? Das sollte an „Bauhütte" erinnern; und Gropius sprach damals auch von der „Kathedrale der Zukunft". Man kann da ein merkwürdiges Schwanken beobachten, denn um 1910 war Gropius einer der stärksten Vertreter der Richtung „Kunst und Industrie"; nach 1918 flirtete er mit dem Handwerk, seit 1923 war er wieder bei der Industrie. Das entsprach aber den Phasen der geschichtlichen Entwicklung: Imperialistischer Kapitalismus-Rückschlag-Wiedererstarken der Industrie. Dem Architekten, welcher aus der Isolierung der Kunst wieder ins tätige Leben zurückwollte, um der Ganzheit willen, der Ganzheit seines Menschtums, war der Weg zurück zum Handwerk wohl der liebste; denn er führte wirklich bis vor die exponentiell sich entwickelnde Arbeitsteilung zurück. Tessenow ist diesen Weg gegangen, Gropius nur zuzeiten; denn seit 1923 gab es in Wahrheit keine Wahl: für den Architekten gab es nur noch einen Weg, den Weg der Industrie.

Darum blieb nun aber dem Architekten nichts übrig, als um der Ganzheit willen seine Nase in die Wissenschaften zu stecken: er mußte nun Sozialarzt sein, Ingenieur, Pädagoge, Soziologe, Ökonom, Philosoph; womit er selbstverständlich nicht zu Rande kam und was den zuweilen recht großen Dilettantismus erklärt, der auch ein Merkmal des Funktionalismus ist. Der Architekt versuchte sich in eine veränderte Welt zu finden, ja, in ihr eine bestimmende Rolle zu spielen, aus dem Geiste des Maschinenzeitalters heraus zu schaffen und seinen Bedürfnissen gemäß. Er hielt sich für den Integrator der Einzelwissenschaften, für den Nichtspezialisten unter den Spezialisten; besonders aber für den, vor dessen Augen die neue Kultur, die Kultur des technischen Zeitalters offen lag. Die Maschine führte diese Kultur herauf, aber das wußten die nicht, die die Maschine einsetzten. Der Architekt glaubte es zu wissen und Wesen und Form dieser Kultur aus der Arbeitsweise der Maschinen ableiten zu können.

Denn die Funktionalisten hatten ein besonderes Verhältnis zum Zweck. Wir haben es bereits angedeutet, als wir davon sprachen, daß sie aus der Isolierung der Kunst treten und sich dem Leben dieser Zeit zuwenden wollten. Die Kunst, die sie vor sich sahen und in der tätig zu werden man ihnen zumutete – die Schulen zum Beispiel muteten es ihnen zu –, diese Mustersammlung aus vergangenen Zeiten mußte einer auf das Neue bezogenen Form weichen. Sie hatten also die Form zunächst ganz abzustreifen: Stil, Ornament, architektonische Gliederungen mußten gehen. Wo aber konnten sie eine neue Form finden, eine Form, die den neuen Methoden der Produktion angemessen war? Sie hofften, sie eben aus Methoden der Produktion entwickeln zu können. An sich arbeitet die Maschine für den nackten Zweck; aber wie sie für ihn arbeitete, die Knappheit, Glätte, Präzision, mit der sie ihre in Serien herausgeworfenen Erzeugnisse ausstattete, gab einen Hinweis darauf, wie Formen zu gewinnen seien, die dem Zeitalter der Industrie adäquat sein konnten: es waren die reinen stereometrischen Körper.

Ich will hier nicht näher darauf eingehen, daß dieser Schritt, der Schritt der Geometrie, auf einem Mißverständnis dessen beruht, was die Maschine an Formen hervorzubringen imstande ist; ihr Feld ist erheblich weiter. Die geometrische Form war symbolisch mehr als tatsächlich die der Maschine angemessene Form, und wir tun gut daran, zwischen Maschinenform und den Formen der Maschinenästhetik zu unterscheiden. Die Maschinenästhetik aber und das, was Muthesius bereits um 1910 „die sogenannte Zweckform" nannte, war um 1900 bereits im Gespräch gewesen. Wir gehen wohl nicht fehl, wenn wir das geometrische Ornament, welches die holländische Stijl-Bewegung bereits im Kriege hervorgebracht hatte, auf die Maschinenästhetik beziehen. Es ist immerhin nicht ohne Interesse, daß bei der Verwandlung des Bauhauses aus einer Werkstätte in ein Laboratorium zur Erarbeitung von Modellen für die Massenproduktion, der Besuch des Stijlarchitekten Theo van Doesburg im Weimarer Bauhaus (1922) eine recht große Rolle gespielt hat. Sprach das Programm für das zweite Bauhaus, aus dem wir bereits zitiert haben, von Bedürfnis, Zweck und Gebrauch, so meinte man das zweifellos ernst. Aber in dem Programm und in allen Äußerungen aus dem Bauhaus wird deutlich, daß der Zweck nicht das Ende war: der Zweck wurde Mittel zur Formfindung.

Die Dialektik zwischen Zweck und Form wurde am deutlichsten von Häring dargestellt, der sie in dem Begriff der Leistungsform verdichtete. Form wird dabei zu einer Funktion der Funktion, und unser ästhetisches Vermögen ist nichts anderes als die unterbewußte Bestätigung der Tatsache, daß das Ding, das wir vor uns sehen, seinem Zweck sichtbar angemessen ist. Dies ist die Theorie des eigentlichen Funktionalismus.

Wir haben uns bisher in diesem Vortrag der allgemein verbreiteten Verschleifung der Begriffe schuldig gemacht, welche auch Le Corbusier, Gropius und sogar Mies als Funktionalisten bezeichnet. Sie waren es im eigentlichen Sinne nicht. Mies, auf jeden Fall, hat den Funktionalismus seines Freundes Häring ausdrücklich abgelehnt. Wir werden noch einmal auf diesen Unterschied zurückkommen. Indessen werde ich mich auch weiter für die Arbeiten aller Männer der neuen Architektur der späten zwanziger Jahre des Ausdrucks Funktionalismus bedienen, weil die Kritik diesen Ausdruck gebraucht und weil sie ihn zu Unrecht gebraucht – und nicht zu Unrecht; denn Gemeinsamkeiten bestehen zwischen echtem und unechtem Funktionalismus, zwischen Häring und Mies: die Abwendung von der alten Kunst, die Hinwendung zum modernen Leben und der Versuch, zwischen Zweck und Form eine Beziehung herzustellen.

Häring hat den Begriff der Leistungsform nicht erfunden. Auch dieser Begriff hat seine Geschichte. Um die Mitte des vorigen Jahrhunderts beschäftigte sich Horatio Greenough, ein amerikanischer Bildhauer oder, wie er sich nannte, „Yankee stonecutter", zuerst ernsthaft mit dieser Dialektik und leitete sie von Gegenständen ab, welche ihre Form extremen physikalischen Bedingungen verdanken: der Form der Fregatte etwa, welche den Einwirkungen des Windes und der Wellen zu genügen hat. Er behauptete, daß Gebäude in Wahrheit nicht weniger strengen Bedingungen zu genügen haben; man müsse sie nur finden. Wir werden sehen, daß die Analogie zwischen mechanischen Bedingungen und denen, welchen, sagen wir einmal, ein Wohnhaus genügen muß, nicht statthaft ist. Hier sei lediglich die Bemerkung wiederholt, welche schon unsere Betrachtung der Bemühungen am Bauhaus uns nahegelegt hat: auch bei Häring war der Zweck Mittel zur Formfindung.

Wenn wir uns dies vergegenwärtigen, so erhält auch Gropius' befremdende Feststellung einen neuen Sinn, daß die Bedürfnisse der Mehrzahl der Menschen gleichartig sind: sie *sollen* gleichartig sein, um der Einheit der Kultur willen. So wenigstens darf man, bei einiger Kenntnis der Mentalität eines Gropius – und seines Kreises – dieses Wort auffassen; nicht so, daß Gropius durch dieses Postulat, dieses Dekret, die Menschen den Interessen der Industrie unterwerfen wollte. Immer gilt ja Marxens Wort aus dem „Achtzehnten Brumaire": daß man zwischen dem unterscheiden muß, was ein Mensch von sich meint und sagt, und dem, was er wirklich ist und tut, und daß der einzelne, dem die Motive für sein Handeln durch Tradition und Erziehung zufließen, sich einbilden kann, daß sie die eigentlichen Bestimmungsgründe und den Ausgangspunkt seines Handelns bilden. Ich will aber nicht versäumen hinzuzufügen, daß bei Gropius und seinem Kreise, bei den Funktionalisten, die Äußerung selbst mehr die Farbe des Zweckrationalismus trägt, mehr Anlaß bietet, von einer Unterwerfung der Interessen der Verplanten – wie man heute sagt – unter die der kapitalistisch organisierten Industrie zu sprechen, als in der Tat geboten ist. So kompliziert ist hier das Vexierspiel zwischen den wahren Motiven – ich meine den individuell wahren Motiven – und der Form, in der sie geäußert werden.

Sollte jemand dies als spitzfindig abtun, so möchte ich nur an eines erinnern: daß alle diese Leute Künstler gewesen sind; Architekten, nach Neigung, Tradition und Ausbildung der Form zugewandt, der Kultur, der Ahnung, dem Wunsche, den Beruf des Architekten von der Verkunstung zu befreien und ihn eben dadurch einer neuen, einer wesentlichen Kunst wieder zuzuführen. Auch heute mißversteht der Künstler sich selbst, der sich zur Antikunst bekennt. Diesen Leuten lag nicht das zweckrationale Denken, mochten sie sich auch ehrlich und peinlich darum bemühen und es nach außen zur Richtschnur für ihr Handeln erklären. Und wie sehr gerade Gropius „durch Tradition und Erziehung" – um noch einmal mit Marx zu reden – in eine ganz andere Richtung gewiesen war, erhellen die immer wiederkehrenden Bekenntnisse zu einer neuen Religion als Grund einer neuen Kultur, welche man in seinen frühen Schriften findet.

Vielleicht erklärt sich eben hieraus die Ungeschicklichkeit, mit der diese Architekten ihr Handeln begründet haben. Wir haben bereits gesagt, daß die Analogie von physischen Bedingungen und denen des Wohnens, denen ganz allgemein ein Gegenstand für den menschlichen Gebrauch zu genügen hat, nicht statthaft ist. Denn nur technische Gebäude, ein Windkanal etwa, empfangen ihre Form unmittelbar von den physischen Bedingungen. Ich weiß, daß selbst diese Feststellung eine Abkürzung dessen ist, was im Prozeß der Formfindung wirklich geschieht; wie denn bereits Muthesius darauf hingewiesen hat, daß auch dem Ingenieur immer zwischen mehreren gleich brauchbaren Lösungen die Wahl bleibt, und daß ein unbewußtes Streben nach knapper, überzeugender Form die Wahl bestimmt. Nehmen wir aber einmal an, daß der Windkanal, oder Greenoughs Fregatte ihre Form wirklich ohne Dazwischentreten des Menschen von den Belastungen empfangen, denen sie ausgesetzt sind. Vom Wohnen, von jedem menschlichen Gebrauch, kann man das niemals sagen. Denn die physischen Bedingungen sind eindeutig und zählbar, die Bedingungen des menschlichen Gebrauches sind das nicht. Daß sie dem Menschen dienen, daß sie neben dem nackten Zweck immer auch sozialen Bedingungen unterworfen sind – Traditionen, Illusionen, Riten –, daran hat Jan Kotik in einem sehr lehrreichen Buch erinnert.

Hier also sind die Bedingungen weder eindeutig noch abzählbar. Es handelt sich vielmehr um ein unauflösbares Syndrom, um eine Ganzheit, der man als Gestalter nur ganzheitlich begegnen darf. Die Funktionalisten haben das nicht bedacht. Und diese Ungereimtheit ihrer Theorie hat sie, wann immer sie als Künstler gehandelt haben, zum Kurzschluß in die Kunst verführt. Sie sahen sich die wenigen Bedingungen an, die sie sich zurechtgelegt hatten, und fanden, daß sie zur Formfindung nicht genügten. Sie konnten nicht genügen. So wurde die Form den Bedingungen oktroyiert, auch bei Häring, gerade bei Häring. Wenn man sich daran erinnert, daß er immer seine Grundrisse schön rechtwinklig aufgezeichnet hat, ehe er daranging, sie „organhaft" zu verformen, so wird man zugeben müssen, daß dieser Vorwurf nicht aus der Luft gegriffen ist. Und diese Darstellung ist freundlich; denn in vielen Fällen, ich möchte annehmen, in den meisten, haben die Funktionalisten die Bedingungen post festum aufgestellt. Oder glaubt wirklich jemand, Duiker habe seinen wunderbar transparenten Glasturm so entworfen, wie er es nachher dargestellt hat: als ein Instrument zur Einführung ultravioletter Strahlen? Rationalisierung post festum ist die Methode des Funktionalismus von Anbeginn, von Louis Sullivans Erklärungen seiner Wolkenkratzer an. Damit hängt ein anderes Merkmal der Werke des Funktionalismus zusammen: sie funktionieren nicht.

Sie sehen mich damit beschäftigt, den Funktionalismus viel vernichtender zu kritisieren, als seine heutigen Kritiker das tun; und ich nehme an, Sie wundern sich darüber, wie ich hier den Funktionalismus zerreiße, um seine Ehre zu retten. Ich nehme ihm seine eigenen Erklärungen nicht ab und behaupte, es habe sich beim Funktionalismus um eine künstlerische Bewegung gehandelt. Nun ist diese Kritik aber nicht neu, sie wurde bereits damals, in den zwanziger Jahren, ausgesprochen. Hermann Muthesius faßt seinen Bericht über die Weißenhofsiedlung (1927) mit den Worten zusammen: „Es ist also die Form, auf die es in den Bauten der Ausstellung und in der sogenannten neuen Architektur überhaupt ankommt. Und das braucht nicht weiter zu überraschen, denn künstlerische Strömungen sind stets formaler Natur."

Künstlerische Strömungen! Ein anderer zeitgenössischer Kritiker, Julius Posener, beginnt einen Aufsatz in der Vossischen Zeitung unter dem bezeichnenden Titel „Stuhl oder Sitzmaschine" mit den Worten: „Eine Schar von Baukritikern ist seit einer Weile dabei, die Sachlichkeit zu entlarven. Sie weisen an einer ganzen Reihe von Bauwerken nach, daß es nicht die ‹Hörsamkeit› ist, oder die ‹Hygiene›, oder ‹Licht, Luft, Bewegung›, denen sie ihre Form verdanken, sondern daß diese Ausdrücke nur Zauberformeln sind, unter deren Schutz der Architekt, der sie anwendet, mehr oder weniger bewußt seiner künstlerischen Formkraft die Zügel schießen läßt." Sie müssen es dem gleichen Kritiker nachsehen, wenn er sich verwundert die Augen reibt, da er findet, daß die Kritik fast ein halbes Jahrhundert später den Funktionalismus beim Wort nimmt.

Muthesius hatte seine Kritik damals, 1927, damit abgeschlossen, daß er an den Jugendstil erinnerte. Auch seine Protagonisten, sagte er, haben sich auf allgemeine Prinzipien berufen; aber sein plötzlicher Zusammenbruch zeige, daß es sich dabei letzten Endes um eine Mode gehandelt habe. Wir brauchen das Wort Mode nicht, wie Muthesius es wollte, auf den modernen Stil anzuwenden. Nennen wir ihn getrost einen Stil. Ich bestehe auf diesem Wort. In diesem Zusammenhang ist es kurios, daß der echte Funktionalismus, Härings Funktionalismus, von der Kritik geschont wird. Er wird geschont, weil Härings Kunst dem Zeitstil nur sehr bedingt angehörte. In seinen Werken erblickt man eine Möglichkeit, den trockenen Stil der späten zwanziger Jahre zu überwinden. Man beruft sich auf den wahren Funktionalismus, den man nicht so nennt, um den Stil zu überwinden, den man funktionalistisch nennt.

Beenden wir diesen Teil unserer Kritik der Kritik des Funktionalismus mit der These: Der Funktionalismus war eine künstlerische Bewegung, eine stilschaffende Bewegung, welche unter bestimmten historischen Bedingungen entstanden ist. Er war nicht analytisch; aber seine Methode war Analysis, vielmehr sie *wollte* es sein. Seine Theorie bereits versuchte, den Zweck in den Dienst der Form zu stellen, obwohl sie es oft umgekehrt ausgedrückt hat. Sie versuchte, eine zwingende Beziehung zwischen Zweck und Form herzustellen, indem sie von mechanischen Vorgängen ausging. Sie hat nicht bedacht, daß Wohnen, zum Beispiel, kein mechanischer Vorgang ist. Das machte die Theorie für die Praxis der Architektur unbrauchbar und ließ dem Architekten keine Wahl: er mußte jedesmal den Kurzschluß zur Kunst machen. Und noch dies: der Funktionalismus ist an seinen Widersprüchen gescheitert, schon ehe er von der Reaktion unterdrückt wurde. Böse Zungen sagen, daß es die Unterdrückung war, die sein Nachleben gesichert hat.

Ich komme endlich zur Kritik des Funktionalismus und damit zum Schluß. Die Kritik hat die Thesen des Funktionalismus wörtlich genommen und dadurch den Funktionalismus, ein historisches Phänomen, eine künstlerische Strömung der zwanziger Jahre, nicht getroffen. Sie hat das zweckrationale Denken, welches sie dem Funktionalismus unterstellt, auf die Zweckrationalität des Kapitalismus bezogen. Wir haben gesehen, daß dieses Mißverständnis sehr leicht unterlaufen konnte, wenn man lediglich gewisse Thesen gewisser Funktionalisten, also zum Beispiel Walter Gropius' Programm für das zweite Bauhaus, betrachtet und wenn man sie überdies nicht genau genug, nicht psychologisch betrachtet. In beider Hinsicht trennen wir den Funktionalismus von 1930 von der Architektur der Nachkriegszeit. Auf diesem Unterschied haben wir bereits eingangs bestanden.

Nun gut, die Kritik kann antworten, daß sie nicht die Arbeit des Historikers zu leisten beabsichtigt. Hat sie sich über den authentischen Funktionalismus in gewissen Punkten geirrt, sei's drum. Es bleibt auch da einiges übrig, eine Beziehung zwischen damals und heute, welche keine noch so spitzfindige historische oder psychologische Darstellung des authentischen Funktionalismus aus der Welt schaffen kann. Der Funktionalismus hat den Zweck zum Maßstab gemacht und damit die öde Zweckarchitektur von heute legitimiert. Er hat mit dem Ornament die architektonischen Gliederungen abgeschafft und damit die gesamte Grammatik der Architektur. Er hat sie durch ein neues Ornament ersetzt; das Stijl-Ornament. Man denke nur an Ludwig Mies van der Rohes Barcelona-Pavillon: Mondrian in drei Dimensionen; diesmal wurde das ganze Gebäude zum Ornament. Nachdem auch dieser Versuch sich als ephemer erwiesen hatte, hat der Funktionalismus den Architekten der neuen Architektur nichts übriggelassen. Endlich: der Funktionalismus hat sich auf die kapitalistische Industrie bezogen, und es sollte nun niemand sich wundern, wenn der Architekt heute wirklich im Dienste der großen Bauträger und der Bauindustrie steht. Das ist eine direkte Folge der Tendenzen der zwanziger Jahre.

Auf die Vorwürfe kann man nur als Materialist antworten. Daß der Funktionalismus einen Zugang zu der Welt der Industrie gewinnen wollte, wer leugnet es? Wir haben ausdrücklich darauf hingewiesen: Le Corbusier hat die Industrie auf den Bauplatz gerufen; und er war der einzige nicht. So stark aber dürfen wir seine Stimme nicht einschätzen, daß sein Ruf es gewesen wäre, welchem die Industrie auf den Bauplatz gefolgt ist. Sie hat sich der Bauplätze bemächtigt, und zwar auf beiden Seiten der Berliner Mauer. Die Mächte der Wirtschaft haben den Architekten in Abhängigkeit gebracht. Es ist die Entwicklung der Produktionsweise mehr noch als die der Produktions*verhältnisse,* welche eine Art des Bauens hervorgebracht hat, die prinzipiell hier, in der DDR, in den USA, in Brasilien, in England, wo immer, die gleiche ist. Das Märkische Viertel ist mit einem stärkeren Schuß Kunst versetzt als die Wohnbauten in Ost-Berlin. Das ist grundsätzlich kein Unterschied. Der Funktionalismus hat mit dieser Entwicklung wenig zu tun. Hätte es ihn nie gegeben, so würde man vielleicht heute Bauplatten mit Pilastern gießen. Die Gebäude würden deswegen nicht viel anders aussehen.

Um aber doch auf den Vorwurf einzugehen, der eben anklang: jawohl, Le Corbusier *hat* die Industrie auf den Bauplatz gerufen. Das tat er, um die Wohnungen endlich für alle erschwinglich zu machen – auch für das Existenzminimum. Man hat dem Funktionalismus seine Beschäftigung mit der Wohnung für das Existenzminimum zum Vorwurf gemacht. Diese Schurken, so klang das, haben im Dienste des Kapitalismus die Wohnung für die Ärmsten auf ein Minimum herabgeschraubt. In Wahrheit haben die Funktionalisten sich mit der Wohnung für das Existenzminimum beschäftigt, weil das vorher die Spekulation getan hatte – die Ausbeuter. Man kann den Funktionalisten auch bei dieser Tätigkeit Vorwürfe nicht ersparen. Die Wohnung für das Existenzminimum, muß man sagen, hat das Existenzminimum nicht erreicht: sie kostete immer noch zuviel. Man könnte ihnen auch den Vorwurf machen, daß sie durch ihre Bemühung an dem allgemeinen Reformismus teilgenommen haben, welcher die bestehende Ordnung stützt. So weit darf die Kritik gehen; und ich kann hier nicht auf die Frage nach dem Recht und Unrecht des Reformismus eingehen. Aber daß die Funktionalisten im Dienste der Ausbeuter den Armen ärmliche Wohnungen aufgezwungen haben, dieser Vorwurf läßt sich nicht halten. Ich erwähne aber diesen Vorwurf, um auf den sozialreformerischen Aspekt des Funktionalismus wenigstens hinzudeuten.

Was man aber dem Funktionalismus vorwerfen darf, soweit man historischen Phänomenen ihre Unzulänglichkeit zum Vorwurf machen kann, ist dies: daß er gescheitert ist, und woran er gescheitert ist. Er ist gescheitert, weil er nicht gesehen hat, daß Zerlegen, Zerteilen, Analysieren keine Grundlage für eine Theorie des Bauens und Planens sein kann, da es sich dabei um ein Unteilbares handelt. Und er ist daran gescheitert, daß bereits er sich selbst als rational mißverstanden hat: er hat wider Willen Kunst getrieben.

Auf den ersten Vorwurf läuft die ernsthafte Kritik des Funktionalismus im Grunde hinaus, und es ist nur schade, daß sie dabei an den zweiten Vorwurf nicht gedacht hat, der dem ersten zu widersprechen scheint und ihn doch nur ergänzt. Betrachten wir trotzdem zum Abschluß den ersten Vorwurf isoliert. Er ist, und ich meine zu Recht, in die Formel gefaßt worden, daß der Funktionalismus eindimensional gedacht habe.

Die bedeutendste Kritik, die mir bekannt ist, ist die von Alfred Lorenzer, die Kritik von seiten der Psychoanalyse. Lorenzer stellt fest, daß ein jedes Gebäude, daß der Plan, der Plan der Stadt im besonderen, Symbole schafft, in denen der einzelne sich wiederfindet, und zwar als Glied der Gemeinschaft. Dem kann ich nur voll zustimmen. Es genügt niemals, daß ein Gebäude oder ein Plan seinen Zweck erfülle. Es genügt auch nicht, daß man ihm das ansieht, obwohl dies erheblich wichtiger ist als die Zweckerfüllung selbst. Nicht den erfüllten Zweck allein muß man der Verwirklichung ansehen können, sondern die Menschenart, die Lebensart, in welcher der Zweck gilt. Es handelt sich, auch hier hat Lorenzer ohne Zweifel recht, um die Transzendierung der Funktionen in ein gesellschaftlich bestimmtes Symbol.

Das Symbol ist also abhängig vom Selbstverständnis der Gesellschaft. Und ich glaube, man muß sehr ernsthaft an Lorenzer die Frage stellen, ob die gegenwärtige Gesellschaft imstande ist, Symbole zu schaffen. Der Funktionalismus hat für niemanden gebaut. Ich erinnere an Gropius' gleichartige Bedürfnisse. Ich erinnere auch an die unglückseligen Besitzer von Villen Le Corbusiers; an jene Madame Savoye, die das Gedicht nie bewohnt hat, welches Le Corbusier für sie gedichtet hat – sie hat es aber mit Möbeln eigenen Entwurfs geschändet –; an jenen Stein, der meinte, sein Haus in Garches zu lieben, und Möbel hineinstellte, welche Le Corbusier verhindert haben, die Räume jemals zu photographieren.

Sehen Sie: Muthesius' Landhäuser halten ganz gewiß den Vergleich mit denen von Le Corbusier nicht aus; aber sie überzeugen, weil man ihnen ansieht, für wen sie gebaut wurden, für welche Gesellschaftsschicht, meine ich. Der Funktionalismus bereits fand eine solche Schicht nicht mehr vor. Er hat für niemanden gebaut. Und keiner wird leugnen, daß die heutige Gesellschaft noch unbeschreiblicher geworden ist als die der späten zwanziger Jahre. Darum stehe ich der von Lorenzer implizierten Möglichkeit, daß ein echter Städtebauer auch heute symbolisch planen könne, zweifelnd gegenüber. Wir haben aber für die gegenwärtige Gesellschaft zu planen und zu bauen. Können wir für dieses Vorhaben etwas aus dem Scheitern des Funktionalismus lernen? Ich glaube wohl.

Der Funktionalismus ist daran gescheitert, daß er zu wenig gefragt hat und die Lücke in den Grundlagen dann jedesmal durch den Kurzschluß zur Kunst übersprungen hat. Er hat es versäumt, den nächsten Schritt zu tun. Man darf ihm das nicht vorwerfen: jede Generation geht nur einen Schritt nach vorn. Der Funktionalismus hat einen sehr großen Schritt gemacht. An uns ist es, den nächsten Schritt zu tun.

Da wir erkannt haben, daß ein Bau, daß jeder Plan einem unauflösbaren Syndrom von Bedingungen genügen muß, so werden wir ihm kreativ begegnen müssen. Das heißt aber nicht, daß wir die wenigen Fragen, die der Funktionalismus gestellt hat, unsererseits gar nicht erst stellen. Das wäre ganz gewiß der Kurzschluß zur Kunst. Und wenn Sie die gegenwärtige Architektur ein wenig genauer betrachten, so werden Sie finden, daß dieser Kurzschluß allenthalben gemacht wird. Sie werden es dann bald aufgeben, diese Architektur als zweckrational zu bezeichnen. Auch sie ist es nicht.

Ich wünschte, sie wäre es! Sie hat vom Funktionalismus auch dies geerbt: daß ihre Werke nicht funktionieren. Wir werden nicht weniger fragen müssen als der Funktionalismus, sondern viel mehr. Tun wir das, sehen wir wirklich, wie Luther gesagt hat, den Leuten aufs Maul, um zu erfahren, wie sie wirklich sprechen, was sie wirklich wollen, wessen sie wirklich bedürfen, so werden wir am Ende Annehmbares herstellen können: keine Symbole, Annehmbares. Ich leugne nicht, daß das Symbol als Ausnahme auch heute noch möglich ist. Wir besitzen immerhin die Philharmonie. Aber lassen wir uns von zu hohen Hoffnungen nicht blenden. Versuchen wir, dem Alltäglichen ehrlich, genau, treu, gerecht zu werden. Was darüber ist, steht, beinah hätte ich gesagt, in Gottes Hand. Versuchen wir, dem Alltag gerecht zu werden. Nicht, das möchte ich am Schluß sagen, ohne ein Wort des Dankes an den Funktionalismus.

Vortrag anläßlich des Symposiums „Pathos des Funktionalismus" am Internationalen Design Zentrum Berlin 1975. Erschienen in: *Arch +*, Nr. 27/1975, S. 11–18.

Karl Friedrich Schinkel, Entwurf zu einer Ehrenhalle für Friedrich II., Berlin, 1829.

Karl Friedrich Schinkel, Aussicht von Schinkels Wohnung in Palermo.

Schinkel als Städtebauer

Schinkel hat ein „Hauptprinzip" für die Komposition einer Gruppe von Gebäuden niedergelegt. Es lautet:

> „Jede Construction sei rein und in sich selbst abgeschlossen. Ist sie mit einer anderen von anderer Natur verbunden, so sei diese gleichfalls in sich abgeschlossen und finde nur den bequemsten Ort, Lage, Winkel, sich der ersteren anzuschließen. Dies jedoch immer so, daß der Anblick sie sogleich von der anderen unterscheiden kann und jede in ihrem ursprünglichen Charakter vollkommen herausstellt, aber auch jede in ihrer inneren Vollendung, wozu auch die artistische gehört, vollkommen befriedige."

Dieses Hauptprinzip Schinkels zitiert – unter vielen anderen Worten des Meisters – Hermann Grimm in seiner Schinkel-Festrede von 1874, und zwar im Zusammenhang mit einem von Schinkels seltsamsten Entwürfen, der Ehrenhalle für Friedrich den Großen, welche ganz dicht an der Nordostecke des Schlüterschen Schlosses in Berlin errichtet werden sollte: einer Halle, welche beinahe die Höhe des Schlosses erreicht, auf ihr zwei mit Bäumen bestandene Terrassen und in der Mitte zwischen ihnen ein korinthischer Tempel, der die Höhe des Schlosses ein wenig übersteigt. Wie konnte Schinkel, fragt Hermann Grimm, die antike Ehrenhalle so dicht an die „Renaissancefassade" des Schlüterschen Schlosses stellen? Und als Antwort zitiert er eben jenes „Hauptprinzip". Da haben Sie, meine Damen und Herren, die Freiheit und das Problem des Schinkelschen Städtebaus.

Wenn man die Ehrenhalle und die Schloßfront im Lichte des „Hauptprinzips" betrachtet, muß man zugeben, daß Schinkel sich bei diesem Entwurf durchaus an das von ihm ausgesprochene Prinzip gehalten hat. Der Charakter des Schinkelschen Gebäudes ist von dem Schlüters auf eine Art verschieden, welche uns schockiert. Aber es ist vollkommen wahr: das eine wie das andere Gebäude ist in sich abgeschlossen, ihr Unterschied fällt sofort ins Auge, und das neue Gebäude ist dennoch – nach Ort, Lage, Winkel – auf das alte bezogen. Seine Front bildet mit der des Schlosses einen rechten Winkel. Ich nehme auch an, daß die gleiche Höhe als eine Beziehung zum Schloß gedacht ist. Und doch ist dieses Projekt Schinkels eines derjenigen, von denen man mit Erleichterung bemerkt, daß sie nicht verwirklicht wurden. Das Schlütersche Schloß hätte dadurch eine erhebliche Beeinträchtigung erlitten.

Auf der anderen Seite besitzt die projektierte Ehrenhalle selbst gewisse Tugenden. Da sind zunächst die beiden mit Bäumen bestandenen Terrassen, die wie ein Vorgriff auf die Dachgärten Le Corbusiers anmuten. Die Ehrenhalle ist nicht das einzige Projekt, mit dem Schinkel Gartenterrassen in das Zentrum der Stadt einführt. Das bekannteste Projekt dieser Art ist der ursprüngliche Plan für das Palais des Prinzen Wilhelm, in dem Schinkel die Bibliothek, die sogenannte Kommode, drei in Stufen aufsteigenden Gartenterrassen opfern wollte. Im Gegensatz zum Ehrenmal für Friedrich kann man hier nur trauern, daß Schinkels Plan nicht zur Ausführung gekommen ist. In falscher Pietät wollte der Hof die „Kommode" erhalten, einen Bau, welcher schon, als er gebaut wurde, einen Anachronismus darstellte, einen Rückfalls ins Barock und dazu noch nicht ins preußische, ins Schlütersche Barock. Die „Kommode" ist eine schlechte Kopie eines Gebäudes der Hofburg in Wien von Fischer von Erlach. Aus beiden Projekten aber geht auch dies hervor, daß Schinkel nicht daran gedacht hat, „angepaßt" zu bauen, wie man das heute nennt. Das geht ja auch aus seinem „Hauptprinzip" hervor; und ich meine, in diesem Punkte dürfen wir uns seine Auffassung voll zu eigen machen.

Dabei ist es nicht etwa so, daß Schinkel für das, was vor ihm gebaut worden ist, kein Organ besessen hätte. Er ist einer der ersten gewesen, der den Verlust historischer Gebäude bedauert hat. Bereits im Jahre 1815 beklagt er in einem Bericht an die Preußische Regierung den Verlust so vieler, besonders mittelalterlicher Gebäude und sagt, wenn man nicht durchgreifende Maßnahmen zu ihrem Schutz ergreifen werde, so stünden wir eines Tages da „unheimlich nackt und kahl", wie die Leute in einer Kolonie, in der vor ihnen niemand gewohnt hat. Das ist ein starkes Bekenntnis zur Kontinuität, zur Geschichte, in Worten, welche das Grauen vor der Leere der Geschichtslosigkeit zum Ausdruck bringen, aber Schinkel denkt da an einzelne Gebäude. Gewiß hat er auch Sinn für die schöne Lage – und Anlage – alter Städte besessen. Das zeigen seine Skizzen von beiden Italienreisen, der von 1803 bis 1805 und der von 1824. Ein Blatt wie die Ansicht von Castro San Giovanni mit dem Ätna (1804) stellt dar, wie die Häuser sich aneinanderschieben, wie die bedeutenden Gebäude gleichwohl hervortreten und wie dieses ganze Stadtgedränge sich der Berglandschaft anbequemt und sie steigert. Das Thema „Stadt in der Landschaft" herrscht vor, und nicht nur in den italienischen Skizzen. Ebenso zeichnet Schinkel den Hradschin in Prag, ebenso die ältesten Teile Londons unter der Kuppel von St. Paul's. Wir kennen dagegen keine entsprechenden Skizzen aus dem alten Berlin. Die Berliner Altstadt hat Schinkel offenbar wenig interessiert; und die von den preußischen Königen geplanten Stadtteile westlich der alten Stadt waren nicht malerisch. Es befindet sich aber zwischen der einen und den anderen eine seltsam unbestimmte Zone, es ist die Zone des alten Befestigungsgürtels. Hier biegt die Französische Straße nach Nordosten ab, und Schinkel plant, sie zu verbreitern, schon darum, weil er so seiner gotischen Friedrichwerderschen Kirche einen räumlich gefaßten Vorplatz geben kann. Wo diese Straße im weiteren Verlauf den westlichen Spreearm überquert, wird die Bauakademie stehen, ein einzelner Baukörper, völlig „in sich selbst abgeschlossen". Wir werden im weiteren Verlauf unserer Betrachtungen sehen, daß diese Zone recht eigentlich das Gebiet der Tätigkeit Schinkels als Städtebauer gewesen ist: sie und die Insel selbst, auf der, als Schinkel seine Arbeit begann, nördlich vom Schloß noch nichts stand.

Soviel – oder, wenn Sie wollen, sowenig – über Schinkels Haltung der Geschichte gegenüber. Seine Sorge gilt im wesentlichen der Erhaltung einzelner Baudenkmäler, deren Bewahrung bereits 1815 ein Problem war. Sein Interesse galt, darüber hinaus, der Stadt als Form in der Landschaft. Dergleichen fand man wenig im alten Berlin, das sah man auf Reisen, besonders im Süden. Die Erhaltung solcher Zusammenhänge aber war noch kein Problem, sollte noch auf lange Zeit hinaus kein Problem sein. Das alte Berlin hat Schinkel als Städtebauer so ziemlich links liegenlassen. Der Stadt der Könige aber, die er vorfand, selbst ihrem anspruchsvoll gedachten Zentrum, dem Lustgarten, dem Forum Fridericianum Unter den Linden, glaubt er keinen Respekt schuldig zu sein. Am Lustgarten, dicht am Schloß, plant er eben die Ehrenhalle für Friedrich. Am Forum plant er nicht nur jene drei grünen Stufen am Palais des Prinzen Wilhelm, sondern auch ein Kaufhaus, das heißt, eine Ansammlung von Läden mit darüberliegenden Wohnungen der Ladenbesitzer unter einem Dach, einen Bau, der schon thematisch in diesen Bereich schlecht zu passen scheint. Aber Schinkel hat keine Bedenken, ihn eben dort hinzusetzen und Leben, kommerzielles Leben in dieses Forum der Palais und anderer öffentlicher Gebäude zu bringen.

Kehren wir noch einmal zu den „Hauptprinzipien" zurück, zu dem Verlangen nach stärkster Unabhängigkeit für jedes einzelne Gebäude. Das ist ein Verlangen, welches vor Schinkel wohl keiner so radikal, so überbetont ausgesprochen hat. Erinnern Sie sich, mit welcher Insistenz er immer wieder auf das „in sich selbst abgeschlossen", „in sich vollendet" zurückkommt. Es ist gleichwohl nicht ein Prinzip, welches Schinkel erfunden hat. Es hat eine lange Geschichte, die bis zum Anfang des achtzehnten Jahrhunderts zurückreicht. Emil Kaufmann hat sie in seinem Buch *Architecture in the Age of Reason* dargestellt. Achten Sie auf den Titel: Das Zeitalter der Vernunft – oder der Aufklärung, wie wir es gemeinhin nennen – ist das Zeitalter des erstarkenden Bürgertums. Sie werden mich gleich darauf hinweisen, daß die frühen Beispiele einer Tendenz im Bauen, die ich, Kaufmann folgend, bürgerlich nenne, die Häuser von Adligen gewesen sind, jene Landschlösser in England, deren Architekten sich auf Palladio beriefen. Aber die Besitzer dieser Häuser waren Whigs, wir würden sagen, Liberale, sie verkehrten mit ihren Architekten auf einem sehr vertrauten Fuße. Einige unter ihnen wie Lord Burlington, der einflußreichste Palladianer, waren selbst als Architekten tätig. Zu ihren Freunden gehörten Leute wie Alexander Pope, entschieden ein Mann der Vernunft, der Aufklärung. Worin aber bestand die Tendenz, die ich bürgerlich nenne? Sie bestand darin, daß ein Haus nun aus einzelnen Baukörpern bestand, welche zwar symmetrisch aufeinander bezogen waren, auch hierarchisch – denn das Haupthaus wirkte in einer solchen Gruppe als der Herr und die Nebenhäuser als die Diener –, sie waren jedoch selbständig geworden. Sie bildeten nicht mehr miteinander einen räumlichen Zusammenhang.

Vergleichen Sie ein palladianisches Haus auf dem Lande in England mit einem barocken Schloß, sagen wir Blenheim Castle oder, um gleich das größte Beispiel zu nehmen, Versailles; aber ein jedes Schloß genügt, wenn es nur einen cour d'honneur besitzt. Denn der cour d'honneur – groß wie in Blenheim, gigantisch wie in Versailles oder bescheiden wie in einem Landschloß oder einem Stadthotel in Paris – besitzt eine Saugwirkung. Er zieht den Besucher in den Mittelpunkt der Anlage hinein: den Sitz der Macht – der sich verengende Vorhof von Versailles tut das mehrmals in stärkstem Maße. Gleichzeitig erregt er in dem Ankommenden Respekt vor diesem Mittelpunkt. Jede zweiarmige Treppe, jede Höhensteigerung, jedes Sich-Teilen und Wieder-Zusammenkommen des Zugangsweges ist, um es mit einem musikalischen Ausdruck zu bezeichnen, ein „Vorhalt", das heißt, eine Verlangsamung, welche die Wirkung steigert. Ganze Städte wurden in der Zeit des Barock auf diese Weise räumlich geplant, als Vorbereitung auf das Zentrum der Macht. Denken Sie an Karlsruhe. Die Auflösung des räumlichen Zusammenhanges durch die Palladianer bedeutet also das Heraustreten aus der Hierarchie des Absolutismus. Die Whigs, Adlige mit bürgerlichen Neigungen, waren ja nicht für Gleichheit. Sie hatten Diener, sie hatten abhängige Bauern; aber sie waren gegen den Absolutismus und dessen Demonstration, deren stärkstes Beispiel das strikt räumlich angelegte Versailles ist.

Im weiteren Verlaufe nun dieser Geschichte machen sich nicht nur Gebäude selbständig, Gebäudeteile folgen: am Ende wird sozusagen ein jedes Fenster ein Phänomen für sich – um es ein wenig übertrieben auszudrücken; immerhin, nicht sehr übertrieben. Freilich, von hier zu der Forderung, daß ein jedes Gebäude in sich selbst abgeschlossen sein soll, ist es ein langer Weg. Ich wollte Ihnen zeigen, wo der Weg beginnt; und ich wollte auf das Charakteristische dieser Tendenz hinweisen. Es ist dies: Körper gegen Raum, oder – soziologisch ausgedrückt – bürgerliche Individualität gegen höfische Hierarchie.

Es stimmt gut mit dieser Tendenz zusammen, daß das palladianische Haus zurückhaltender, strenger, wesentlicher, mit einem Worte klassischer in seinem Habitus ist als das barocke Schloß. Auch dies kann man erste Schritte auf dem Wege nennen, der zu Schinkels Architektur führt.

Körper gegen Raum, der Kampf zwischen den beiden wurde im Zeitalter Schinkels nicht entschieden. Als im Zeitalter Wilhelms des Zweiten – oder, um es ökonomisch auszudrücken, im Zeitalter des Monopolkapitalismus – große Zusammenschlüsse wieder auf die Tagesordnung geschrieben werden, wird Schinkels Städtebau einer strengen Kritik unterzogen. Werner Hegemann spricht von Schinkels romantischer Verwilderung und sagt, daß Schinkel, da er vom städtischen Raum nichts verstanden habe, nicht imstande gewesen sei, im Städtebau etwas zu leisten.

Friedrich Ostendorf bildet in seinen *Sechs Büchern vom Bauen* (1914) eine Skizze Schinkels für ein Landhaus am See ab und bemerkt dazu: „Eine unüberbrückbare Kluft trennt das dargestellte Gebilde Schinkels von dem Hausgebilde der alten Baukunst, etwa von dem (...) wiedergegebenen französischen Landhause. Bei diesem ist alles aus räumlicher Anschauung entstanden und daher einheitlich und klar bestimmt und von einer ungemeinen Kraft der Überzeugung; bei jenem ist alles aus einer malerischen Idee heraus gezeichnet und daher unbestimmt und verschwommen, und die von dem Entwurf ausgehende Wirkung ist keine andere wie die einer zierlichen Landschaft oder eines niedlichen Bildes." Ostendorf spricht hier dem Schinkelschen Entwurf sogar die Körperlichkeit ab. Er nennt ihn, ebenso wie die modernen Landhäuser seiner eigenen Zeit, „erzeichnet". Wir brauchen ihm so weit nicht zu folgen. Interessant aber ist, daß er das Landschaftliche des Entwurfes hervorhebt. Von der Landschaft als Lebensgrund der Stadt haben wir schon gesprochen. Ich möchte jetzt einen Schritt weitergehen und versuchen zu zeigen, daß Schinkels Städtebau aus einzelnen, in sich selbst abgeschlossenen Baukörpern zu einer anderen Art der landschaftlichen Auffassung des Städtebaus führen mußte.

Denn die Ehrenhalle hart am Schloß war eine falsche Konzeption, leugnen wir es nicht. Dagegen bedeuten die drei grünen Stufen beim Palais des Prinzen Wilhelm die Einführung eines landschaftlichen Elementes mitten in die Stadt, ins Forum Fridericianum. Noch deutlicher – und anders – wird die landschaftliche Beziehung zwischen einzelnen, in sich abgeschlossenen Gebäuden in Schinkels Planung für die Museumsinsel. Und hier muß ich einen sehr frühen Plan Schinkels besprechen, von 1817, auf den Andreas Reidemeister mich aufmerksam gemacht hat. Damals stand auf der Insel nördlich vom Schloß nur der Dom, und er stand dem Blick vom Schloß nach Norden zur Spitze der Insel und darüber hinaus nicht im Wege. Als Blickpunkt plant Schinkel auf dem Nordufer der Spree ein Pantheon, einen Rundbau. Er liegt ziemlich genau in der Achse des Schlosses. Damit ist der landschaftliche Charakter dieser Planung entschieden. Trotz der Achsenbeziehung zwischen dem Schloß und dem Pantheon – einem wahren Belvedere – bestimmt die Form der Insel und damit besonders der westliche Flußarm diese Planung. Der Fluß wird von Schinkel südlich des Schlosses bereits durch eine Verengung gezwungen, gebildet durch zwei kleine Kirchen. Sie bilden sozusagen die Propyläen des Spreearmes. Im Norden wird die landschaftliche Planung nach Westen jenseits des Spreearmes durch den Packhof erweitert, der in dieser Planung die Form eines offenen Winkels hat, eine räumliche also, nicht wie der später nahe der Spitze der Insel von Schinkel gebaute Parkhof eine körperliche Form.

Lassen wir diesen Plan als Einleitung für die spätere Planung stehen und bemerken wir zu ihm nur, daß es sich bereits um eine ausgesprochen stadt-landschaftliche Planung handelt, deren gebaute Elemente – es sind ja nur wenige – in sich selbst abgeschlossen sind; allerdings weniger als in den späteren Plänen. Die beiden Kirchen zu Seiten des Spreearmes sind aufeinander und auf den Fluß bezogen, und zwar räumlich. Erst die späteren Pläne zeigen den Versuch einer Zuordnung streng in sich selbst abgeschlossener Baukörper wie dem Museum oder dem Packhof; diese Art zu planen muß zu einer landschaftlichen Planung führen, und die so entstehende Stadt-Landschaft ist anders als die malerisch-landschaftlichen Zusammenhänge, welche Schinkel in Italien festgehalten hatte.

Daß eine Zuordnung einzelner Klötze nur in einem stadt-landschaftlichen Zusammenhang denkbar ist, ist eigentlich eine Binsenweisheit. Wie denn sonst könnte das geschehen, da der zusammenhängende städtische Raum, wie wir gesehen haben, durch das Selbständigwerden der Körper aufgelöst wurde, und da ein ganz enges Nebeneinanderstehen in einem städtischen Verband nun einmal diesen auf sich selbst beharrenden Baukörpern nicht möglich ist. Wie wenig es möglich ist, haben wir an dem Beispiel Ehrenhalle-Schloß gesehen.

Ein jeder dieser Körper benötigt ein Umfeld für seine individuelle Ausstrahlung. Wir erhalten also einen stadt-landschaftlichen Zusammenhang, der gebildet wird aus einzelnen, nicht zu nahe beieinanderstehenden Klötzen. Schinkels Bauakademie ist ein solcher Klotz: der Grundriß ist ein Quadrat. Sein Packhof in endgültiger Fassung, an der Nordspitze der Museumsinsel, ist ebenfalls ein Klotz. Das sind wirklich in sich selbst abgeschlossene Baukörper. Man könnte sie sogar abweisend nennen, weil sie so rein kubisch in sich ruhen.

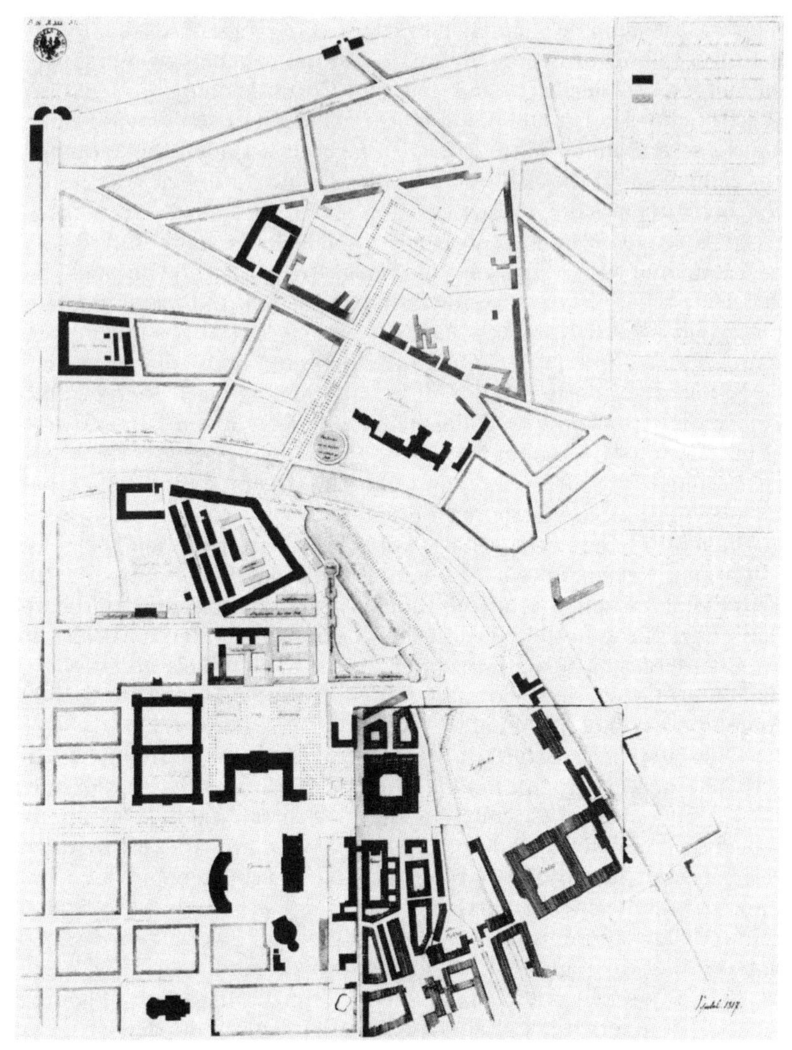

Karl Friedrich Schinkel, Bauplan für die Innenstadt von Berlin, 1817.

Die Bauakademie hat nicht einmal eine Eingangsachse, welche den strengen Kubus sozusagen einbuchten könnte. Sie hat zwei Eingänge, die nebeneinander liegen. Sie hat acht Gebäudejoche, das heißt, in der Mitte des Hauses steht eine Stütze, während es doch im allgemeinen so ist, daß in der Mitte eine Öffnung sich befindet. Das kann nur geschehen, wenn die Zahl der Joche ungerade ist: sieben oder neun. Nur beiläufig möchte ich hier erwähnen, daß auch der Palazzo Rucellai in Florenz von Leon Battista Alberti acht Joche hat – und darum zwei Eingänge –, und daß die Nationalgalerie in Berlin von Mies van der Rohe ebenfalls eine gerade Zahl von Jochen und zwei Eingangstüren hat. Alberti–Schinkel–Mies: drei große Architekten haben verstanden, daß der über dem Quadrat errichtete Kubus keine einladende Mitte haben darf, weil die Mitte, die Eingangsachse, bereits eine Perspektive impliziert, und das heißt, wie eben schon bemerkt, die „Einbuchtung" des Kubus.

Der nächste Schritt wäre dann, die Einbuchtung, die Perspektive, den Weg dahin, die Geste des Empfangens zu betonen, indem man aus dem Kubus Seitenflügel herausstreckt. Da hätten wir dann die cour d'honneur, da hätten wir den Raum, eben das, was Schinkel nicht gewollt hat. Zwischen Schinkels Klötzen also kann nur eine landschaftliche Beziehung bestehen, und eine Beziehung anderer Art als die aneinandergeschobener Klötzchen, welche in Schinkels sizilianischer Skizze das Ganze der Stadt bilden, dem Auf und Ab der Landschaft folgend und sie überhöhend.

Betrachten Sie Schinkels Ansichten der Museumsinsel, so erscheint eine weiträumige Stadtlandschaft. Die Skizzen laden dazu ein, diesen in lockerem Zusammenhang geplanten Stadtteil zu durchschreiten und im Näherkommen die volle Bedeutung des einen, dann des nächsten Klotzes zu erfahren. Man hat bei solchen Gebilden von einem romantischen Städtebau gesprochen wie in den Planungen seines Zeitgenossen und guten Bekannten Peter Joseph Lenné schon von der Einführung des Grüns in das Herz der Stadt.

Berlin besitzt – oder besaß – einen Grünzug, an dessen Planung Lenné, Schinkel und der Baurat Schmid beteiligt waren: den Grünzug am Luisenstädtischen Kanal. Bei diesem Grünzug fällt folgendes auf. Er ist keineswegs romantisch-lose konzipiert, sondern streng architektonisch. Es handelt sich dabei um eine Raumfolge. Ob die beiden zur Achse dieser Raumfolge symmetrisch liegenden Kirchen an der Waldemarstraße und die Michaels-Kirche am Nordende der Platzfolge damals schon geplant waren, weiß ich nicht, sie passen aber gut zu dieser streng auf eine Achse gefädelten Folge verschiedener Stadträume. Es ist allerdings auch hier nicht ganz korrekt, von Stadträumen zu sprechen. Die umgebenden Häuser sind zu weit voneinander entfernt, und sie waren – damals auf jeden Fall – zu niedrig, um als

Platzwand im Sinne der Place Vendôme etwa zu wirken. Es handelt sich vielmehr um eine Folge von Gartenräumen. Aber die Folge ist axial, und das zeigt immerhin, daß ihre Planer einer axialen Folge von Plätzen nicht aus dem Weg gegangen sind.

Der Kampf zwischen dem landschaftlich gestalteten Park – dem „englischen Garten", wie man das nannte, weil diese Art, den Park auf künstliche Art „natürlich" zu behandeln, in England erfunden worden war, und zwar von dem Architekten Kent, einem Palladianer, was gewiß kein Zufall ist – und dem französischen Park war zu Schinkels Zeit bereits ausgekämpft. Natürlich gab es damals einen romantischen Städtebau, das haben wir ja gesehen. Lennés Planungen für Berlin sind romantisch; aber innerhalb des Tiergartens hat Lenné streng formale Gartenräume toleriert – oder auch neu geplant –, wie etwa den Rosengarten. Die Garten- und Stadtplaner der ersten Jahrzehnte des neunzehnten Jahrhunderts hatten keine Angst vor der Achse, der Symmetrie, dem geordneten Gartenraum oder Stadt-Gartenraum. Man sah da nicht mehr einander ausschließende Prinzipien. Bereits Friedrich Gilly hatte vor dem Ende des Jahrhunderts über den Garten des Schlößchens Bagatelle geschrieben:

> „Ohne mich zum Verteidiger der eingekerkerten und beschnittenen Gärten (worüber man wohl oft unnötig viel von einer und der anderen Seite gestritten hat) aufwerfen zu wollen, kann ich den oft sehr lebhaft empfundenen und ebensosehr bei anderen bemerkten Eindruck von erhabener Wirkung in vielen solchen Anlagen nicht verbergen. Es gibt unstreitig auch eine kunstmäßig geschickte Behandlung in diesen Anordnungen, und es ist übertrieben, hiervon so unbedingt zu sagen: *La symmétrie est née sans doute de la paresse et de la vanité.* Es gibt eine Art, die Natur auch bei dieser Ordnung in ihrer Größe und reizenden Freiheit zu schonen. Man darf nur an Marly, St. Cloud, Chantilly erinnern, deren herrliche Anlagen man in ihrem wirklich majestätischen Eindruck keines spöttischen *ennui majestueux* beschuldigen kann."

Soweit Friedrich Gilly; und er war Schinkels Lehrer. Er wird ihn auch in diesem Punkte belehrt haben, jedenfalls hat Schinkel ganz gewiß seinen Aufsatz über das Schlößchen Bagatelle gekannt.

Wir kommen hier zu einer Eigenschaft, die in Schinkels Werk sichtbar wird, und wir müssen bei ihr einen Augenblick verweilen. Ich spreche von Schinkels pragmatischem Vorgehen. Er mag Hauptprinzipien ausgesprochen haben. Er hat sich, wie wir gesehen haben, auch an solche Prinzipien gehalten: aber nicht immer. Wir dürfen wohl sagen, daß dies nicht nur Schinkels Haltung war: es war die Haltung der Zeit. Sie nimmt vielleicht ihren Anfang bei Gilly, sie wird besonders deutlich in dessen in Klammern stehender Bemerkung: „worüber man wohl oft unnötig viel und von einer und der anderen Seite gestritten hat". Aber der ganze Abschnitt, den ich eben vorgelesen habe, atmet den Geist des Pragmatismus und die Ablehnung jeder Prinzipienreiterei.

Um 1800 also ist die Zeit vorüber, als man leidenschaftlich für den englischen Garten als den natürlichen – obwohl diese Natur doch künstlich war! – und gegen den französischen Park als den „eingekerkerten und beschnittenen" Partei ergriffen hatte. Er sei nicht unbedingt immer eingekerkert und beschnitten, stellt Gilly fest, es gebe auch in dieser Ordnung „eine Art, die Natur in ihrer Größe und reizenden Freiheit zu schonen". Dieser Pragmatismus betrifft natürlich nicht nur die Frage Symmetrie oder Natürlichkeit, sie betrifft im Grunde alle Gegenstände, mit denen ein Mann wie Schinkel sich befaßt hat, und war ganz offenbar ein integraler Teil des Zeitgeistes. Ohne diesen Pragmatismus in Rechnung zu stellen, kann man Schinkel nicht gerecht werden, ja man kann ihn nicht verstehen.

Was nun unser besonderes Thema angeht, den landschaftlichen Städtebau, so hat Schinkel allerdings die Museumsinsel als eine romantische Stadtlandschaft geplant; aber die Leipziger Straße zum Beispiel hat er anders geplant. Eingeleitet wollte er sie sehen durch einen weiten Grünplatz – er sollte den späteren Leipziger und Potsdamer Platz umfassen und direkt in das Grün des Tiergartens überleiten. Der Platz war streng symmetrisch auf die Leipziger Straße bezogen, und in seiner Mitte sollte sich ein großer gotischer Dom zu Ehren der Freiheitskriege erheben. Das sollte der Eingang der geraden Straße sein. Und daß die Mitte des Eingangsplatzes durch ein Monument gekrönt werden sollte ist ein Gedanke, den wieder vor Schinkel der Lehrer Gilly in seinem Friedrichs-Monument zum Ausdruck gebracht hatte. Am anderen Ende der Leipziger Straße aber, dort, wo auch sie sich in dem Zwischengebiete zwischen geplanter und alter Stadt nach Nordosten wendet, sollte mitten auf der Straße der Turm einer Kirche stehen, welche sich auf unorthodoxe Art von Norden nach Süden entwickeln sollte. Der Turm sollte mit der Kirche durch einen Bogen verbunden werden, unter dem der West-Ost-Verkehr der Leipziger Straße passieren konnte.

Hermann Grimm schreibt, daß Schinkel wohl für keine Arbeit so viele Skizzen gemacht habe wie für diesen Turm, ehe er sich schließlich für eine Form entschied, welche Giottos Campanile in Florenz ähnlich war. Das heißt, Schinkel hat diesen Turm sehr wichtig gefunden, er hat sich um den Abschluß einer langen, schnurgeraden Straße sehr stark bemüht. Und dies, das Hervorheben eines Gebäudes als Abschluß eines langen axialen Raumes, dies ist keineswegs jener romantische Städtebau, welchen man schlicht Schinkels Städtebau nennt. Schinkel hatte ausgesprochene Vorlieben; aber er hielt sich frei von Prinzipien – selbst wenn er sie ausgesprochen hatte – und war durchaus bereit, eine jede Situation auf die ihr angemessene Art zu behandeln, romantisch, axial oder wie auch immer.

So hat er auch das Räumliche in der Erscheinung der Stadt nicht abgelehnt. Der Durchgang von den Linden zur Neuen Wilhelmstraße ist ein städtischer Raum. Das Kaufhausprojekt Unter den Linden definiert einen Raum. Auf den ersten Blick könnte man es sogar für eine cour d'honneur halten. Das ist es aber nicht, da der kurze Mittelflügel zwischen den langen Seitenflügeln durchaus keinen gesteigerten Wert besitzt: es ist ein gleichmäßig umgebener Raum, als Vorbild könnte das Palais Royal in Paris gedient haben. Den Abschluß des Lustgartens durch den großen ionischen Portikus des Museums dagegen würde ich nicht räumlich nennen. Diese Front, großartig wie sie ist, ist kein Gegenstück zum Schloß Schlüters. Und der Bau selbst ist ausgesprochen körperlich, „in sich selbst abgeschlossen", eine Eigenschaft, welche der Beschauer vom Lustgarten her durchaus wahrnimmt. Zudem weiß man ja, was Schinkel sonst an diesem Lustgarten geplant hat: die Ehrenhalle, die großen Dom-Entwürfe – mit denen er sich gemeinsam mit dem Kronprinzen, dem späteren Friedrich Wilhelm IV., beschäftigt hat – und endlich jenes Ehrenmal gleich nördlich der Schloßbrücke, von dem Grimm in so bewegten Tönen erzählt.

Es gibt eine Skizze von Schinkel, auf der der Lustgarten als gepflasterter Platz erscheint mit dem Museum als Platzwand. Es gibt aber auch Entwürfe, in denen der Lustgarten gärtnerisch behandelt wird, und zwar auf eine kleinliche Art, welche dem Porticus des Museums Abbruch getan hätte. Ich möchte an dieser Stelle auf eine Skizze hinweisen, welche Schinkel von dem Kuppelraum des Museums gemacht hat, der „Pantheonskuppel". Man blickt in der Skizze zurück zur Eingangstür, und durch die offene Tür erscheint der Lustgarten landschaftlich. Das gleiche ist von der bekannteren Skizze Schinkels von der oberen Plattform der Freitreppe zu sagen; hier erblickt man in der Ferne sogar die beiden Türme auf dem Gendarmenmarkt. Die Perspektive gibt einen Schrägblick; auch das scheint mir der Absicht zu entsprechen, das Gebäude als frei in seiner stadt-landschaftlichen Umgebung stehend zu zeigen.

Die Friedrichwerdersche Kirche, für die, wie für so viele Arbeiten Schinkels, mehrere Vorprojekte in verschiedenen Stellen gemacht wurden, ist räumlich gefaßt. Schinkel hat neben die Kirche auf jeden Fall die Andeutung eines Raumes gesetzt, eine Art Raumkulisse. Sie ist nicht gebaut worden. Ich erwähne aber diese verschiedenen Arten Schinkels, sich mit der jeweils bestehenden Situation auseinanderzusetzen, um das Mißverständnis nicht aufkommen zu lassen, als habe

Schinkel sich irgendeinem Prinzip verschrieben. Er hat das als Städtebauer ebensowenig getan wie als Architekt. Nicht leugnen will ich, ich will vielmehr betonen, daß Schinkel einer bestimmten Tendenz gefolgt ist. Es war der romantische Städtebau, die Stadt als Landschaft, die Stadt als Garten; und daß die Projekte anderer Art, die wir von ihm kennen, wenn auch nicht Ausnahmen, so doch in der Minderzahl gewesen sind.

Erlauben Sie mir jetzt, auf eine Planung Schinkels einzugehen, welche deutlich zeigt, wie eigenmächtig er mit gewissen anerkannten Regeln umgegangen ist, und gleichzeitig, welche Vorteile er aus einer bedeutenden Situation in der Stadt zu ziehen verstand. Es handelt sich um den Entwurf für das Palais des Prinzen Wilhelm am Pariser Platz. Das Palais sollte den nordöstlichen Eingang zum Platz einnehmen, gegenüber stand das Palais Redern, welches ebenfalls Schinkel gebaut hat. Im Stil ist das Prinzenpalais dem Palais Redern ähnlich, eine Art Palazzo-Renaissance, ein Stil, den Schinkel nicht oft benutzt hat. Der Hauptteil des Prinzen-Palais setzt die Ostwand des Platzes nach Norden in den Garten hinein fort, und zwar so, daß die Länge der Platzwand im Garten wiederholt wird. Zwischen diesen beiden gleich großen Frontstücken, zu dem repräsentativsten Platz von Berlin wie dem anderen zum Garten des Palais, liegt der Eingang in der Mittelachse der ganzen Front unter einer überdeckten Einfahrt, welche die Breite der Platzumbauung – die Platzwand, könnte man sagen – bis in die Ecke des Platzes fortsetzt. Die Mittelachse liegt also innerhalb der Platzwand. Sie wird natürlich als Achse vom Eintretenden nicht wahrgenommen. Dieser blickt statt dessen an der Hauswand entlang in den Garten, welcher sich in Hausnähe in strengen, weiter unten in mehr aufgelockerten Gartenräumen bis an das Spreeufer erstreckt. Man fragt sich, welcher andere Architekt mit dieser Situation so umgegangen wäre.

Bisher haben wir nur von Schinkels Tätigkeit als Städtebauer in Berlin gesprochen, und zwar mit einer Ausnahme – der Luisenstadt – in der Berliner Innenstadt. Lassen Sie mich noch eine Bemerkung zu diesem Thema machen. Hermann Grimm fragt bereits im Jahre 1874 – ein Menschenalter nach Schinkels Tode –, wie Schinkel sich den neuen Bedingungen der Stadt gegenüber verhalten haben würde: ihrem Wachstum, das sie zu einer Nicht-Stadt gemacht habe, ihren Betrieben der Industrie und des Handels in der Innenstadt und den Wohnhäusern der Mächtigen dieser Wirtschaft weit draußen, „versteckt in Gärten", wie er es ausdrückt. Schinkel habe, meint Grimm, all das nicht ahnen können, er wäre aufs höchste verwundert gewesen, wenn er es hätte sehen können. Ich bin nicht so sicher. Schinkel ist 1826 in Paris und in London gewesen und auch in Birmingham und Manchester. So unvorstellbar kann ihm die große Stadt eigentlich nicht gewesen sein, nur daß das in seinem Berlin geschehen könnte, hat er offenbar nicht voraussehen können – oder wollen. Er hat für die Verschönerung der preußischen Residenz geplant, die Planung für die Luisenstadt – die wir eine Ausnahme nannten – ist wohl die einzige Planung für das Wachstum, die Planung eines peripheren Stadtquartiers. Sonst aber hat man den Eindruck einer statischen Planung, der Planung für eine Stadt, die sich im wesentlichen nicht verändern wird. Es war jedoch der letzte Augenblick, in dem man in Berlin so planen konnte.

Übrigens haben wir nicht alle seine Planungen in Berlin erwähnt; zum Beispiel nicht seine Planungen im Tiergarten, im Spreebogen und am Nordufer in Moabit: sehr weich, sehr gärtnerisch. An eben dieser Stelle hat viel später Martin Mächler die Anfänge der Nord-Süd-Achse geplant, welche Albert Speer dann aufgenommen und maßstäblich bis ins Unerträgliche gesteigert hat.

Verlassen wir endlich Berlin. Schinkel hat einen Königspalast auf der Athener Akropolis geplant, an einer Stelle, welche von den Griechen so angelegt war, daß der Weg von einem Einzelbau zu dem nächsten führte, und zwar so, daß jedesmal einer der scheinbar ganz frei auf dem Felsen angesiedelten Tempel in das Blickfeld des Kommenden trat – Auguste Choisy hat das mit einer schönen Bilderserie erläutert. Man stellt mit einem gewissen Befremden fest, daß Schinkel nun dort, wo er fast so etwas fand wie romantischen Städtebau, eine strenge, rechtwinklig-axiale Beziehung des neuen Gebäudes zu einem der antiken herstellt. Es waltet in diesem Plan an denkbar klassischer Stelle ein merkwürdiges Mißverständnis, man ist versucht, von Instinktlosigkeit zu sprechen.

Anders hat er geplant, wo er ohne Vorgaben planen durfte, außer der einen Vorgabe durch eine besonders schöne und reich gegliederte Landschaft: in Orianda auf der Krim. Man hat mit Recht die städtebaulichen Tugenden dieses leider unausgeführten Projektes hervorgehoben.

Lassen wir es hier auf sich beruhen und fragen wir uns, zum Abschluß, wie Schinkel als Kritiker auf Städte reagiert hat, welche er gesehen hat. Er hat die Stadt Bath in England gesehen und sie – natürlich – abgelehnt. Die städtischen Raumbildungen in echten Barockstädten waren ihm unsympathisch genug. Hier aber, in Bath, handelt es sich um künstlich hergestellte Stadträume, da das, was aussieht wie Paläste – die Nordfront des Queen's Square, zum Beispiel –, in Wahrheit aus lauter kleinen Reihenhäusern von drei Fensterachsen Breite zusammengesetzt ist: Tür-Fenster-Fenster, Tür-Fenster-Fenster, eben das, was Schinkel an einer anderen Stelle seiner englischen Aufzeichnungen „die unglückliche Thür-Architektur" nennt. Bath sei berühmt, schreibt er, es sei aber langweilig „und ganz in den englischen Kleinigkeiten" – womit er zweifellos jene „unglückliche Thür-Architektur" meint.

Nun ist aber Schinkel, nachdem er Bath gesehen hatte, auf dem Wege nach Wotton-under-Edge in Westengland durch ein Tal gekommen, welches er folgendermaßen beschreibt: „Die Straße im Thal ist das Anmutigste, was man sehen kann, ein Wechsel zusammenliegender Landhäuser von der kleinsten bis zur mittleren Größe mit ihren Gärten und Parks zusammengeschoben und in den mannigfaltigsten Situationen an Hügeln hinauf und im Thale angebaut von Bächen, Mühlteichen und Canälen, Waldungen, Wiesen und grünen Hügelabhängen unterbrochen. Fabrikgebäude (alles Tuchfabriken) liegen versteckt hinter hohen Linden, Rüstern, Lärchen, und wechseln mit kleinen Kirchen in dieser Lage ab."

Wenn man das liest, hat man den Eindruck, daß Schinkel hier seinem Ideal leibhaftig begegnet ist. Es gibt im ganzen Tagebuch keine Beschreibung einer Ansiedlung, die ebenso positiv, ja enthusiastisch geschrieben wäre. Dieses Ideal aber ist das freie Beieinanderstehen von Gebäuden der verschiedensten Art, die verschiedenen Lebensbereichen angehören – Kirchen, Fabriken, Wohnhäuser –, und in einer Landschaft, welche teilweise *in statu naturae* verbleibt, meistens aber angebaut ist: Gärten, Parks, Viehweiden, hohe Bäume, hinter denen die Fabriken und auch die Kirchen sich verstecken können. Schinkel spricht von „zusammengeschobenen" Häusern, Gärten, Parks und davon, wie dieser enge Zusammenhang von Bächen, Mühlteichen und Kanälen, Waldungen, Wiesen und grünen Hügelabhängen – also den am wenigsten bearbeiteten Teilen der Natur – „unterbrochen" werde. Es entstehen, sagt er, die „mannigfaltigsten Situationen" durch dieses Zusammenfügen von Natur, bearbeiteter Natur und Gebautem. Es klingt, als werde die Schilderung zum Programm.

Und ich glaube, Schinkel will es so verstanden wissen. In seinen italienischen Skizzen haben wir das „Zusammengeschobene" bemerkt; aber es waren nur Häuser, die so zusammengeschoben sind, in dem englischen Tal gehören die Gärten und Parks dazu. Auf der Museumsinsel hat er einzelne in sich selbst abgeschlossene Gebäude in einen stadt-landschaftlichen Zusammenhang zueinander gebracht; aber das war, gestehen wir es nur, ein Bild. Man könnte das eine wie das andere malerisch nennen; und Schinkel hat mehr als einmal bewußt malerisch geplant: in Charlottenhof, in Babelsberg, um nur diese zu nennen. Auch das kleine Landhaus, welches Friedrich Ostendorf so streng kritisiert, ist wirklich malerisch konzipiert. In dem englischen Tale begegnet Schinkel eine Gestalt, welche über die Reize des Malerischen weit hinausgeht, sie besitzt die Eigenschaft der Freiheit, mit der die Gebäude einander, der bearbeiteten und der ursprünglichen Natur begegnen.

Er selbst hat niemals so geplant. Es hat aber auch nach ihm kein Architekt und kein Städteplaner so geplant. Die Städtebauer vor dem Ersten Weltkriege meinten, die mittelalterliche Stadt, ihr Vorbild, sei gewachsen, „wie ein Baum wächst". Sie haben sich bemüht, so zu planen, daß ihre Ortschaften aussehen, als seien sie gewachsen. Das ist ebenso künstlich, wie der englische Garten künstlich war. Auch Bruno Tauts kaum merkliche Verschiebungen und Differenzierungen, welche den von ihm geplanten Siedlungen wie Onkel Tom in Zehlendorf so große Lebendigkeit verleihen, sind künstlich, weil auch sie das Werk *eines* Architekten sind. Die Freiheit wird dort ein für allemal festgelegt. Das englische Tal hat niemand geplant, denn man kann so nicht planen. Man kann nur die Bedingungen schaffen, innerhalb deren dieses Maß an Freiheit möglich ist.

Ich will nicht behaupten, daß Schinkel das bedacht hat, als er seine Tagebucheintragung machte. Vielleicht hat er es geahnt. Aber er hat ein Ergebnis vor sich gesehen, und er hat es als das erkannt, was es war. Das ist sehr viel.

Unpubliziertes Manuskript aus dem Jahre 1981.

Vorstädtische Wohnbebauung in Berlin-Lichterfelde.

Paul Mebes, Wohnstraße Fritschweg, Berlin-Steglitz, 1907–08.

Berlin ist Vielfalt

Vor gar nicht langer Zeit hat der Insel Verlag ein Berlinbuch herausgegeben.* Darin werden Gesichtspunkte für die Planung der endlich vereinigten Stadt entwickelt. Die Autoren sind die denkbar besten, wie man das beim Insel Verlag erwarten darf: Fritz Neumeyer, Dieter Hoffmann-Axthelm, um nur sie zu nennen; und ganz gewiß, die Aufsätze sind alle lesenswert, bedenkenswert. Es wird die *Stadt* Berlin behandelt, nicht die sehr große *Ansiedlung* Berlin mit ihren verschiedenen Siedlungsformen. Von dem großen Gebiet der Gartenvororte – um nur dies zu erwähnen – ist in dem ganzen Buch mit zwei Worten die Rede: einmal erscheint der Name Lichterfelde, ein andermal das Wort Vorgärten. C'est tout. Irgendwann – das ist schon eine Weile her – hat man herausgefunden, daß solche Gebiete der Stadt nicht städtisch sind, nicht urban, wie man sagte; und daß nur das Urbane der Rede wert sei.

Das ist ein Aspekt der Berliner Vielfalt; einer Vielfalt, notabene, die durch die allenthalben gleichartige Bautätigkeit seit den sechziger Jahren schon jetzt verwässert ist; einer Vielfalt aber, die noch immer, scheint mir, das Besondere an Berlin ist. Um zu sehen, wie es zu dieser Vielfalt gekommen ist, wollen wir ganz kurz die Baugeschichte der Stadt ansehen.

Die Stadt des Mittelalters war klein. Das war das Gebiet östlich der Spreeinsel: die Marienkirche, die Nikolaikirche. Damit hört es dort schon auf. Als ich in Berlin Kind war, war viel mehr dort auch nicht vorhanden. Daß man den Krögel, diese nicht eben schöne, nicht eben reiche mittelalterliche Straße, so hoch geschätzt hat, lag daran, daß sie die einzige war. Inzwischen ist auch sie zerstört worden. Es bleiben wirklich nur die beiden Kirchen; der „mittelalterliche" Platz, in den man die Nikolaikirche eingeschlossen hat, ist künstlich. Beide Rathäuser, das rote aus dem vorigen Jahrhundert und das graue von Ludwig Hoffmann, sind Neubauten, und auch hier ist die Umgebung künstlich. Soviel von der Altstadt. Es folgt nach Westen der Schloßkomplex auf der Spreeinsel. Das Schloß war bei weitem das größte Gebäude dort. Es ist nicht mehr. Im neunzehnten Jahrhundert hat man, Schinkels Altem Museum folgend, auf der Insel so viele Museen gebaut, daß man sie Museumsinsel genannt hat. So heißt sie erst heute zu Recht.

---

* Michael Mönninger (Hrsg.), *Das neue Berlin*, Frankfurt a.M.: Insel Verlag, 1991.

Es folgte im achtzehnten Jahrhundert die „Neue Stadt", ein rechteckiger Raster von Straßen, nach den Himmelsrichtungen ausgerichtet; was zur Folge hatte, daß die große Ost-West-Straße Unter den Linden schräg auf die Schloßfront zuführte. Kein Stadtplaner hätte das planen können: so etwas erfindet man nicht. Die Avenue Unter den Linden trägt ihren Namen erst jenseits des Friedrichsdenkmals mit dem König zu Pferde – mit Recht. Zwischen der Insel aber und dem Reiterdenkmal ist seit Friedrich dem Großen eine Raumfolge entstanden, wie keine andere Stadt sie besitzt. Und sie ist noch erhalten, allerdings ohne das Schloß, das dazugehört und mit dem Neubau des DDR-Außenministeriums, der dort nicht hingehört, der empfindlich stört und dem man – das muß immerhin erwähnt werden – Schinkels reifsten Bau zum Opfer gebracht hat, die Bauakademie. Das Ministerium ist zu hoch. Hier ist alles auf eine vorgegebene Höhe eingerichtet, und da stört jeder Bau, der auch nur ein wenig höher ist. – Soviel von der Raumfolge. Die Neue Stadt aber, die im Westen und im Süden bis zu den drei Torplätzen reicht, dem Carré am Brandenburger Tor, dem Oktogon am Leipziger und dem Rondell am Halleschen Tor: diese Neue Stadt ist rechtwinklig gerastert. Was man aber mit einem solchen Raster machen kann, zeigt die Avenue Unter den Linden, die schönste Straße, die ich kenne.

Die große Nord-Süd-Straße dagegen, die Friedrichstraße, ist eng, auffallend eng. Das Schema der Straßen wird aufgelockert durch Plätze, den Wilhelmplatz und den Gendarmenmarkt. Dieser mit den beiden Domen und dem Schauspielhaus ist der bedeutendste. Diese große „Neue Stadt" war recht einheitlich bebaut, so wie man das in Potsdam heute noch sehen kann: eine niedrige Bebauung, deren Häuser einander ähnlich, aber doch verschieden waren. Von Potsdam her kann man sich ein Bild machen. Die Rasterstraßen dort sind durchaus nicht langweilig: verschiedene Breite, auch verschiedene Länge und, wie in Berlin, einige Plätze machten diese preußischen Städte des achtzehnten Jahrhunderts sehr angenehm; ich meine, sie sind für uns noch – oder wieder – gut bewohnbar. Die Berliner Stadt des achtzehnten Jahrhunderts ist jedoch völlig zerstört. Seit dem letzten Drittel des neunzehnten Jahrhunderts wurde sie in die Geschäfts- und Bankenstadt verwandelt, die sie bis zur Zerstörung durch den Zeiten Weltkrieg gewesen ist. Die Verluste durch den Krieg aber wurden, wie ich meine, fast aufgewogen durch die mutwilligen Zerstörungen danach. Das Warenhaus Wertheim – um nur dies zu nennen – am Leipziger Platz und in der Leipziger Straße ist recht gut durch den Krieg gekommen. Man hat es lange danach abgerissen, um erst einmal tabula rasa zu machen. Die ganze „Neue Stadt" ist im Grunde immer noch tabula rasa – bis auf die Linden und anliegende Straßen –, weil das, was dort gebaut wurde, eigentlich nur stört. Von diesem wichtigen

Teil Berlins als einem Ort der Berliner Vielfalt konnten wir also eigentlich nur sprechen.

Seit der Mitte des vorigen Jahrhunderts aber begann Berlin, über die „Neue Stadt" hinauszuwachsen. Ein neues Berlin wurde zu Anfang des Jahrhunderts geplant: von Schinkel, von Peter Lenné. Diese Pläne wurden Anfang der sechziger Jahre von James Hobrecht konsolidiert. Hobrecht plante die „Mietskasernenstadt", wie Werner Hegemann sie dann rückblickend genannt hat: „die größte Mietskasernenstadt der Welt". Diese war von der Ringbahn umschlossen, welche fast so etwas war wie eine Stadtmauer. Diese „Mauer" wurde allerdings an drei Stellen breit überschritten: nach Südwesten, nach Südosten, nach Norden. Die „Zunge" nach Südwesten war die größte.

Die Mietskasernenstadt war zu Hobrechts Zeiten und bis zum Anfang dieses Jahrhunderts die Stadt der tiefen Baublöcke mit den vielen Höfen – den Hinterhöfen. So hatte Hobrecht sie in der Tat geplant. Heinrich Zille hat dann gesagt, man könne einen Menschen mit so einer Wohnung ebenso totschlagen wie mit einer Axt. Die Kritik an dieser Mietskasernenstadt hat früh begonnen, schon in den sechziger Jahren: Kritik und kritische Aktion. Häufig hat man mehrere Parzellen zusammengeschlossen und auf ihnen weiträumiger gebaut. Von solchen Miethäusern der Reform gibt es in Berlin viel mehr, als man vermuten sollte; und Architekten wie Alfred Messel, der durch sein Warenhaus Wertheim bekannt geworden war, waren an dieser Reform beteiligt. Getragen wurde sie durch die zahlreichen „Wohnungsvereine" bis hin zum Beamten-Wohnungsverein, der dann, nach 1900, die Architekten Paul Mebes und Paul Emmerich beauftragte, große Wohnhöfe zu bauen, man könnte sie künstliche Kleinstädte nennen wie den am Fritschweg in Steglitz, wo Straßen mittelalterlicher Führung von klassizistischen Miethausbauten umstanden sind. Es lohnt sich immer noch, sie anzusehen.

Vor 1900 hat sich in den besseren Vierteln der Stadt, in Wilmersdorf, in Charlottenburg auch die Architektur der Miethausfronten geändert. Bis dahin Renaissance – wenn man das so nennen darf –, wurden sie nun im Jugendstil, gotisch und sogar „im Landhausstil" errichtet, wie sie besonders Albert Gessner baute, von dem Sie in der Wielandstraße und auch anderswo die mit Rauhputz versehenen „Landhaus"-Miethäuser sehen können. Gessner hat auch die Häuser auf neue Art auf dem Grundstück angeordnet. Er hat den offenen Raum der Straße zugewendet, und zwar als Grünraum, und hat sich mit kleinen Höfen für die Küchen und Bäder der Wohnungen begnügt.

Um diese Zeit, noch vor dem Kriege, haben junge Architekten wie Bruno Taut eine neue Miethausarchitektur zu verwirklichen gesucht. Ich denke an seine schöne Gruppe von Miethäusern am Kottbusser Damm.

Das kaiserliche Berlin war aber auch reich an großen und großzügig geplanten Sozialbauten, Krankenhäusern, Irrenhäusern, Lungenheilstätten – ich nenne die verschiedenen großen Gebäudegruppen, aber es gehört auch eine Siedlung für alte Leute dazu –, welche die Stadt Berlin außerhalb, in Buch – das liegt im Norden – von ihrem Architekten Ludwig Hoffmann planen und bauen ließ. Von Hoffmanns liebenswerten großen Anlagen ist weiterhin das Virchow-Krankenhaus nahe dem Nordhafen zu nennen, das leider abgerissen wurde.

Und noch einer anderen Berliner Besonderheit der Zeit des letzten Kaisers muß ich wenigstens kurz, andeutungsweise gedenken: der Industriebauten. Die Gebäude der AEG, die Peter Behrens damals verwirklicht hat, galten nicht nur in Deutschland als die modernsten Industriegebäude. Man darf sogar sagen, Berlin habe sich von allen Großstädten zuerst dieser Art von Gebäuden angenommen – oder sagen wir die Berliner Firma AEG, also der Emil Rathenau.

Die Mietskasernenstadt war demnach nicht ganz so eintönig, wie Werner Hegemann sie dargestellt hat. Wir kommen zu den städtischen Außengebieten. Und hier ist es an der Zeit, auf die seltsame Grundbedingung im Raum Berlin hinzuweisen: den Mangel an Einheit. Man hat im Jahre 1910 einen Wettbewerb Groß-Berlin veranstaltet, für ein Stadtgebiet, das von Oranienburg bis Königswusterhausen reichte, also größer war als das heutige Groß-Berlin. Aber auch dieses Stadtgebiet hat bis 1920 nicht bestanden: ich wiederhole: bis 1920. Statt dessen gab es im Berliner Stadtbereich eine Anzahl selbständiger Städte – wie Schöneberg und Charlottenburg – und eine große Anzahl von selbständigen Dörfern, auch aus Dörfern entstandene Vororte – wie Pankow, Zehlendorf, Lichterfelde. In diesem weiten Außengebiet wurde sehr verschieden geplant – und gebaut. Seit den sechziger Jahren hat es immerhin Vorortpläne gegeben. Ganz regelmäßig angelegt wurde Westend, von Quistorp. Aber der wichtigste Planer war Carstenn. Nachdem er aus dem kleinen Dorf an der Beeke einen großen doppelten Vorort gemacht hatte – Lichterfelde Ost und West – ging er einen Schritt weiter und plante ein Vorortgebiet im Südwesten, das von den dort liegenden Dörfern unabhängig sein sollte. Die Dörfer – Wilmersdorf zum Beispiel – liegen in diesem systematischen Plan irgendwo, sie gehörten nicht dazu. Von diesem Plan allerdings wurde wenig verwirklicht.

Carstenns Lichterfelde ist ein Ort – oder zwei Orte – mit breiten, baumbestandenen Straßen und tiefen Vorgärten. Die Häuser lagen hinten im Garten, sie waren recht klein und häufig aus gelbem Backstein gebaut. Nahe dem Bahnhof Lichterfelde Ost kann man noch Reste dieser Straßen sehen, dort gibt es sogar eine Reihe von Häusern, die zusammenhängen, Reihenhäuser nach englischem Vorbild. Die Zusammenfassung von Avenue und tiefen Vorgärten zu beiden Seiten ist sehr schön. Solche Vororte gibt es nicht mehr. Die Entwicklung hat Carstenn die Planung aus der Hand genommen. Es gab bald größere Parzellen für größere Häuser, und diese rückten näher an die Straße. Aber die Straßen blieben Avenuen, und das macht auch die neueren Gartenvororte angenehm.

Ich erwähnte den Bahnhof Lichterfelde Ost. Damals wurden Vorort-Eisenbahnen gebaut, sie waren die Bedingung für das Leben in Vororten – Autos gab es noch nicht. Wie sehr man die Vororte als „draußen" ansah, wird aus den Schriften des Architekten Hermann Muthesius deutlich, der die Berliner Bürger dazu auffordert, „aufs Land" zu ziehen. Carstenn hatte bereits gewollt, daß die Vororte Orte für sich seien mit ihrem Bahnhof und Ladenzentrum, ihrem Rathaus, ihren Schulen – es ist ihm gelungen. Ich bin in Lichterfelde aufgewachsen, und wir Kinder sind fast nie in die Stadt gekommen. Wir hatten „draußen" im Grunde alles, was man zum Leben brauchte, ja, sogar Konzerte und Theateraufführungen. Bis wir anfingen zu studieren, haben wir die Stadt Berlin nicht gekannt, wir waren Lichterfelder. Die Jahre zwischen den Kriegen von 1870 und 1914 waren Jahre eines recht weit verbreiteten Wohlstandes. Es konnten sich wirklich Familien, die nicht gerade schwer reich waren, das Haus im Vorort leisten; und sie taten es. Darum sind die Berliner Vororte so beispiellos groß: das ganze Vorortgebiet, meine ich.

Carstenn hat sich über den Sinn seiner Gründungen recht deutlich ausgesprochen. Die Vororte, so etwa sagte er, könnten Arbeitern nicht als Wohnort dienen; aber sie könnten sogar deren Wohnbedingungen dadurch entlasten, daß sie die Stadt als Ganzes lockerer machten, weniger dicht. Dies sei der Sinn dieser Gründungen. Wie weit ihm das gelungen ist, ob es ihm überhaupt gelungen ist, ist nicht ganz leicht zu sagen. Bemerkenswert aber sind und bleiben diese Vororte. Die große Fläche der Gartenvororte ist einzigartig und für Berlin sehr bezeichnend.

So mannigfaltig war Berlin schon vor dem Ersten Weltkrieg; was mit beidem zusammenhängen mag: der sehr späten Zusammenfassung der Stadt zu der Großstadt Groß-Berlin und dem in der Tat schockierenden Unterschied zwischen den Lebensbedingungen der arbeitenden Bevölkerung und denen der auskömmlich Lebenden; und das waren, wie gesagt, nicht nur Großbürger. Vergessen wir auch nicht den Wettbewerb des Jahres zehn, also auch noch vor dem Kriege. Die Teilnehmer, Männer wie Hermann Jansen und Bruno Möhring, haben in ihren Entwürfen das Miethaus mit Höfen und Hinterhöfen nicht mehr geplant, vielmehr die Randbebauung großer Baublöcke. Die Miethäuser standen an den Straßen, die Fläche innen war grün. Sie haben etwas vorweggenommen, das erst nach dem Kriege in der Bauordnung verankert wurde. In den ersten Jahren des Jahrhunderts bestand Berlin – ich meine das ganze, noch nicht „legale" Stadtgebiet – aus verschieden geplanten Miethausgebieten – denn auch die Randbebauung wurde schon verwirklicht –, aus der übergroßen Fläche der Gartenvororte und aus den vielen Dörfern, die um die große Stadt herumlagen und von ihr geschluckt wurden – geschluckt und verändert – und, nicht zu vergessen, dem breiten Gürtel von Laubenkolonien – auch Schrebergärten genannt – um die Ringbahn herum. Wahrscheinlich hätte man damals Berlin auch die größte Laubenkolonie-Stadt der Welt nennen können. Um ein letztes Mal auf die Vororte zurückzukommen: sie waren darum so verschieden, weil sie, wie wir gesehen haben, auf verschiedene Art entstanden waren; und auch deshalb, weil die nahe Umgebung Berlins so außerordentlich ist. In sie reichen die Vororte hinein, sie besetzen Seeufer, sie umgeben Täler wie die Rehwiese in Nikolassee. Ein Ding wie Zehlendorf ist so etwas wie eine Kleinstadt, die von ihren eigenen Vororten umgeben ist und, wie gesagt, bis zur Rehwiese und zum Wannsee, sogar noch weiter bis an Potsdam heranreicht.

Schon vor 1914 hatte man in Berlin mit dem Bau von Reihenhaussiedlungen begonnen, welche in ihrer Anlage die Siedlungen vorausnahmen, die dann in den zwanziger Jahren der Stadtbaurat Martin Wagner und Architekten wie Bruno Taut verwirklicht haben – die Anlage war die gleiche. Ich spreche von der „Gartenstadt Zehlendorf" der Architekten Mebes und Emmerich, an der Berlepschstraße gelegen, die ihren Namen von einem der deutschen Verfechter des Gartenstadtgedankens erhalten hat, dem Freiherrn von Berlepsch-Valendas. Diese Siedlung besteht aus sehr schönen Reihenhäusern. Da sie von Paul Mebes stammen, dem Verfasser des berühmten Buches *Um 1800*, sind sie klassizistisch, welche um eine rechteckige grüne Fläche angeordnet sind, in der die Gärten der Häuser liegen. In der Mitte läuft ein Zugangsweg, über den zum Beispiel der Müll abtransportiert wird. Die „Gartenstadt Zehlendorf" ist noch da, durch Nachkriegsbauten erweitert, und die Anlage wirkt immer noch sehr angenehm, man möchte sagen vorbildlich. Ich möchte hier eine weitere „Gartenstadt" der Architekten Mebes und Emmerich erwähnen, die erst 1925 entstanden ist. Sie gehört aber mit der „Gartenstadt Zehlendorf" zusammen, folgt dem gleichen Prinzip der Planung, nur hat sie neben den Reihenhäusern auch Wohnungen in zwei Geschossen, welche ebenfalls Gärten haben. Diese Siedlung, Heidehof genannt, ist größer als die „Gartenstadt Zehlendorf" und freier geplant: eine der schönsten Siedlungen der mittleren zwanziger Jahre, übrigens nicht im modernen Stil. Sie hat Dächer und ist aus rotem Backstein gebaut.

Nehmen wir das ganze Stadtgebiet, so müssen wir auch eine weit draußen im Westen gelegene künstliche Kleinstadt erwähnen: Staaken, westlich von Spandau, eine Siedlung für die Arbeiter, mehr wohl

Paul Schmitthenner, Gartenstadt Staaken bei Berlin, 1914–17,
Straße „Am Langen Weg".

Siedlung Am Fischtal, Berlin-Zehlendorf, 1928–29.
Links die Häuser von Taut, Salvisberg und Häring, rechts Tessenow.

für die Angestellten einer in der Nähe gelegenen Munitionsfabrik. Das Baujahr ist 1914, der Planer und Architekt Paul Schmitthenner. Es ist Schmitthenner gelungen, mit wenigen Haustypen den Eindruck einer reichgegliederten Kleinstadt zu erwecken; und ernsthafte Vertreter des Genossenschafts-Gedankens wie Franz Oppenheimer haben in dieser künstlichen Kleinstadt so etwas sehen wollen wie die Stadt der Zukunft. Ich gestehe, daß wir das anders sehen. Staaken ist eine außerordentlich geschickt geplante und gebaute Kulisse, die Künstlichkeit dieser kleinen Stadt tritt deutlich hervor. Immerhin, sie ist so erfolgreich, daß die Bewohner von Staaken bis zum heutigen Tage Leute besonderer Art sind.

Lassen Sie mich, bevor ich zu den mit Recht gerühmten Siedlungen und städtischen Wohnquartieren der zwanziger Jahre komme, noch dies über Berlin sagen: seine Entwicklung ist durchaus eigenartig. London besitzt so etwas wie Gartenvororte, aber anders, die Fläche ist geringer und die alte Stadt viel größer. Noch weniger würde ein Vergleich mit Paris passen, denn dort ist, noch lange nach dem Stadtplaner Haussmann, eigentlich alles Stadt. Und New York, dieser schon 1811 geplante dichte Raster, der sich weit nach Norden erstreckt, ist etwas ganz anderes. Auch diese Städte sind nicht eintönig, auch in einer jeden von ihnen macht der Spaziergänger unausgesetzt Entdeckungen; aber keine von ihnen kann sich an Mannigfaltigkeit mit Berlin vergleichen, keine besitzt in nächster Nähe eine vergleichbare Umgebung.

Wir kommen endlich zu der Zeit nach dem Ersten Weltkrieg. Ich habe schon gesagt, daß in den Plänen von 1910 die Miethäuser keine Höfe mehr besaßen und daß einige solcher Miethausstraßen vor 1918 gebaut wurden. Wenn aber die Siedlungen von Wagner und Taut, Onkel Tom etwa, berühmt sind, so sind sie das zu Recht, und Onkel Tom wird mit jedem Tage besser. Die breite Straße, die vom Bahnhof Onkel Tom in die Siedlung hineinführt: rechts die Vorderseite, links die Wohnseite zweigeschossiger Miethäuser mit einem Dachbodengeschoß darüber gehört zu den schönsten Wohnstraßen, die mir bekannt sind. Sie wissen, daß diese Flachdachsiedlung im schönen Gartenvorort Zehlendorf damals nicht nur heftiger Ablehnung begegnet ist, man hat eine Gegensiedlung mit steilen Dächern gebaut, am Fischtal; und ganz gewiß mit guten Architekten. Der Gesamtplan stammt von Heinrich Tessenow, und er hat dort einige der Häuser gebaut. Poelzig hat dort gebaut, Mebes natürlich und ebenso natürlich Paul Schmitthenner, der Mann von Staaken. Dennoch gewinnt Tauts Siedlung – genauer die Siedlung von Taut, Salvisberg und Häring – an Bedeutung, während die Gegensiedlung am Fischtal absichtsvoll wirkt, und das ist bei einer Wohnsiedlung immer bedauerlich. Wobei bemerkenswert ist, daß eben die Gegensiedlung zeigen sollte, daß es auch ohne die „modische" Architektur auf der anderen Straßenseite geht, daß die gewohnten, die „natürlichen Hausformen" getrost weiter angewandt werden dürfen. So seltsam arbeitet die Geschichte: sie gibt nachträglich denen recht, die damals als die Störenfriede galten.

Diese Siedlungen und die städtischen Wohngebiete der gleichen Zeit und Herkunft sind ganz gewiß ein Aspekt der Vielfalt Berlins. Im Einzelnen auf sie einzugehen brauchen wir hier nicht, das ist gründlichst getan worden. Man darf sagen, daß alle Welt damals auf Berlin geblickt hat. Eine Wohnsiedlung möchte ich erwähnen, von der weniger gesprochen wird, die Siedlung Freie Scholle bei Tegel. Der Architekt war ebenfalls Bruno Taut; aber die Siedlung hat einen besonderen Charakter, war im Sinne von Franz Oppenheimer genossenschaftlich gedacht. Gustav Lilienthal, des Fliegers Otto Bruder – und Mitarbeiter –, hat dabei eine Rolle gespielt.

Und noch eines Berliner Unternehmens dieser Jahre ist zu gedenken, das Fragment geblieben ist, des Messegeländes am Funkturm. Von Martin Wagner und Hans Poelzig als großes Oval geplant, das Poelzig-Ei, wie wir es nannten, und als erheblich kleineres Oval noch einmal geplant und wieder und wieder geplant und später, in den NS-Jahren, durch wenig überzeugende Hinzufügungen entstellt; und dennoch auch heute noch eine besondere Stadtgegend und als solche erkennbar. Die reinste Verwirklichung Poelzigscher Architektur dort gehört nicht eigentlich zum Messegelände, liegt auf der anderen Straßenseite. Ich spreche vom Funkhaus, das man sehr genau wiederhergestellt hat, wobei ehemalige Mitarbeiter Poelzigs – Kurt Liebknecht, Max Berling – genau und liebevoll gearbeitet haben.

Die Nazis haben in Berlin wenigstens eine zusammenhängende Siedlung hinterlassen, in Siemensstadt, wo man sie freilich zu ihrem Nachteil mit der modernen Siedlung von Gropius, Häring, Bartning und anderen vergleicht. Immerhin, sie ist da, das ist wichtig. Natürlich gibt es in Berlin eine Reihe kleinerer Wohnanlagen jener Zeit, ich denke gern an die um offene grüne Höfe gruppierten Wohnhäuser am Südufer des Schlachtensees, die ich sehr angenehm finde. Die Gruppe führt die Tendenz der Gegensiedlung gegen Onkel Tom fort, eine Antwort auf die Frage zu geben, warum man nicht auch in den zwanziger Jahren – und danach – mit den altbewährten Bauformen bauen dürfe, warum nur die eine Form, die moderne, zugelassen sei. Dort, am Schlachtensee, ist, meine ich, der Beweis erbracht, daß man so verfahren durfte.

Es hat nach Kriegsende eine Weile gedauert, bis wieder in großem Maßstabe gebaut wurde. In Berlin besitzen wir aus den sechziger Jahren immerhin die beiden großen Siedlungen Märkisches Viertel und Britz-Buckow-Rudow. Ich will sie hier nur eben erwähnen, sie gehören zu unserem Thema der Vielfalt. Zeitlich noch näher liegen die Wohnhöfe im Süden der Friedrichstadt, darunter der sehr schöne von Hertzberger und wohl noch näherliegend der Anbau einer Wohnsiedlung an eine sehr lange, kahle Wand am Fraenkelufer von Hinrich und Inken Baller, die gerade bei jungen Leuten mit Begeisterung aufgenommen wurden, auch darum, weil sie von einer steril gewordenen modernen Architektur wegführt. Wir Älteren haben da gewisse Vorbehalte.

Lassen wir es dabei bewenden. Diese Studie sollte zeigen, wie groß die Vielfalt der verschiedenen Stadtquartiere in Berlin ist: größer, meine ich, als in anderen Städten. Was wohl daran liegt, daß in Berlin und in seiner vorstädtischen Umgebung so viele verschiedene Arten des Wohnens seit der Mitte des achtzehnten Jahrhunderts ausprobiert wurden; um es einmal so auszudrücken: so viele einander widersprechende Tendenzen, so viele geschlossene Gebiete, ich meine Stadtgebiete, des gleichen Charakters und ebenso viele Teile der Stadt, die neu sein sollten, vielleicht sogar schockierend. Diese Vielfalt ist Zeichen und Abbild einer großen Lebendigkeit. Und ich meine, diese Lebendigkeit dürfte für uns heute eine Aufforderung sein. Ich meine das in dem Sinne, daß die Planer der Wohngebiete, die wir hier schnell, zu schnell an uns haben vorbeiziehen lassen, mit dem Wohnen beschäftigt waren. Die Landhausarchitekten der Zeit vor 1918 waren mit dem Wohnen einer Oberschicht beschäftigt, von der sie immerhin wollten – und hofften –, daß sie immer weiter nach „unten“ reichen möge. Die Planer der Großsiedlungen in den zwanziger Jahren – und wieder in den sechziger Jahren – waren mit dem Wohnen der einfachen Leute beschäftigt – um es einmal so zu sagen. Obwohl wir hinzufügen müssen, daß man dafür die Lösung nicht gefunden hat: auch in der Siedlung Onkel Tom wohnten – und wohnen – Bevorzugte, nicht die Ärmsten der Armen.

Wie dem auch sei, es ging ums Wohnen. Sehen wir uns aber gegenwärtig um, betrachten wir die großen Blöcke, die in diesem Augenblick in Berlin geplant sind: am Potsdamer Platz, aber auch anderswo, so fällt auf, daß es nicht mehr ums Wohnen geht. In einigen dieser Blöcke soll auch gewohnt werden, ganz oben. Aber es wurde nicht fürs Wohnen geplant, und im Grunde auch nicht fürs Arbeiten, obwohl soundso viele Geschosse in diesen Superblöcken als Bürogeschosse bezeichnet werden. Es wird für das Ansehen einiger sehr großer Firmen geplant. Das ist neu – und erschreckend. Und ebenso neu – und nicht weniger erschreckend – ist, daß diese sehr großen Firmen über das, was am Potsdamer Platz geschehen soll – um nur ihn zu nennen –, bestimmen wollen. Wir sind Zeugen eines Vorganges, der die Gesellschaft, wie wir sie kennen, in der wir leben, für die wir leben, der diese Gesellschaft beendet.

Unpubliziertes Manuskript aus dem Jahre 1991.

Stadtreparatur

Der Ausdruck „Stadtreparatur" wirkt eigentlich abstoßend, man denkt an den Klempner. Reparatur: Etwas in der Stadt ist schadhaft geworden, und nun bastelt man daran herum, damit die Häuser noch eine Weile halten, bis man sie dann doch abreißen muß. Da verspricht ein Wort wie „Stadterneuerung" erheblich mehr. Man räumt fort, was schadhaft ist, und plant und baut neu. Es ist immer so gewesen, daß die Gegenwart mit dem, was sie vorfindet, auf ihre Weise umgeht. Jede Zeit will der Stadt *ihren* Stempel aufdrücken. Erhalten wird lediglich das Besondere. Man hat dafür den schönen Namen „Baudenkmal" gefunden. Ein Baudenkmal, das kann eine Kirche sein, ein Rathaus, ein Palais, es kann auch eine Straße sein, welcher eine bestimmte Vergangenheit ihre Gestalt gegeben hat, das Mittelalter oder das achtzehnte Jahrhundert. Es kommt vor, daß eine ganze Stadt ein Denkmal ist, Lüneburg etwa.

Aber da spricht man nicht von Stadtreparatur, da spricht man vom Erhalten und vom Wiederherstellen. Der Ausdruck „Stadtreparatur" bezieht sich nicht auf Baudenkmäler, sondern eben auf das, was nicht besonders ist, nicht eben bemerkenswert, weder künstlerisch, noch historisch, noch als ein Dokument; in Berlin etwa ein Viertel wie das um den ehemaligen Görlitzer Bahnhof in Kreuzberg, SO 36. Die Häuser aus dem vorigen Jahrhundert, die dort stehen, wird niemand Baudenkmäler nennen. Die Straßen sind anständig, sie gefallen uns, weil wir inzwischen an Schlimmeres gewöhnt sind; aber Baudenkmäler sind auch sie nicht. „Undistinguished" nennen die Engländer diese Art von baulicher Substanz. Sie tut niemandem weh, sie fordert aber auch nicht dazu auf, genau hinzusehen. So ein Stadtteil ist in Berlin SO 36: der Stadtteil, in dem die IBA mit der Stadtreparatur ernst gemacht hat.

Warum repariert man die Stadt? Da ist zunächst ein materieller Grund. Wir meinen, daß jede bauliche Substanz, welche noch gut genug imstande ist, Menschen Unterkunft zu bieten, es verdient, daß man sie in Ordnung hält oder in Ordnung bringt. Diese Meinung ist nicht so selbstverständlich, wie sie klingt, ganz im Gegenteil, sie hat sich gegen starke Widerstände durchzusetzen. Der stärkste Einwand gegen die Reparatur ist der, daß sie dem Geschäft im Wege steht. Die großen Firmen wollen bauen, nicht am Bestehenden „herumfummeln". Man mußte also zunächst beweisen, daß es billiger ist zu reparieren, als abzureißen und neu zu bauen. Auch das ist nicht so selbstverständlich, wie es klingt, denn die Frage, wie lange ein repariertes Haus noch verwendungsfähig bleibt, wird man von Fall zu Fall verschieden beantworten müssen. Aber die Anschauungen ändern sich, vielmehr, man kann etwas dazu tun, daß sie sich ändern.

Vor gar nicht so langer Zeit galt es als selbstverständlich, daß man Häuser, die so alt und abgewohnt sind wie die in SO 36, durch neue ersetzt, durch bessere, helle Wohnungen, ausgestattet mit den Bequemlichkeiten, die unsere Großväter noch nicht gekannt haben. Man hat angefangen, an dem höheren Wohnwert dieser neuen Wohnungen zu zweifeln. Gleichzeitig hat man in den „finsteren" alten Wohnungen Tugenden entdeckt, die wir lange nicht haben wahrnehmen wollen. Man steht – seit einiger Zeit – dem kritisch gegenüber, was man Kahlschlagsanierung nennt, das heißt, dem radikalen Abbruch der bestehenden Substanz und dem Neubau auf dem von jedem Rest des vorher Vorhandenen gesäuberten Bodens – mit allen Möglichkeiten der Gestaltung, welche diese Freiheit bietet. Die Kritik an der Kahlschlagsanierung war nicht leicht, sie hatte gegen sich nicht nur diejenigen, die vom Bauen in großem Maßstabe profitieren. Es handelt sich bei ihr um eine Abkehr von Anschauungen, welche langsam gewachsen sind – das begann lange vor den zwanziger Jahren –, und um eine Aufwertung von einer Art des Wohnungsbaues und einer Architektur, die wir gelernt hatten zu verachten.

Stadtreparatur: Reparieren heißt, einen Gebrauchsgegenstand, der noch Dienste leisten kann, dienstfähig zu halten. Diese Art, mit den Gegenständen umzugehen, schwindet aus unserem Leben. Man hat gelernt zu meinen, daß es sinnlos sei, sich mit Abgebrauchtem herumzuärgern. Man wirft es weg und kauft etwas Neues, denn das wird sicher auch etwas Besseres sein. Man hat gelernt, das zu meinen, denn es wird uns täglich eingetrichtert, daß wir wegwerfen sollen, wegwerfen und neu kaufen. Das ist der Motor, der unsere Wirtschaft auf Touren bringt. Man nennt das Wirtschaftswachstum. Der Ausdruck ist nicht ganz korrekt: Wachstum ist etwas Organisches. Das „Wachstum", von dem hier die Rede ist, ist abstrakt, gemeint ist eine Vermehrung der Einnahmen bei den Betrieben, dieses Wachstum läßt sich nur in Zahlen ausdrücken. Zudem ist es aber nur effektiv, wenn es immer weitergeht; man weiß nicht recht wohin, man fragt sich, aus welchem dem menschlichen Wohlbefinden inhärenten Grunde es immer weitergehen muß.

Wir sollen also wegwerfen und neu anschaffen; es ist dazu nicht nötig, daß das Ding, das wir wegwerfen, unbrauchbar geworden ist, solange wir meinen, daß das, was uns empfohlen wird, die Sache besser macht. Wenn nötig, baut man in den neuen Gegenstand den Abnutzungsfaktor gleich ein, damit er weniger lange hält, als er halten könnte. Der Ausdruck „Wirtschaftswachstum" ist irreführend und soll es sein. Diese Tendenz unserer Wirtschaft aber schaltet die Reparatur soweit wie möglich aus. Die Reparatur ist des Wirtschaftswachstums Feind. In stärkstem Maße trifft das für die Bauwirtschaft zu. Die großen Bauunternehmungen, auch die sozialen, die gewerkschaftlichen wie die „Neue Heimat", sind für die langwierige Pusselarbeit der Reparatur nicht eingerichtet. Die Stadtreparatur, wie sie in SO 36 betrieben wird, ist ein Pfahl im Fleisch der großen Baubetriebe. Sie wollen wegreißen und neu beginnen.

Das hat zur Folge, daß man diejenigen, die in den abzureißenden Häusern wohnen, wegschaffen muß. Dafür hat man, als die Kahlschlagsanierung in Blüte stand, am Rande der Stadt Trabantenstädte gebaut. Die Stadtreparatur läßt die Menschen dort, wo sie sind. Sie gibt ihnen keine nagelneuen Kachelbäder und keine große Aussicht, sie bringt die alte Badewanne in Ordnung und läßt den Mietern den Blick aus dem Fenster, den sie kennen. Das ist ihr Prinzip: sowenig wie möglich ändern. Die alten Straßen dürfen bleiben, wie sie sind. Man will ein wenig besser in ihnen wohnen, man kann das auch erreichen, da ist immer ein Spielraum; aber im großen und ganzen soll auch die Wohnung bleiben, wie sie ist. Wer die Stadt reparieren will, ist nicht „nach neuen Dingen begierig" (wie Caesars Gallier); er hat Respekt für das, was da ist.

Auch das wirkt auf unsere dem raschen Wandel aufgeschlossenen Gemüter zunächst befremdend. Als man anfing, Kreuzberg zu „entdecken" – zuerst die Luisenstadt, natürlich, viel später erst SO 36 –, da suchte man nach Gründen, warum man dieses Kreuzberg erhalten wollte, und man fand sie: man wollte das Kreuzberger *Milieu* erhalten. Man hat allerdings die Kreuzberger selbst nicht gefragt, ob sie in ihrem Milieu einen Wert erblicken. Und hätte man es getan, hätte man erst einmal entscheiden müssen, ob man das alte Kreuzberg meint, das Kreuzberg der Kleinindustrie in den Höfen oder das neue, wo sich viele Türken niedergelassen haben. Nur das alte, übrigens, hat etwas mit den Straßen von Kreuzberg zu tun. Sie wurden allerdings nicht für die Menschen gebaut, die sich in ihnen niederließen, ich meine, man hat diese Urkreuzberger auch nicht gefragt, ob sie solche Wohnungen haben wollten. Sie mußten sie halt nehmen. Der Begriff Milieu ist vieldeutig, er ist fragwürdig; wenn wir, die gern von Kreuzberg sprechen, aber nicht dort wohnen wollen, ihn gebrauchen, ist er zudem herablassend: das Milieu als etwas Malerisches. Wenn von der Erhaltung von Stadtquartieren aus dem vorigen Jahrhundert die Rede ist, müssen wir unterscheiden zwischen *unserem* Wunsche, einen Stadtteil zu erhalten, der *für uns* beinahe exotisch ist, Zeugen der Stadtgeschichte nicht verschwinden zu lassen: einem Wunsch ähnlich dem, der uns veranlaßt, „Baudenkmäler" zu bewahren – und den Wünschen der Leute, welche in diesen Häusern und Straßen wohnen.

Man mußte diejenigen fragen, die nicht an Baudenkmäler denken, sondern an ihre eigene Gewohnheit, Bequemlichkeit, Neigung. Das hat die Gruppe der IBA getan, die sich mit Stadtreparatur beschäftigt, und sie hat sich gehütet, in ihre Fragen so gebildete Begriffe wie „Baudenkmal", „Milieu" oder gar „Geschichte" einzuschließen. Man hat die Mieter in Kreuzberg einfach gefragt, ob sie es vorziehen zu bleiben, wo sie sind, und ihre alten Wohnungen verbessern zu lassen oder lieber wegzuziehen, hinaus in die neuen Viertel mit den gekachelten Bädern und dem weiten Blick. Die Frage ist eindeutig, so war die Antwort: Man wollte bleiben. Nun gut, sagten die IBA-Leute, dann müßt ihr mittun. Das Mittun aber hat einen passiven und einen aktiven Teil. Der passive besteht im wesentlichen darin, die Unbequemlichkeiten auf sich zu nehmen, welche den Bewohnern während der Reparaturarbeiten zugemutet werden müssen; das mag sogar bedeuten, daß man eine Weile umziehen muß – aber nur nach nebenan. Der aktive Teil fing damit an, daß die Bewohner sagten, was sie wollten und was sie nicht wollten.

Dies aber ist nicht mehr als der Einstieg in die Mitarbeit. Er betrifft nur Fragen, welche die einzelnen Mieter angehen. Man kann aber Stadtreparatur nicht erfolgreich betreiben, wenn man nicht auch die Fragen anschneidet, welche die ganze Gruppe von Mietern angehen: in einem Hause, in einer Straße, im Kiez. Man muß also Gruppen bilden, vielmehr, man muß die Bildung von Gruppen anregen oder Gruppen, die sich gebildet haben, als Partner anerkennen. Man ist in unserer Gesellschaft nicht daran gewöhnt, an Entscheidungen teilzunehmen, welche das Wohl und Wehe einer Gruppe betreffen. Man hat diese Entscheidungen delegiert. Man nennt das die parlamentarische Demokratie. Eine große Hilfe aber auf dem Wege, die Menschen selbst zum Sprechen zu bringen, waren die Hausbesetzungen. Hausbesetzer sind aktiv. Sie nennen sich ja auch Instandbesetzer. Und die Instandsetzung betraf niemals nur Reparaturen am Ofen, am Ausguß, an den Deckenbalken, sie betraf auch, zum Beispiel, die neue Nutzung eines Hofes, für ein Café etwa oder für eine Kita. Solche Vorschläge wirkten anregend. Man braucht schließlich nicht von außen zu kommen, als Besetzer, um Fragen zu stellen, welche alle gemeinsam angehen. Im Grunde hätten die, welche im Hause wohnten, das besser getan; aber sie haben es oft nicht getan, und die Besetzungen brachten den Stein ins Rollen.

Stadtreparatur hat auch etwas mit wohnpolitischer Erziehung zu tun, straßenpolitischer, kiezpolitischer, stadtpolitischer Erziehung; sagen wir einfach: politischer Erziehung, wobei ich das Wort „Erziehung" gleich wieder wegtun möchte; denn Erziehung ist wieder etwas Passives – für den, der erzogen wird. Es zeigte sich aber nach den ersten – zugegeben – „erziehenden" Eingriffen – besser Anregungen –, daß die Mieter anfingen, an der Sache Gefallen zu finden; daß sie anfangen, ihre eigene Sache wahrzunehmen, daß sie sehen, daß man in einer Demokratie nur einen Teil der eigenen Sorgen und Hoffnungen delegieren darf; den größeren Teil jedoch und den nächstliegenden muß man selbst wahrnehmen. Hier aber möchte ich weitergehen und sagen: nicht nur den nächstliegenden Teil, nicht nur das, was Bett und Tisch und Ausguß betrifft – und dann Café und Kita; auch die „höheren" Fragen der Politik kann man nicht von vier zu vier Jahren delegieren und meinen, das sei Demokratie. Ohne Zweifel hat die neue Gewohnheit, an Entscheidungen mitzuwirken, die uns betreffen, dazu beigetragen, daß jetzt die Bürger auf die Straße gehen, um für die Erhaltung zu demonstrieren und gegen die Vernichtung; daß man auch zwischen den Wahlen politisch denkt und handelt.

Sagen wir am Schluß kurz, was Stadtreparatur ist und was sie nicht ist. Sie hat nichts zu tun mit der künstlerischen Gestaltung der werdenden Stadt; sie hat auch nichts zu tun mit der Frage, ob die Straßen und die Häuser, die man durch Reparatur erhalten will, besonders schön sind, geschichtlich etwas bedeuten, Dokumente darstellen. Das ist, bestenfalls, Nebensache. Stadtreparatur will das, was noch brauchbar ist, weiter benutzen. Sie macht dafür große Anstrengungen, sie bringt und fordert Opfer. Sie tut das, weil sie partout nichts Brauchbares wegwerfen will. Das scheint mir in der Wegwerfgesellschaft, in die die großen Interessen unsere Gesellschaft verwandelt haben, entscheidend zu sein. Stadtreparatur lehrt uns, wieder pfleglich mit den Dingen umzugehen.

Ferner: Stadtreparatur kann nur arbeiten, wenn die Betroffenen – ein schreckliches Wort! –, wenn die, sage ich, die es angeht, sich an den Entscheidungen beteiligen, die ihr Haus betreffen, ihre Straße, ihren Kiez, die Stadt. Das führt zusammen, da wird gemeinsam beraten und gehandelt. Das wirkt aber auf unser gesamtes Verhalten in der Demokratie, das macht unser Verhalten demokratisch. Gegenwärtig befinden wir uns der Frage gegenüber, ob man am Ende, wenn anders das nicht zu bewahren ist, was man die Werte nennt, die letzte Möglichkeit ins Auge fassen muß: die Welt abzureißen. Die Frage, heißt es, betreffe uns zwar, sie gehe uns aber nichts an; zwischen den Wahlen sei sie bei unseren frei gewählten Vertretern hinlänglich gut aufgehoben. Wir denken nicht so, wir mischen uns in unsere eigenen Angelegenheiten ein! Wir wollen Weltreparatur.

Artikel, erschienen in: Senator für Bau- und Wohnungswesen Berlin (Hrsg.): *Idee, Prozeß, Ergebnis. Die Reparatur und Rekonstruktion der Stadt.* Berlin: Fröhlich & Kaufmann 1984, S. 48–53.

Sir John Soane, Wohnhaus des Architekten in Lincoln's Inn Fields, London, 1812–13.

Palladios Wirkung in Europa

Mein Thema ist die Geschichte einer Wirkung. In Deutschland ist Palladios Wirkung ein Novum: hier ist er nicht noch aktuell und nicht wieder, er ist es gegenwärtig zum ersten Male. Ich will jedoch nicht sagen, daß er niemals auf den deutschen Geist eingewirkt habe. Goethe ist ihm 1786 in Vicenza und Venedig begegnet und hat einen starken und nachhaltigen Eindruck empfangen. Hiervon wird später die Rede sein. Daß Goethe überhaupt nach Vicenza gegangen ist, zeigt, daß man um jene Zeit in Deutschland immerhin etwas von Palladio gewußt hat. Gewiß, Knobelsdorff hat etwas von ihm gewußt, des großen Königs Rokoko-Architekt wider Willen. 1786 ist, könnte man sagen, der europäische Augenblick der Wirkung Palladios; die Revolution zog herauf, die eine europäische gewesen ist, nicht nur eine französische. Damals hat Weinbrenner ihn kennengelernt, ein deutscher Revolutions-Architekt. Bis dahin aber blieb Deutschland von dem Phänomen Palladio seltsam unberührt. Und in der Architektur blieb es auch damals und auch nachher unberührt von Palladio. Wenn Schinkel, ein Menschenalter später, an die Antike dachte, war das nicht mehr die römische Architektur, die bis ins letzte Drittel des achtzehnten Jahrhunderts hinein *die* antike Architektur gewesen war; er dachte an die Griechen. Darum hat er sich wenig um die Renaissance gekümmert, also auch um Palladio nicht. Und wie stand es in Deutschland mit einer Wirkung Palladios auf die Architektur vor jenem europäisch-revolutionären Augenblick, in dem Goethe ihm begegnet ist?

Gehen wir bis in Palladios Zeit zurück. Man spricht von einem deutschen Renaissancestil; aber vielleicht war das kein Stil, vielleicht war es mehr so etwas wie eine Mode. Gewiß, das Rathaus von Augsburg ist eine Schöpfung der Architektur. Es ist nicht, wie das Rathaus von Rothenburg ob der Tauber, ein mittelalterliches Giebelhaus, das mit den Formen des neuen Stils ausstaffiert ist. Aber versuchen Sie, sich das Rathaus von Augsburg in Italien vorzustellen, und Sie werden finden: das geht nicht. Deutschland besitzt einen einzigen Palazzo: den Fürstenhof in Wismar (1553/54). Dehio schreibt, der unbekannte Baumeister dieses Fürstenhofes habe oberitalienische Palazzi studiert und sich sogar ein Gefühl für italienische Proportionen erworben, darin unter den Deutschen ein seltener Vogel. Ich möchte sagen, ein Unikum. Am Ende ist er gar ein Italiener gewesen; es sollte mich nicht wundern. Denn in Deutschland hat eine Renaissance im eigentlichen

Sinne nicht stattgefunden. Darum ist die Geschichte der Wirkung Palladios in Deutschland so arm. Friedrich Gundolf hat ein Buch geschrieben: *Shakespeare und der deutsche Geist.* Ich erwähne es, denn es ist die klassische Geschichte einer Wirkung. Er zeigt darin, wie der deutsche Geist über die barocke Komödie, über Lessing–Herder–Goethe bis zu den Romantikern sich selbst an der Berührung mit Shakespeare stufenweise gefunden hat, wie er an diesem fremden Einfluß immer wahrer geworden ist. Was Deutschland angeht, werden wir eine solche Wirkungsgeschichte Palladios nicht geben können. Es hat keine Renaissance gehabt, bestimmt nicht in der Architektur. Das siebzehnte Jahrhundert war noch mittelalterlich bestimmt, das achtzehnte schon barock und, wie wir wissen, extrem barock. Mein verehrter Lehrer Hans Poelzig hatte recht, als er sagte: „Alle deutsche Kunst ist mehr oder weniger barock, kraus, ungerad, unakademisch, von der romantischen Zeit über die deutsche Gotik bis zum Rokoko."

Er fand das gut. Er fand auch den deutschen Widerstand gegen den normativen Anspruch der klassischen Kunst gut, der sich gelegentlich geltend machte, nur war er ihm nicht stark genug: „Immer wieder aber wurde der Faden abgerissen durch fremde Invasionen von Westen und Süden her, und erst in der Spätkunst aller Stile fanden die Deutschen zu ihrer eigenen Art zurück, die den Franzosen und Italienern barbarisch erschien." Ein Zurückscheuen vor der Überfremdung durch die Form, Ablehnung der Form als Wert. Das ist auch der Grund des Angriffes Hugo Härings auf Le Corbusier, den Formkünstler, den Romanen.

Diese Ablehnung hat eine große Tradition, welche über die deutsche Romantik bis zu Herder zurückreicht. Und es wäre ein Irrtum zu meinen, sie habe im Dritten Reich nicht existiert, weil die offizielle Kunst des Dritten Reiches die klassische Formel vorzog. Sie hat weitergelebt, ich meine, sie hat stark weitergelebt. Ein Spaßvogel hat gesagt: „Wollten die Deutschen einmal etwas weniger von ihrem Barock und mehr von Palladio wissen wollen, es stünde besser um den Frieden der Welt." Und wie jedes Bonmot enthält auch dieses ein Körnchen Wahrheit. Dies, auf jeden Fall, ist wahr: in Deutschland hat es eine Wirkungsgeschichte Palladios nicht gegeben, der deutsche Geist in der Architektur hat sich nicht an ihm entwickelt, nicht einmal durch Widerstand, wie das in England im neunzehnten Jahrhundert geschehen ist.

In England hat es eben das gegeben, was in Deutschland so gut wie ausgeblieben ist: eine Rezeption Palladios in – mindestens – zwei Stufen und eine leidenschaftliche Ablehnung Palladios im neunzehnten Jahrhundert, eine Reaktion, die, ebenso wie die Rezeption, aus der Entwicklung der englischen Architektur nicht wegzudenken ist. Zunächst dies: England hat eine Renaissance gehabt. Zwar gibt es auch hier eine erste Phase, die man Tudor Renaissance genannt hat oder elisabethanische, die wohl auch nicht wesentlicher war als die Stilversuche in Deutschland und den Niederlanden. Es kommt allerdings schon auf dieser Stufe zu einer bemerkenswerten Entwicklung. Den großen Landsitzen, die damals gebaut werden, wird die Symmetrie aufgezwungen, und das war wirklich eine gezwungene Symmetrie; denn diese Häuser, die englischen Manor-Häuser, eigneten sich denkbar schlecht für Symmetrie und Komposition. Sie waren nicht komponiert, vielmehr fügten sich zu beiden Seiten des Hauptraumes, der Hall, weitere Räume an, je nach Bedarf. Das war keine Komposition, das war eine Addition von Räumen. Im neunzehnten Jahrhundert, als man von Palladio und allem, wofür er stand, nichts mehr wissen wollte, ist man auf diese Manor-Häuser zurückgekommen und sagte, sie seien gewachsen. Diese elisabethanische Symmetrie schafft merkwürdige, recht unlogische Gebilde, wie Longleat und Wollaton Hall. Und doch bedeutet dieser Hang zur Symmetrie etwas, er spricht von einer Gesellschaft, die weltlicher gesonnen war als die deutsche, vielleicht hatte sie bessere Manieren. Sie hatte ein großartiges Theater, auf dem es neben Shakespeare so radikale Dramatiker gab wie Christopher Marlowe, dessen Teufel dem Faust auf seine Frage, wo die Hölle sei, die Antwort gibt: „Hier! Wo ich bin, da ist die Hölle." In Deutschland gab es einen gelehrten Humanismus. Es gab nicht Stücke, in denen die antiken Helden und Götter immerfort vorkamen, es gab kein Gedicht genannt „Venus und Adonis".

Indessen war dies alles noch nicht genug, um die echte Renaissance in England als Architektur Wirklichkeit werden zu lassen. Das geschah erst nach dem Regierungsantritt des Hauses Stuart, nach 1600 also. Damals brachte ein Bühnenbildner, Inigo Jones, die Renaissance aus Italien mit. Jones war zweimal dort gewesen, er hat Palladios *Quattro Libri* besessen – sein Exemplar existiert noch, mit Anmerkungen und Skizzen vollgemalt. Als Jones 1614 zum zweiten Male aus Italien zurückkam, war er Architekt, baute er The Queen's House in Greenwich (1616 begonnen). Er hat aber nicht aufgehört, Theaterdekorationen und Kostüme zu zeichnen. Was er ausstattete, waren *masques*, man könnte das allegorisches Ballett nennen. Eine *masque* der Zeit ist uns gut bekannt, die im vierten Akt des *Tempest*. Eine etwas förmlich-höfische Angelegenheit. Es ertönt sanfte Musik, Prospero, der Zauberer, legt den Finger an die Lippen: „No tongue. All eyes. Be silent." Es erscheinen Iris, Ceres, Juno, um dem jungen Paare ihre Wünsche darzubringen. Man merkt deutlich, daß Shakespeare hier, am Ende seiner Karriere, einer Mode nachgibt. Vielleicht hängt es damit zusammen, daß er sich nach dem *Tempest* von der Bühne zurückgezogen hat, denn man spielte nun in geschlossenen Räumen Theater, und ein Stück, das auf sich hielt, mußte eine *masque* haben. Die im *Tempest* war noch anspruchslos. Was aber eine echte masque gewesen ist mit allem Brimborium, erfährt man aus den Anweisungen zu der letzten, die Inigo Jones 1640 inszeniert hat, der Apotheose des Königs Karls des Ersten – es war zugleich seine Götterdämmerung. Es heißt da: „Vom höchsten Himmel senkt sich eine Wolke auf die Bühne herab; in ihr erscheinen acht Personen, kostbar gekleidet, welche die himmlischen Sphären darstellen. Zwei andere Wolken kommen ihnen entgegen, aus ihnen tönt volle Musik (...). In diesem Augenblick öffnen sich über den Wolken die Himmel, und Scharen von Göttern werden sichtbar. Der Himmelsprospekt oben und unten der Chor erfüllen die ganze Szene mit wunderbaren Erscheinungen und mit Harmonien."

Ich glaube, Sie erkennen den Zusammenhang, in dem diese zweite, die echte Renaissance in England ihren Einzug hielt. Es lag nicht lediglich an Inigo Jones, einem Bühnenbildner. Jones war der Mann des Stuart-Absolutismus, die Truppen des Parlaments haben ihn dann auch im Bürgerkrieg gefangengenommen, es geschah ihm aber weiter nichts. Der Stuart-Absolutismus brachte die Renaissance; ich will allerdings nicht sagen, daß die Gesellschaft unter Elizabeth nicht schon bereit gewesen wäre, sie aufzunehmen. Zur Renaissance aber gehört die Auseinandersetzung mit der Antike. Das ist etwas anderes als die Übernahme schlechtverstandener Säulenordnungen, und konnte man die Antike in klarerer Form dargestellt sehen als in den *Quattro Libri*? In ihnen aber sieht man neben römischen Gebäuden die Villen und Paläste des Vicentiners. Nicht nur neben ihnen: in inniger Verbindung mit ihnen. Palladio hat sich als den Vollstrecker der Antike gesehen. Aber für den Mann aus England bedeutete Palladio mehr als die römische Architektur; denn seine Paläste und Villen entsprachen modernen Bedingungen, sogar dem englischen Klima konnte man sie anpassen. So entsteht das Queen's House als ein englischer – sehr englischer – Palazzo Chiericati. Sehr englisch und doch aus einer anderen Welt.

Im Kensington Palace steht ein Modell von Whitehall. Es zeigt den Zustand dieses Teiles von Westminster zu dem Zeitpunkt, als Inigo Jones' Banqueting Hall, gedacht als kleiner Teil eines gigantischen Palastes, gerade gebaut war. Zwischen den bräunlichen Fachwerk- und Ziegelhäusern erhebt sich der weiße Steinpalast wie ein Ding von anderer Dimension und Haltung. Der Vergleich mit einem Gebäude von Le Corbusier drängt sich auf, etwa mit dem Hause der Heilsarmee inmitten der Slums der Rive Gauche: ebenso fremd, neuartig und anspruchsvoll wirkt die Banqueting Hall in ihrer Umgebung.

Inigo Jones hat sich aber nicht nur von Palladio inspirieren lassen, man darf ihn keinen Palladianer nennen wie die Architekten, die hundert Jahre nach ihm auftraten. Sicher war für ihn Palladio der Meister, aber er hat auch aus anderen Quellen getrunken. Als Supervisor der königlichen Bauverwaltung muß er einen großen Einfluß gehabt haben; übrigens war er ein sehr arroganter Mann – Ben Johnson stellt ihn als solchen in einem seiner Stücke auf die Bühne. Wie weit sein Einfluß reichte, ist indes schwer zu sagen. Es wurden zu seiner Zeit noch einige große und viele kleinere Häuser gebaut, die so aussahen, als sei nichts geschehen. Wir wissen von wenigen Architekten, die ihm folgten. Weder der Bürgerkrieg war der Ausbreitung seiner Gedanken günstig, noch die Restauration der Stuarts. Christopher Wren und seine Schule kommen vom französischen Barock her, ein wenig sogar vom italienischen (Bernini). Und doch hat Jones' Architektur eine langanhaltende Wirkung gehabt. Sein Doppelhaus in Lincoln Inn Fields ist der Prototyp der Reihenhäuser geworden, welche unter den Georges, den Königen aus dem Hause Hannover, und bis tief ins neunzehnte Jahrhundert hinein den Straßen der englischen Städte ihr Gepräge gegeben haben. Lindsey House hat ein Sockelgeschoß, über dem eine große Ordnung von Pilastern das piano nobile und das Schlafzimmergeschoß zusammenfaßt. Die „Georgian" genannten Reihenhäuser haben fast immer die Pilaster fortgelassen, aber die Organisation der Fassade in Sockel und Ordnung bleibt ablesbar: eine leicht zu erfassende, leicht allgemeingültig zu machende Norm. Und so ist das eine palladianische Wirkung, denn das achtzehnte Jahrhundert hat Palladio als den Mann der Norm verstanden.

Die Stuart-Rezeption, Inigo Jones, ist die erste Rezeption Palladios in England: kein Palladianismus und eben darum erfreulich. Jones war ein Architekt von großer Originalität, er hat Regeln akzeptiert, er hat auch Regeln aufgestellt, aber er hat den Palladio nicht auf Flaschen gezogen. Und Lindsey House, das Gebäude mit der lange dauernden Nachwirkung, hat in seinem Werk keine große Bedeutung. Lassen Sie mich eine seiner Regeln zitieren. Ich meine, sie ist bezeichnend für seine Auffassung und die seiner Zeit. Er vergleicht ein Haus mit einem wohlgesitteten Mann:

> „Ein verständiger Mann bewahrt, wenn er sich in der Öffentlichkeit befindet, äußerlich ein gesetztes Gebaren, in seinem Inneren jedoch brennt das Feuer der Phantasie, und manchmal bricht es durch, wie es oft die Natur selbst in unbändigem Drange tut."

Das heißt, ein Haus solle außen „männlich und schlicht" wirken, wie er das einmal genannt hat, die Räume aber dürfen ruhig reich geschmückt sein, und es mag geschehen, daß an einer bedeutenden Stelle der innere Reichtum „durchbricht".

Wenn wir uns nun mit den Palladianern des frühen achtzehnten Jahrhunderts beschäftigen, der Gruppe von Architekten um Lord

Burlington, den prominenten Whig, Förderer der Baukunst – wahrscheinlich war er selbst als Architekt tätig –, so möchte ich gleich vorausschicken, daß auch diese Architekten sehr englische Häuser gebaut haben und sehr reizvolle. Trotzdem ist es wahr, daß bei ihnen Palladio in stärkerem Maße zum Prinzip erhoben wurde als bei Jones, der übrigens auch wieder zu Ehren kam.

Ein Whig ist ein Liberaler. Sie kennen ja die beiden Parteien Tories und Whigs im britischen Parlament. Der Palladianismus ist whiggisch, das heißt aufgeklärt, fortschrittlich, rationalistisch. Gegen die barock gruppierten Gebäude eines Vanbrough – Blenheim Castle – stellten diese Architekten einzelne, klar definierte Körper, durch leichte Kolonnaden mit Nebengebäuden verbunden. Diese Kolonnaden ersetzen nicht die barocken Flügelbauten, schaffen keinen Hof, definieren keinen Raum. Der Palladianismus ist eine der frühesten Manifestationen einer körperlichen, beinahe könnte man sagen, einer antiräumlichen Architektur. Sie steht am Anfang des Weges, den Emil Kaufmann in seinem klassischen Buche *Architecture in the Age of Reason* dargestellt hat und der zu einer immer stärkeren Selbständigkeit der einzelnen Körper in einem gruppierten Bau führt. Selbstverständlich konnte man diese Art zu bauen von Palladio lernen, und Palladio selbst hat sie bereits antibarock gemeint. Bei ihm dienten die Nebengebäude der Landwirtschaft. In den zwei oder vier Seitenpavillons eines englisch-palladianischen Hauses gab es wohl auch Ställe – für Reitpferde, nicht für Ackergäule –, es gab in ihnen Remisen für Kutschen, man hat aber auch Räume anderer Art in diese Pavillons hereingepackt: die Küche, die Kapelle, einen Musiksaal. Da entstanden seltsame Gleichwertigkeiten etwa zwischen Küche und Pferdestall, und die Landhausarchitekten des späten neunzehnten Jahrhunderts, die Anti-Palladianer, besonders aber Hermann Muthesius, ihr Interpret, haben sich nicht wenig darüber mokiert.

Mokiert haben sich bereits einige Zeitgenossen, Rationalisten, die rationalistischer waren als die Gruppen um Lord Burlington. Alexander Pope schrieb ihm:

„Yet shall, milord, your just, your noble rules
Fill half the land with imitating fools?"

Denn man hatte die Rotonda allzu genau nachgeahmt, einer von Burlingtons eigenen Architekten tat es, Colen Campbell, in Mereworth; und William Kent hat es getan, wenn auch weniger genau, dafür aber in Chiswick House, Burlingtons eigenem Hause bei London. Wohnen konnte man in einem solchen Hause nicht, zum Wohnen war es wohl auch zum wenigsten da; und in Chiswick steht ein Wohnhaus bescheiden neben dem Kunsthaus. Es sieht fast aus, als habe Burling-

Richard Boyle Burlington und William Kent, Chiswick House, London, begonnen ca. 1720.

ton den Rat befolgt, den Lord Chesterfield, ein anderer Whig, einem Freunde, dem General Wade, erteilt hat: er möge sich ein bequemes Lokal seinem Hause gegenüber beschaffen, damit er dessen Schönheit in Ruhe genießen könne. So hat ja dann auch Goethe die Rotonda selbst „wohnbar, nicht wöhnlich" genannt; aber sie sollte ja auch nicht „wöhnlich" sein.

Von Palladio nahmen die englischen Architekten die Gruppierung, von ihm nahmen sie im Hauptbau die Hervorhebung der mittleren Zone mit ihren quasi öffentlichen Räumen durch eine größere Breite und durch den Portikus, der ihre Bedeutung ankündigt. Es war eine gebildete Architektur. Man begab sich – über Palladio – wieder bei den Römern in die Schule, was die höfischen Architekten, die Barock-Architekten, nicht getan hatten – wie man meinte. Das Kupferstichwerk, in dem Colen Campbell seine eigenen Häuser und die anderer palladianischer Architekten darstellte, nannte er „Vitruvius Britannicus" (1715). Das scheint mir sehr bezeichnend. Man war authentisch, die anderen waren es nicht. Man war auch authentischer, als Inigo Jones gewesen war, man hielt sich enger an Palladio und an die Römer, die Palladio in den *Quattro Libri* übermittelt hatte. Die Gefahr, allzu wörtlich genommen zu werden, ist immer groß, wenn ein Meister sich selbst als einen Vollstrecker der großen Architektur darstellt. In Wahrheit ist Palladio ein Pragmatiker gewesen, wahrscheinlich, weil er mußte. Aber man hat nicht den Eindruck, daß er unter den Beschränkungen sehr gelitten hat, welche die Praxis ihm auferlegte. Die Herren, die sich auf der Terra Ferma Häuser bauten, waren Gutsbesitzer, also brauchten sie Gebäude für die Wirtschaft.

Das Wort Villa bedeutet Landgut, das Haus darin ist eine *fabbrica in villa*. Nun gut, so brauchte man Ställe, man brauchte Remisen. In einigen Häusern war sogar das Obergeschoß des Hauses selbst nicht zum Schlafen bestimmt, sondern für das Lagern von Heu. Palladio hat herrliche Gruppen daraus gemacht. Die Engländer haben die Art übernommen, wie er gruppiert hat, aber als abstrakte Form und Formel, und Leute wie Muthesius hatten schon recht, wenn sie auf die vielen Ungereimtheiten hinwiesen, die da entstanden sind. Die Palladianer wollten Authentizität, und sie wollten Regeln. Palladio hat nicht nur sich selbst zusammen mit der Antike dargestellt, er hat auch die antike Architektur mit einer Theorie ausgestattet.

Er hat sie nicht erfunden, wenigstens nicht in allen Stücken. Er hat sie handlich zusammengefaßt. Vieles konnte er bereits bei Leon Battista Alberti finden. Die Quintessenz aber dieser Theorie ist, daß der Baumeister ebenso schaffen solle wie der Weltbaumeister, nämlich vernünftig-natürlich. Eben diesen Punkt haben die Whigs des achtzehnten Jahrhunderts noch verstärkt und verdeutlicht. Der Gedanke gefiel ihnen sehr gut, daß Gott die Welt mit Vernunft geschaffen habe, dies eben meinten auch sie. Diese Vernunft aber war auf Mathematik gegründet. Die Kugel ist die Weltfigur – Palladio hat nicht wenig von dieser „ritondità„ der Welt – und der idealen Architektur gesprochen, obwohl es ihm nicht einmal vergönnt war, eine echte Zentralkirche zu bauen – auch die kleine Kirche in Maser ist das nicht ganz. Die Proportionen, das heißt die Zahlenbeziehungen zwischen den Teilen eines Bauwerks, sind gottgegeben, sie sind beileibe nicht Rezepte zur Herstellung guter Architektur. Rudolf Wittkower hat uns über diesen Punkt belehrt und auch darüber, daß Palladio die Proportionen durchaus in diesem quasi religiösen Sinne verstanden hat. Es ist einzusehen, daß die höchste Weisheit – Gott, Natur – disponiert, auch, daß sie komponiert. Und sollte einer daran zweifeln, daß sie die Symmetrie anderen Anordnungen vorzieht, so braucht er nur einen Blick auf die Geschöpfe zu werfen: von der Blume bis zum Menschen sind sie alle symmetrisch. Wir tragen unseren Magen nicht außen – ein schlüssiges Argument gegen die strenge Lehre des Funktionalismus und Härings „Leistungsform".

Aber nicht nur die Weltform, die Kugel, hat Palladio nicht schaffen können; und er erkennt an, daß das christliche Kreuz als Form der Kirche doch auch sehr gut sei. Am nächsten ist er seinem Ideal in der Rotonda gekommen, und es ist kein Zufall, daß er sie in den *Quattro Libri* nicht zusammen mit den anderen Villen darstellt. Denn sie ist keine Villa, mit Landwirtschaft hat diese gar nichts zu tun. Und wenngleich sie nicht rund ist, enthält sie Rundraum und Kuppel in der Mitte, und von allen vier Seiten tritt man dort ein. Darum ist dieses Haus so überzeugend, es ist Architektur um der Architektur willen – oder um Gottes willen –, wenngleich ich auch die Rotonda nicht „zweckfrei" nennen möchte. Denn das gibt es ja nicht, eine zweckfreie Architektur, so wenig wie es eine zweckbestimmte Architektur geben kann. In Palladios Werk gibt es mehrere Villen, die an die Rotonda stark erinnern. Im achtzehnten Jahrhundert aber ist sie ein Begriff geworden, beinahe ein Stempel.

Auch hat Palladios Art zu arbeiten sich gewandelt, als er älter wurde. Mir scheint, er habe sich weder dem Manierismus noch dem aufkommenden Barock völlig entziehen können – ebensowenig wie Shakespeare sich der *masque* entziehen konnte. Er besitzt das, was man einen Spätstil nennt (Loggia del Capitanio). Das mochte das achtzehnte Jahrhundert nicht anerkennen. Ihm vertrat ein Mann einen Begriff, mit seiner eigenen Freiheit gab man sich nicht ab. Der Begriff des Vernünftig-Natürlichen aber, den Palladio für das achtzehnte Jahrhundert vertrat – und dem der andere Begriff, der des Authentischen, nicht widersprach –, hat auch bewirkt, daß die Palladianer den hierarchischen Barockpark durch den künstlich-natürlichen ersetzten, den man dann auf dem Kontinent den englischen Garten genannt hat.

Chiswick House besitzt nur nach der Straße hin einen Vorgarten als kurze formale Einleitung. Der Körper des Hauses steht in der „Natur". Und diese „Natur" ist die Schöpfung desselben Architekten, William Kent, der dieses streng palladianische Haus geschaffen hat. Die Verbindung von landschaftlichem Garten mit architektonisch komponierten Gebäuden hat lange gelebt, bis in die Schriften des deutschen Gartentheoretikers Hirschfeld (um 1775).

Die Theorie war also wichtig. Erst die zweite Renaissance in England verwirklichte die für die Renaissance typische geistige Haltung: eine Verbindung von Vorbild, Ratio und Blick nach vorn. Die Theorie spielte auch eine bedeutende Rolle in der einzigen französischen Architektur, die mit Palladio etwas zu tun hat, der Revolutionsarchitektur der Boullée und Ledoux. Denn weder der französischen Renaissance sieht man den Einfluß Palladios an, noch dem französischen Barock. Wie die englische Renaissance hat auch die französische mehrerer Anstöße bedurft, sich durchzusetzen. Schon der erste, Philibert Delorme, ist echter als die deutsche und die elisabethanische Renaissance, der zweite, François Mansart und Pierre Lescot, hat eine Architektur produziert, deren Kraft und Originalität nie bezweifelt wurde. Beide hätten ohne Palladio entstehen können. Sicher wird ein Scholar mich hier auf das Berufen französischer Architekten auf Palladio aufmerksam machen wollen; aber sich auf einen anerkannten Meister berufen ist eines, ihn zur Richtschnur nehmen ist etwas anderes, besonders in Zeiten, in denen es noch keine Photographie gab. Eine Auseinandersetzung mit Palladio hat in der französischen Renaissance nicht stattgefunden; sei es, daß die französischen Architekten Palladio nicht nötig hatten, sei es, daß er ihnen nicht sonderlich lag. Ich kann mir vorstellen, daß er ihnen nicht gelegen hat. Im französischen Barock vollends, in Versailles, vermag ich keine Spur eines Einflusses zu entdecken. Das Barock ist immer und überall die Gegenposition. Das gilt sogar für ein so klassisches Bauwerk wie das Grand Trianon.

Etwas anderes ist das Petit Trianon, das Jacques-Ange Gabriel in den sechziger Jahren des achtzehnten Jahrhunderts im Park von Versailles gebaut hat. Es ist oft gesagt worden, daß das etwas mit dem englischen Palladianismus zu tun habe. Nikolaus Pevsner bemerkt dazu trocken: „Weder in der Anlage, noch in den Details lassen sich (...) Hinweise auf die Berechtigung dieser Annahme aufspüren." Er hat ganz recht, und doch ist eine solche Vermutung nicht aus der Luft gegriffen: der eindeutige und ganz als Körper wirkende Kubus, welcher die Betonung der Mitte durch die vier Pilaster gerade noch zu tragen imstande ist, die vertikale Teilung der Fassade in ein Sockelgeschoß und eine auf ihm stehende große Ordnung erinnern beispielsweise an Jones' Lindsay House.

Es ist ein Ton in diesem Haus, der in Frankreich noch nicht erklungen war, man könnte sagen, das Petit Trianon sei ein Vorbote jenes „europäischen Augenblicks Palladios", von dem ich eingangs gesprochen habe. Wenn so, dann ist es die eine Schwalbe, die noch keinen Sommer macht. Der Sommer, die Revolutionsarchitektur, sah auf jeden Fall anders aus als die Schwalbe.

Allerdings, wenn Palladio – oder der Palladianismus – der gemeinsame Nenner ist, könnte das bekräftigt werden durch die Fülle von Variationen auf das Thema „Rotonda", denen man besonders bei Ledoux begegnet. Ich nenne nur zwei: ein Bischofspalais für Sisteron, eine eingeschossige „Rotonda" von befremdenden Proportionen und, wie die Rotonda selbst, nach allen vier Seiten offen – was für einen Bischofspalast ein Unding wäre; und den Entwurf für das Schloß Eguière, der auf den ersten Blick aussieht wie eine „Rotonda", wenngleich ein wenig steil von Gestalt. Aber man blicke nur näher hin, und man wird finden, daß keiner der vier Portiken Eintritt in das Haus gewährt, obwohl zwei von ihnen durch wahre Kaskaden seitlicher Treppen erstiegen werden. Nichts da: man ist oben angekommen und findet keine Tür. Oben, das ist auf einem Felsen, der unvermittelt aus der Ebene aufsteigt und auf dem das Haus steht; aber der Felsen ist durchtunnelt, und unter dem Hause hindurch fließt ein Fluß oder Kanal. Das Ganze wirkt wie eines jener Bilder, unter denen steht: „Was ist falsch an diesem Photo?" – eine vexatorische Architektur, eine Architektur, die Versprechungen macht und sie nicht einlöst. Es war ja Ledoux, der den Ausdruck „architecture parlante" geprägt hat, „sprechende Architektur". Wovon diese spricht, ist nicht zu verstehen, und das Verwirrendste ist, daß sie das Ungereimte gesittet-palladianisch vorträgt. Soll hier Palladio verspottet werden? Aber nein, Ledoux hat ihn verehrt. Seine Einfachheit, seine Reduktion auf das Wesentliche war ihm Axiom, deshalb Ledoux: „Alles, was nicht unerläßlich ist, ermüdet die Augen, beeinträchtigt das Denken und fügt dem Ganzen nichts hinzu."

Wie wahr! Aber wie reimt sich das auf das Absurde der Architektur? Ist es am Ende die alte Ordnung, die verspottet werden soll? – Nicht bewußt, auf jeden Fall! In der Politik ist Ledoux kein Revolutionär gewesen, seine Kunden stammten aus dem Hochadel oder aus dem Adel königlicher Gunst wie Madame Dubarry. Er selbst wurde unterm Schrecken ins Gefängnis geworfen und konnte von Glück sagen, daß er überlebte. Kein bewußter Spott, aber es faßt einen das Grauen beim Anblick dieser vexatorischen Architektur. Sie ist ein bedenkliches Zeichen einer Ordnung, welche taumelt und sich gleichwohl als Ordnung zelebriert. Ein weiter Graben trennt diesen Palladio im Zerrspiegel von der Affirmation der englischen Palladianer und von der harmonischen Freiheit des Petit Trianon.

Palladio, den Architekten, hat man auf diese fatale Art variiert, mit dem Theoretiker dagegen hat man sich ernsthaft beschäftigt, Boullée mehr noch als Ledoux; Boullée, wie zu erwarten, gelegentlich seines Newton-Denkmals, der Weltkugel. Hier, endlich, wird Palladios Forderung erfüllt: der Architekt wird Weltbaumeister, er umhüllt, wie Boullée das ausgedrückt hat, Newton mit sich selbst. Newton: Die Wissenschaft setzt sich hier endgültig an die Stelle der Religion. Boullée hat zum Lobe der Kugel einiges geschrieben, was Adolf Max Vogt in sieben Thesen zusammenfaßt. In ihnen vermittelt die Mathematik zwischen der klarsten Eindeutigkeit und der größten Mannigfaltigkeit. Sprechen wir von dieser, denn die Eindeutigkeit ist offenbar. Boullée sagt, der Kugelmantel sei „so zart und fließend wie nur möglich", und die Abstufungen des Lichts auf dem Kugelmantel seien „unvergleichlich weich, angenehm und vielfältig". Es ist also nicht nur von Begriffen und Abstraktionen die Rede, wie man fürchten durfte, sondern auch vom sinnlich Wahrnehmbaren. Und es ist bemerkenswert, daß diese Sinnlichkeit sich am Abstraktesten inspiriert, an dem, was bei Palladio wirklich reiner Begriff war. Dies scheint mir der rechte Augenblick, um auf Goethe zurückzukommen, dessen Begegnung mit Palladio zeitgenössisch ist mit Boullées Newton-Kenotaph.

Goethe spricht nur vom Baumeister. Die Theorie hat ihn nicht interessiert. Goethe kritisiert Palladios gängige Praxis, die Mauer mit der Säule zu verbinden: „Die höchste Schwierigkeit, mit der dieser Mann, wie alle neueren Architekten, zu kämpfen hatte, ist die schickliche Anwendung der Säulenordnungen in der bürgerlichen Baukunst; denn Säulen und Mauern zu verbinden bleibt doch immer ein Widerspruch. Aber wie er das untereinander gearbeitet hat, wie er durch die Gegenwart seiner Werke imponiert und vergessen macht, daß er nur überredet! Es ist wirklich etwas Göttliches in seinen Anlagen, völlig wie die Form des großen Dichters, der aus Wahrheit und Lüge ein Drittes bildet, dessen erborgtes Dasein uns bezaubert."

Ich will Ihnen hier gleich noch eine Stelle aus diesen Aufzeichnungen lesen. Goethe sagt, er habe beim Betrachten der *Quattro Libri* so manches gefunden, was ihm nicht gelungen schien:

> „Wenn ich nun so bei mir überlegte, inwieweit ich Recht oder Unrecht hätte gegen einen so außerordentlichen Mann, so war es, als ob er dabei stünde und mir sagte: ‹das habe ich wider Willen gemacht, aber doch gemacht, weil ich unter den gegebenen Umständen, nur auf diese Weise meiner höchsten Idee am Nächsten kommen konnte›."

Die Ausdrücke sind Ihnen nicht entgangen, die mir hier wesentlich scheinen: „und vergessen macht, daß er nur überredet", „aus Wahrheit und Lüge", „erborgtes Dasein"; endlich das „wider Willen gemacht, aber doch gemacht". Goethe hat in Palladio den Pragmatiker erkannt. Ich meine, das sei ihm gelungen, weil er sich selbst, „die Form des großen Dichters" in dem anderen zu erkennen meinte, weil er dem Palladio als Künstler begegnet. Bei Goethe büßt Palladio den Anspruch auf Vollkommenheit ein, mit dem seine Anhänger ihn belastet hatten, und erscheint als einer, der dem Vollkommenen, dessen Idee er allerdings im Herzen trägt, bestenfalls sich annähern kann. Goethe hätte hier schon sagen dürfen:

„Das Unzulängliche
Hier wirds Ereignis."

Wir wissen: das Ereignis des Unzulänglichen ist Goethes Generalthema: Unzulänglichkeit als die Bedingung für jeden, der bildend oder handelnd sich einer Vorstellung als Wirklichkeit bemächtigen möchte. Gehen wir aber nun von dieser zu allgemeinen Erwägung zurück zu Palladio.

Palladios Ideal war allerdings die römische Antike, und Goethes Ideal war sie damals ebenfalls. Aber Palladio hat einsehen müssen – und Goethe konnte eben dies nachvollziehen –, daß der Nachlebende immerfort Abstriche machen muß, wenn er die Antike wieder zur Gegenwart machen will. Und wenn ich dies hier sagen darf: wir werden noch erheblich größere Abstriche machen müssen, wenn wir, ich meine, wenn einige unter uns versuchen, den Palladio zur Gegenwart zu machen. Ich glaube, nichts für uns besseres aus seiner säkularen Wirkung ablesen zu können, als den Hinweis darauf, daß jede einzelne Phase dieser Wirkung einseitig gewesen ist und daß der Abstand seiner Bewunderer von ihm ständig gewachsen ist. Denn mehr und mehr verehren sie einen Begriff; aber Palladio war ein Pragmatiker und, täuscht mich nicht alles, einer, dem die Werke, die er nur als Pragmatiker hervorbringen durfte, nicht übel gefallen haben. Gewiß ist er über das Scheitern des Versuches, im Kloster Santa Carita in Venedig die römische Villa wiederherzustellen, wie er sie sah, gewiß ist er über das Fragment, das er davon nur hat bauen dürfen, enttäuscht gewesen, wenn auch wahrscheinlich nicht so enttäuscht, wie Goethe zweihundert Jahre nach ihm darüber war. Er hat sich wohl damit abgefunden und ist zum nächsten Werke geschritten – welches wieder ein Kompromiß sein mußte.

Haben aber seine Anhänger in späteren Jahrhunderten ihn mißverstanden – bis auf den einen, Goethe, der kein Architekt war –, um wieviel mehr haben das seine Kritiker in späteren Jahrhunderten getan! Erlauben Sie mir, die schärfste dieser Kritiken kurz vorzustellen. Sie gehört nicht weniger zur Geschichte seiner Wirkung als die positive Besinnung auf ihn. Wie der Palladianismus war auch diese Kritik ein englisches Phänomen: ganz natürlich so, denn der Palladianismus hat sie zumindest ausgelöst. Die Neugotiker des neunzehnten Jahrhunderts haben Palladio abgelehnt, besonders ihr stärkster Sprecher, John Ruskin. In *The Stones of Venice* steht dieser bemerkenswerte Satz: „Was irgend Beziehung zu den fünf Ordnungen hat oder zu einer von ihnen, was dorisch, ionisch, toskanisch, korinthisch oder komposit, oder in irgendeiner Form gräzisiert oder romanisiert ist; alles, was den geringsten Respekt vor vitruvianischen Gesetzen oder Übereinstimmung mit palladianischem Stil verrät, dürfen wir nicht länger dulden." Diese Ablehnung war nicht weniger gut begründet, als jemals eine palladianische Theorie begründet war. Ruskin lehnte den Dienst an der Vollkommenheit ab, er nannte ihn Sklaverei. Er verglich den antiken Steinmetzen mit dem Sklaven des neunzehnten Jahrhunderts, dem Arbeiter an der Maschine. Beide, sagte er, haben einer unerbittlichen Genauigkeit zu dienen, während der Steinmetz der Kathedrale, der ein jedes Kapitell verschieden formte, frei gewesen sei, seinen schöpferischen Impulsen zu folgen. Wir kennen die breite Wirkung dieser Lehre – von Morris bis Tessenow.

Auch das palladianische Haus in England wurde damals Gegenstand einer produktiven Kritik. Die Architekten der großen Landhäuser, Norman Shaw, Eden Nesfield, beriefen sich gegen das komponierte palladianische Schloß auf eben jene durch Addition von Räumen frei *gewachsenen* Manor-Häuser, welche die Tudor-Renaissance durch Symmetrie annehmbar gemacht und die Renaissance des Inigo Jones schließlich abgelöst hatte. Jetzt *entwarf* man solche „gewachsenen" Häuser, ohne recht zu bedenken, daß man eben dadurch, daß man sie entwarf, das Gewachsene künstlich erzeugen wollte. Dagegen korrigierte man – seltsam genug – die künstliche Natürlichkeit der Palladianer, gab den Landschaftsgarten auf und kehrte zu rechteckigen Gartenräumen zurück. Auch das Landhaus des späten neunzehnten Jahrhunderts hat in die Zukunft gewirkt. Man entdeckte dabei die Grundlagen der Theorie, die man später Funktionalismus nannte: das Planen für Funktionen, das Finden der Form durch Berücksichtigung der Funktion. Auf diese Wirkung allerdings haben erst die Interpreten hingewiesen, jüngere Leute, Lethaby und Muthesius. Dies also gehört bereits zur Geschichte unseres Jahrhunderts.

Denn der Gegensatz zwischen denen, die die bedeutende Form betonen, und denen, die wollen, daß alles Gebaute sich den Vorgängen des Lebens, denen es dient, eng anschmiegen möge, wird auch in unserem Jahrhundert ausgefochten. Nur meine ich, man könne das nicht mehr einen Palladianismus und Anti-Palladianismus nennen. Palladio ist sozusagen aus der Gleichung verschwunden. Colin Rowe hat auf den geheimen Palladianismus bei Le Corbusier hingewiesen:

der Aufriß der Villa in Garches entspricht, wie er gezeigt hat, in den Proportionen und sogar in den Dimensionen dem der Rotonda. Aber Le Corbusier hat das für sich behalten, und unter den großen Einflüssen, die er erwähnt, figuriert Michelangelo, nicht aber Palladio. Man spricht seit einigen Jahren von einem neuen Palladianismus in Italien. Es wäre im Lande Palladios der erste; denn was Goethe in Vicenza und in Padua an Palladio-Verehrung vorgefunden hat, war die Verehrung einer großen geschichtlichen Gestalt; vielleicht war auch etwas Lokalpatriotismus mit im Spiel. Die Wirkungsgeschichte, die wir in flüchtigen Umrissen skizziert haben, spricht von etwas anderem: von der schöpferischen Auseinandersetzung mit Palladio. Ich glaube jedoch, diese Wirkungsgeschichte ist abgeschlossen, denn das Problem der Architektur ist heute ein grundlegend anderes geworden.

Vortrag, erschienen in: *Neue Heimat*, Jg. 28, Nr. 1, 1981, S. 18–29.

Friedrich Gilly, Entwurf für ein Nationaldenkmal Friedrich des Großen, Berlin, 1796. Links Stadttor zum Leipziger Platz.

Friedrich Gilly, Entwurf für ein Nationaltheater am Gendarmenmarkt, Berlin, 1798.

Friedrich Gilly

„Gilly hatte in Elementen eingesetzt: deshalb reichte er hinterher in ganz neuen und ganz ewigen Entwicklungsmöglichkeiten der Baukunst noch über Schinkel weit und geistig hinaus – als der erste moderne Architekt".
Arthur Moeller van den Bruck. 1919

„Zugleich wird hier [beim Friedrichsdenkmal] aber deutlich, wie das an sich starke architektonische Gefühl von den gewaltigen pathetischen Gefühlen der Zeit fortgerissen wird. Die Architektur, die Kunst des strengumgrenzten Raumes, soll jetzt Empfindungen des Universums, grenzenlose Seelenzustände zum Ausdruck bringen. ‹Ich kenne keinen schöneren Effekt›, sagt Gilly, sich in den Tempel seines Friedrichsdenkmals versetzt denkend, ‹als von der Seite umschlossen, gleichsam vom Weltgetümmel abgeschnitten zu sein und über sich frei ganz frei den Himmel zu sehen, abends›. In diesen Jahren beginnt der Untergang des architektonischen Empfindens, aus dem wir uns erst wieder allmählich erheben."
Hermann Schmitz. 1914

Da hätten wir zwei Würdigungen; aus der gleichen Zeit übrigens, der Zeit des Ersten Weltkrieges: einander entgegengesetzte Würdigungen. Und doch ist ihnen einiges gemeinsam: für Moeller wie für Schmitz war es Gilly, der die Überlieferung unterbrochen hat. Für Schmitz steht diese Überlieferung für das architektonische Empfinden schlechthin. 1908 war Paul Mebes' Buch *Um 1800* erschienen, welches, nach den Irrwegen, die das neunzehnte Jahrhundert gegangen war, Anknüpfung an die letzte konsistente – und die erste bürgerliche – Überlieferung verlangte. „Um 1800", das hieß in Wahrheit bis 1830, wenn nicht noch weiter in das Jahrhundert hinein. Der Abfall vom guten Geschmack trat erst später ein. Aber Zeichen der Auflösung begegnen uns vorher, gerade um die Zeit der Jahrhundertwende; und für Hermann Schmitz ist das sichtbarste dieser Zeichen Gillys Friedrichsdenkmal. Für Moeller van den Bruck dagegen ist Gilly derjenige, der über Schinkel – und gewiß über die Jahre der Barbarei, die auf ihn folgten – hinauswies „als der erste moderne Architekt".

Betrachten wir diesen Ausdruck im Sinne der Zeit um 1914: Moderne Architektur, das bedeutete damals in erster Linie Peter Behrens' Werk. Moeller schreibt: „Namentlich Peter Behrens, der es mit den ewigen Gesetzen von Quadrat und Kreis abermals am ernstesten nahm, leitete aus dem Experimente unmittelbar in den Stil über, näherte sich unversehens der Bauweise, die Schinkel, mehr noch die Gilly hinterlassen hatte." Das heißt, Behrens, der wieder dort beginnt, wo Gilly begonnen hat, führt weiter in seinem Sinne und nähert sich unversehens seiner Bauweise an. So aber hätte Schmitz es nicht ausgedrückt. Das Positive an Behrens war für ihn, verstehen wir ihn recht, daß Behrens anknüpfte, und zwar nicht an Gilly, sondern an Schinkel und an die Überlieferung „um 1800" – obwohl zwischen Schinkel und der Überlieferung „um 1800" ein erheblicher Unterschied besteht –, er knüpft wieder an an die Zeit des guten Geschmackes, nicht, wie Moeller wollte, an die Elemente der Architektur. So verschieden sahen diese beiden die moderne Architektur – und so verschieden sahen sie Gilly: dem einen war er Schöpfer, dem anderen Zerstörer. Gemeinsam aber ist beiden Urteilen, daß sie in Gilly den Urheber des Eingriffs sahen, den die Überlieferung um 1800 erlitt.

Uns aber obliegt es zu fragen: war Friedrich Gilly der Mann, der die Überlieferung unterbrochen hat? Wir müssen die Frage genauer stellen: war er es in Preußen? – denn daß er es in Europa nicht gewesen ist, steht außer Zweifel. Wir brauchen nur an die Daten der großen revolutionären Entwürfe zu erinnern. Gillys Friedrichsdenkmal entstand 1796. Die Salinenstadt Chaux von Ledoux wurde seit 1773 geplant.

„Bis 1779", schreibt Günter Metken*, „wurde der untere innere Halbkreis des Planes vereinfacht ausgeführt. Noch im gleichen Jahr wurde die Produktion aufgenommen." Zu den für Chaux entworfenen Gebäuden gehört das Haus des Flußinspektors: eine Röhre, durch welche der Wasserfall des Flusses Loue sich ergießt, das Haus des Reifenmachers, welches aussieht wie eine Kamera. Ledoux' bekanntestes Projekt, das Kugelhaus für die Flurwächter des Marquis de Montesquiou, trägt das Datum 1780. Diese Gebäude wurden rund zwanzig Jahre eher entworfen als das Friedrichsdenkmal. Die „Barrieren" von Paris entstanden seit 1785. Gilly hat sie ohne Zweifel gesehen, als er in Paris war. Boullées geplanter Bau einer Weltkugel zu Ehren Isaac Newtons – „meine Absicht war, dich mit deiner Entdeckung zu umgeben, dich mit dir selbst zu umgeben"– wurde 1784 entworfen. Aus dieser Zeit stammen auch die anderen gewaltigen Abstraktionen Boullées, die Pyramiden und Kegel, welche jede bekannte bauliche Dimension übertrafen. Auch diese Arbeiten also entstanden etwa 15 Jahre vor dem Friedrichsdenkmal.

Niemand hat bezweifelt, daß Gilly Arbeiten dieser Art bekannt

---

* G. Metken, „Die ideale Stadt", in: *Revolutionsarchitektur. Boullée Ledoux Lequeu.* Ausstellung der Akademie der Künste, Berlin 1971.

gewesen sind, bevor er nach Paris kam. Rietdorf* schreibt: „Als er am Friedrichsdenkmal arbeitete, war er für den französischen Einfluß aufgeschlossener als jetzt, wo er durch die Straßen von Paris geht." Womit er einräumt, daß Gilly den französischen Einfluß erfahren hatte, als er am Friedrichsdenkmal arbeitete – und bestimmt auch davor. Dieser Einfluß war für einen, der gegen Ende des achtzehnten Jahrhunderts als Architekt arbeitete – oder arbeiten wollte – unausweichlich, heiße er nun Giuseppe Valadier und arbeite in Rom oder Friedrich Gilly in Berlin. Sein am meisten verbreitetes Vehikel sind wohl die Architekturwettbewerbe der Académie gewesen. Sie wurden laufend veröffentlicht. Auch theoretische Schriften wie die des Abbé Laugier waren hinlänglich bekannt. Goethe hat sich, wie man weiß, mit Laugier schon in Straßburg auseinandergesetzt, als er im Angesicht des Münsters den Hymnus *Von Deutscher Baukunst* schrieb.

In Berlin war nicht allein Friedrich Gilly modern im Sinne der Ideen, die von Paris ausgingen. Auch sein Schwager Heinrich Gentz war es. Gentz hat 1797 einen Wettbewerbsentwurf für ein Friedrichsdenkmal beigetragen, welcher so aussieht, als befinde er sich auf dem Wege zu Gillys Entwurf. Auch Becherer, der Erbauer der alten Börse am Lustgarten, war ein moderner Architekt. Ja, wenn man diese Börse (1801) mit einem der wenigen Häuser Gillys vergleicht, die bis in unser Jahrhundert erhalten blieben (abgerissen 1906), so muß man zugeben, daß die Börse moderner wirkt. Von Architekten in anderen deutschen Städten, welche damals dieser Richtung folgten, nenne ich hier nur Friedrich Weinbrenner in Karlsruhe, weil er derjenige unter ihnen ist, der Gillys Genius am nächsten kommt.

Es ist also nicht ganz richtig, Gilly als den ersten zu sehen – oder gar den einzigen –, der die Überlieferung unterbrochen hat: auch in Berlin ist er das nicht gewesen. Er wirkte dort in einem Kreise von Gleichgesinnten um David Gilly, Friedrichs Vater, den Landbaumeister, der über landwirtschaftliche Gebäude aufschlußreiche Schriften hinterlassen hat, den Praktiker und Konstrukteur – und den Architekten des Schlosses Paretz für Friedrich Wilhelm III. und seine Königin Luise, eines Hauses von bezaubernder Einfachheit: das war ganz gewiß ein „moderner" Bau. David Gilly war 1799 einer der Gründer der Bauakademie, aus der dann, in den dreißiger Jahren, Schinkels und Beuths Bauakademie werden sollte. Viele meinen, das Haus, welches Schinkel der Schule, aus der in den achtziger Jahren die Technische Hochschule hervorgehen sollte, gebaut hat, sei sein bestes Werk. Die moderne Erziehung des Architekten in Preußen ist David Gillys Werk, wurde auf jeden Fall von ihm begonnen. Friedrich Gilly war an dieser

* A. Rietdorf, *Gilly. Wiedergeburt der Architektur.* Berlin 1940.

Schule Professor. Sein Thema war die architektonische Optik. Friedrich Schinkel – er war nur neun Jahre jünger – war sein persönlicher Schüler und wurde der Verwalter seines architektonischen Nachlasses.

Es heißt, daß Schinkel seinen Lehrer als ein höheres Wesen betrachtet hat: er konnte sich ihm nicht ohne Erregung nahen, er habe, sagt man, beinahe gezittert. Schadow hat nach Gillys frühem Tode (1800) gesagt, in Schinkel sei Gilly wiedergeboren, er besitze die gleiche mitreißende Begeisterung. Gilly selbst muß sie in höchstem Maße besessen haben. Der Dichter Wackenroder schrieb an Tieck: „Jede Schilderung ist zu schwach. Das ist ein Künstler! So ein verzehrender Enthusiasmus für die alte griechische Simplizität! Ein göttlicher Mensch!" Das Datum ist 1793, Gilly war damals einundzwanzig Jahre alt.

Dies ist der erste Blick auf die Person Gilly, den wir uns gestatten. Bisher haben wir lediglich davon gesprochen, in welchem Maße seine Wirkung als Architekt eingebettet war in eine allgemein-europäische Strömung. Dies ist der erste Blick auf den Mann, und es scheint angemessen, an dieser Stelle die beiden authentischen Portraits zu zeigen, die wir von ihm besitzen: Schadows Büste des verewigten Jünglings – des ewigen Jünglings –, die gleichwohl Portrait ist, wie man an dem anderen Portrait prüfen kann, das der Maler Weitsch nach dem Leben gemalt hat. Dieses Portrait zeigt ein starkes, ein unendlich bewegtes Gesicht. Es macht das Erstaunen Wackenroders verständlich. Das Erstaunen wirkte nach. Schon bevor man auf das Werk einen Blick geworfen hat, begreift man, warum noch um 1914 bedeutende Kritiker wie Moeller van den Bruck und Hermann Schmitz in ihm allein denjenigen gesehen haben, der für das verantwortlich war, was um 1800 in Preußen mit der Überlieferung geschah. Wir werden sehen, ob – und in welchem Maße – das Werk dieses Urteil bekräftigt.

Gilly hat fünf kurze Jahre gehabt, sein Werk zu produzieren. 1794 traten Arbeiten von ihm zuerst an das Licht der Öffentlichkeit: er stellte Zeichnungen aus, welche er auf einer Dienstreise mit seinem Vater auf der Marienburg gemacht hatte. Von diesen ist nur *ein* Original auf uns gekommen; die anderen, die wir kennen, sind Radierungen von F. Frick nach Gilly, schöne Radierungen: sie sind viel stimmungsvoller als Gillys Zeichnungen. Auch hat Frick die Zeichnungen, wo er es für notwendig hielt, verbessert, da „Herr Gilly… auf die historische Richtigkeit und auf die Details wenig Rücksicht genommen hatte". Wir besitzen – das ist ein glücklicher Zufall – einen Stich von Frick nach Gilly von der Fassade des Kapitelsaales und eine andere Radierung des gleichen Bauteils, welche ganz Fricks Werk ist. Es zeigt sich, daß Gilly den Oberteil des Gebäudes fortgelassen hat. Vielleicht gefiel er ihm nicht, vielleicht meinte er, die Mauermasse oberhalb der tiefen Nischen, welche die Mauer furchen, wirke zu schwer für die beiden zarten Säulen aus Werkstein, welche in der Höhe der Galerie die massiven Pfeiler aus Backstein unterbrechen. In dem Stich nach Gilly sind diese Doppelsäulen das entscheidende Ereignis. Nichts lenkt von der außerordentlichen Wirkung dieser Unterbrechung ab. Es kam Gilly nicht darauf an, ein Portrait der Marienburg zu geben, er wollte die entscheidenden baulichen Tatsachen festhalten oder das, was ihm die entscheidenden baulichen Tatsachen waren: das Phänomen Marienburg.

Wenn man seine Bemerkungen zu den Zeichnungen liest, wird man diesen Ausdruck Phänomen einleuchtend finden. So sagt er über den großen Remter: „Das Gewölbe steigt von jeder Säule gleichsam wie eine Rakete auf." Was die historische Richtigkeit und die Details angeht, welche Frick in den Zeichnungen vermißt, so spricht Gilly in dem gleichen Remter von der Abwesenheit „wirklich schlechter Verzierungen". Wo er solche angetroffen hat, hat er sie fortgelassen, vielleicht auch verbessert. Schon die Skizze „Eingang in den Kapitelsaal" wirkt in den Einzelheiten so wenig gotisch, daß man den Verdacht nicht los wird, er habe, was ihn störte, was nicht zu der phänomenalen Erscheinung des Gebäudes gehörte, bereits prima vista fortgelassen, er habe es, möchte man sagen, nicht gesehen. Was ihn interessiert, sind konstruktive Grundtatsachen. Rietdorf schreibt: „Nach diesem Preislied auf die Marienburg erwartet man eine Wendung zur Gotik. Die Versuchung zu ihr liegt in der Zeit, die mit gotischen Fenstern und Ritteremblemen zu spielen beginnt. Noch Schinkel wächst in dem Zwiespalt zwischen Gotik und Klassik auf. Gilly läßt diesen Zwiespalt hinter sich."

Das ist ganz gewiß richtig gesehen: wie richtig, hat Gilly selbst gezeigt, da er zusammen mit den Blättern von der Marienburg den Entwurf zu einer Katakombe ausstellte, welcher nicht gotisch ist, allerdings kann man ihn auch nicht klassisch nennen. Er ist, möchte man sagen, grundsätzlich räumlich und grundsätzlich konstruktiv. Es gibt keinen antiken und keinen mittelalterlichen Raum, der so konstituiert ist. Zum Vergleich bieten sich wohl nur einige der Räume an, welche John Soane (1753–1837) um die gleiche Zeit für die Bank of England entworfen hat.

Konstruktive Grundtatsachen: Wir kennen ein Blatt mit Skizzen, deren eine eine Pfeilerhalle mit einem runden, nach oben offenen Raum in der Mitte darstellt. Diese Skizze mag eine Vorstudie zum Innenraum des Friedrichstempels sein. Es scheint mir aber bezeichnend, daß Gilly die Säulen des Tempels in Pfeiler verwandelt. Die Pfeiler- und Balken-Konstruktionen, die auf diesem Blatt dargestellt sind, wirken gleichzeitig primitiv und vorwegnehmend: Wie diese Balken einfach auf die Pfeiler gelegt werden – ohne Kapitell –, das wirkt so urtümlich wie Stonehenge; aber sie sind unwahrscheinlich weit gespannt, mit Stein war das eigentlich nicht zu leisten, es scheint,

Friedrich Gilly, Entwurf für eine Pfeilerhalle, Entstehungsjahr unbekannt.

als sei der Stein armiert, es wirkt wie Eisenbeton. Stein oder Eisenbeton: Gilly stellt die reine Konstruktion dar, ohne Beschönigung, ohne Gestaltung selbst des Zusammenstoßes von tragendem Pfeiler mit getragenem Balken. Es sprechen die Dinge für sich, die Elemente, wie Moeller van den Bruck gesagt hat; und wir, die wir modernere Architekturen gesehen haben als die Fabriken von Behrens, auch wir nennen das, was uns auf diesem Blatt entgegentritt, modern. Es hat aber meines Wissens kein anderer Meister der Architektur, die man die revolutionäre nennt, eine solche Darstellung gegeben.

Blättern wir weiter in den Vorskizzen zum Friedrichsdenkmal: wir finden den Tempel – er ist dorisch, das runde Oberlicht in seiner Mine ist deutlich markiert –, aber der Innenraum ist nicht mehr ein Pfeilersaal mit einem Rundraum in der Mitte, sondern eine Halle, welche das ganze Innere des Tempels einnimmt: der Rundraum als besonderer Raum ist aufgegeben, auch der offene Himmel darüber ist aufgegeben: dieses Oberlicht ist verglast. Wie aber Steinbalken die große Weite dieses Raumes überspannen können, erklärt der Architekt nicht: Eisenbeton könnte es leisten. Erich Mendelsohn hat einmal die Kritik, man könne seine Skizzen nicht bauen, mit der Antwort bedacht: „Das werden die Ingenieure können *müssen*!" Ob Gilly ähnlich gedacht hat? Seine weitgespannte Tempelhalle wirkt für uns plausibel. Schien sie *ihm* plausibel? Man hat damals das technisch noch nicht Mögliche geplant, offenbar in dem Gefühl – das Mendelsohn dann ausgesprochen hat –, daß die Planung selbst die Verwirklichung näherbringe. Boullée hat seine Weltkugel als zu bauend aufgefaßt. Wir begegnen auch hier, auch auf dem Boden der Konstruktion, wieder der Grundsatzfrage: stehen wir, wie Moeller van den Bruck wollte, vor „ganz neuen und ganz ewigen Entwicklungsmöglichkeiten der Baukunst", oder greift, wie Hermann Schmitz es sah, in jenen Jahren die Architektur so weit über ihre Möglichkeiten hinaus, daß damit „der Untergang des architektonischen Empfindens" eingeleitet wird?

Wir müssen die Frage offenlassen, bis wir Gillys Hauptwerk, das Friedrichsdenkmal, näher betrachtet haben. Dieses Betrachten aber möchte ich hinausschieben und Gilly zuerst auf seinem Wege nach Paris begleiten. Er wollte lieber nach Rom gehen; aber in Italien war Krieg: Bonapartes italienischer Feldzug. Halten wir fest, daß Gilly lieber nach Rom gehen wollte, merken wir an, daß seine Studien nicht lediglich französisch waren – auch nicht lediglich französisch-antik, sondern griechisch-antik. In seinen Aufzeichnungen – sie sind um diese Zeit immer auf das Denkmal bezogen – erscheinen Bemerkungen wie diese:

„Was waren die alten Tempel?
Kein Tempel. Heroum.
Es muß ganz offen sein. Ohne Zelle.

Römische Tempel. Pantheon das Weltall.
Viereckt.
Die Säulen nicht zu weit voneinander, man muß hindurchsehen können, aber nicht ganz durchsichtig."

So hat Gilly Architektur aufgenommen, im Hinblick auf das, was werden soll.

Die Pariser Reise hat er mit Zeichnungen begleitet: im Straßburger Münster wird der Bündelpfeiler zur Halbsäule: so wollte er das sehen – wie schon in der Marienburg. Zeichnen heißt für Gilly das Wichtige so festhalten, wie es hätte sein sollen. Haben diese Zeichnungen zeichnerischen Reiz, wie die seines Schülers Schinkel ihn haben werden, wie die des Zeitgenossen Weinbrenner ihn haben?

Eigentlich nicht. Sie sind Aufzeichnungen der Struktur, als solche überzeugend. Die Blätter vom Schauplatz der revolutionären Feste in Paris, vom Champ de Mars haben das Pathos der Weite. Klippen, Meer und Leuchttürme in Le Havre verzeichnen die geologische Tatsache des Landes, welches abbricht; dieser geologischen Tatsache aber gibt Gilly den Reichtum der Architektur. Auf Architektur kommt es letzten Endes immer hinaus. Auch *was* Gilly zeichnet, berührt uns als wesentlich. Wer hätte vor Erich Mendelsohn das Fort auf der Insel Pelée zeichnenswert gefunden? Wer vor den zwanziger Jahren unseres Jahrhunderts jenes Haus in der Rue de Chartres, dessen Front ganz in Loggien aufgelöst ist?

Nächste Frage: Was hat Gilly in Paris gesehen – und was hat er dort *nicht* gesehen oder doch nicht beachtet? Er hat nicht weniger als 14 Theater genau studiert; denn das Friedrichsdenkmal lag gerade hinter ihm, vor ihm lag das Nationaltheater auf dem Berliner Gendarmenmarkt. Er zeichnet das Théâtre Feydeau, weil das Halbrund seines Zuschauerraums außen in Erscheinung tritt; so wird er dann *sein* Theater auf dem Gendarmenmarkt entwerfen, nur daß er auf der Rückseite des großen Quaders Bühnenhaus – Schinkel hat ihn später seiner Nikolaikirche in Potsdam zugrunde gelegt – das Halbrund wiederholt. Für diese Art der Rücksicht auf die Form gibt es damals viele Beispiele: Boullées Opernhausentwurf ist kreisförmig; auch Gilly selbst schließt seine Pariser Studie, ein Theater nach Art der Griechen und Römer, beinahe in einen Kreis ein. Hat er Boullées Entwurf gekannt?

Das Halbrund des Zuschauerraums zu zeigen war auf jeden Fall ein großer Schritt vorwärts im Sinne des Funktionalismus – und eine Art Funktionalismus wurde damals diskutiert (Durand); aber der Funktionalismus war, auch für Gilly, kein Dogma. Als es aber zum Entwurf des Zuschauerraumes kam – selbstverständlich war das ein Amphitheater (wenn auch mit einer Hofloge) –, da nahm Gilly seine Anregungen *nicht* aus dem Pariser Theaterbau: er nahm sie von Jacques Pierre Gisors Parlamentsraum von 1795; es ist unmöglich, die Verwandtschaft zu übersehen. Aber Gilly entwickelt den Raum anders als Gisors. Zum ersten Male erscheint hier die Teilung des Zuschauerraumes in einen inneren und einen äußeren Teil, dessen Sitzreihen über der Wand aufsteigen, die den inneren Teil begrenzt. Oskar Kaufmann hat die gleiche Anordnung in seiner Krolloper – weniger rein – verwirklicht. Sicher hat er Gillys Theater gekannt. Der Gesamtraum aber wird unter der Decke in Form eines Zeltes zusammengefaßt. (Das Zelt hat Schinkel in seinem Schauspielhaus auf dem Gendarmenmarkt verwirklicht.) Gillys modernes Amphitheater ohne Ränge wurde, wie wir wissen, nicht gebaut.

Sein Erbe war für Schinkel, der keinen demokratischen Raum zu bauen hatte, eher eine Belastung. Der Intendant jener Zeit (1819), Graf Brühl, beklagt sich, daß alle Architekten antike Theater bauen wollen. Mit Schinkel ließe sich wenigstens reden. Aber das architektonische Proszenium *auf der Bühne*, welches in Schinkels eigener Abbildung seines Innenraumes erscheint, verdankte er wahrscheinlich Gilly, nicht allerdings die Theorien der Reliefbühne mit entferntem Hintergrund, die Schinkel an dieses Proszenium auf der Bühne geknüpft hat; wenigstens kennen wir keine Äußerungen Gillys in diesem Sinne, und ob man seine eigenen Entwürfe für Bühnenbilder so interpretieren kann, scheint fraglich. Auch Schinkel hat diese Form der Bühne nicht verwirklichen dürfen, seinem architektonischen Proszenium auf der Bühne war keine Dauer beschieden. Sein Theater selbst war das alte Opernhaus mit Rängen und Logen: keine antik-demokratische, sondern eine barock-höfische Form des Auditoriums. In den zwanzig Jahren, die zwischen Gillys und Schinkels Theater liegen, hatte die Welt sich stark verändert: Napoleon liegt dazwischen – und die Restauration. Auch Schinkel hatte sich verändert. Davon wird am Schluß dieses Aufsatzes die Rede sein.

Gehen wir hier zum zweiten Teil unserer Frage über: was hat Gilly in Paris nicht gesehen – oder nicht beachtet? Wir haben Ledoux' Barrieren bereits erwähnt: er muß sie gesehen haben; aber er spricht nicht von ihnen. Ich glaube nicht, daß die Namen Boullée und Ledoux überhaupt von Gilly erwähnt werden. Diese beiden Namen bezeichnen für uns den Inbegriff der Revolutionsarchitektur. Sollte es so gewesen sein, daß diese Großen für den jungen Gilly bereits die Vergangenen waren, die Väter?

Beachten wir die Geburtsdaten: Gilly ist 1772 geboren, Ledoux 1736, Boullée 1728. Sie sind Zeitgenossen Haydns: das war die Generation der Neuerer. Gilly ist Zeitgenosse von Bonaparte, der die Revolution beendet hat, von Beethoven, der sie in Bonaparte beendet sah, von Hölderlin, der sie geschehen sah, mit lebhafter Teilnahme.

Die Akteure der Revolution waren älter: Robespierre 1758, Danton 1759: sie waren Zeitgenossen Mozarts (1756). Wir wissen nicht, wo Gilly politisch gestanden hat. Das Gebäude, dem er in Paris seine liebevollste Studie gewidmet hat, ist das Schlößchen „Bagatelle", die Kleinigkeit, welche der Graf von Artois – später Ludwig XVIII. – seiner Schwägerin Marie-Antoinette verehrt hatte, als sie von einer Reise zurückkam. Darum auch mußte das Schlößchen so schnell gebaut und ausgestattet werden, eine Leistung, die Gilly bewundert hat. Er hebt die königliche Liebenswürdigkeit des Geschenkes hervor – und das im Jahre des Italienischen Feldzuges, nicht mehr als drei Jahre nach dem blutigen Sommer von 94.

Wenn man seinen Aufsatz über die „Bagatelle" liest, hat man ein Gefühl, als sei nichts geschehen. Nein, Gilly war kein deutscher Jakobiner – die waren übrigens auch älter: Georg Forster, geb. 1754 –; er war auch kein Bewegter wie Hölderlin. Man könnte meinen, schon von seinen preußischen Bewandtnissen her sei er ein strenger Royalist gewesen, ein Gegner alles dessen, was jüngst auf dem Boden geschehen war, auf dem er sich befand. Vielleicht ist es auch dies, was Rietdorf ausdrücken will, wenn er sagt, Gilly sei vor seinem Pariser Aufenthalt dem französischen Einfluß zugänglicher gewesen als in Paris. Wie aber paßt hierzu das demokratische Theater, wie die Skizzen vom Marsfeld, in deren Weite das Volk unsichtbar zugegen ist, wie, endlich, das Friedrichsdenkmal?

In seiner endgültigen Fassung stammt das Denkmal aus dem Jahre 1796, dem annus mirabilis Gillys: aber sein ganzes Werk stammt aus den Jahren, die dem Höhepunkt der Revolution bereits folgen, Jahren, in denen das Pathos, der Wille zum Neubeginn und das selbstverständliche Bekenntnis zur wahren Antike, der dorischen als der einzigen Architektur – nicht zur römisch abgeleiteten der Überlieferung –, den jungen Architekten vieler Länder gemeinsam war. Wer damals unter den Jungen überhaupt etwas wollte, wollte *dies*.

Sprechen wir zuerst vom Pathos. Der Wettbewerb für ein Denkmal zur Heroisierung des großen Königs war ein hochpathetisches Unternehmen. Dieses Pathos spiegelt sich schon in Gillys Bemerkung: „Kein Tempel. Heroum."

Der König, soweit er in Gillys weitläufigem Gebäude überhaupt vorkommt, wird in einen römischen Cäsar verwandelt. Es ist die gleiche Verwandlung ins Pathetische, welche Adolf Max Vogt in seinem Buch über Boullées Kenotaph zu Ehren Newtons an sukzessiven Bildern Newtons demonstriert: jede Portraitähnlichkeit wird abgestreift, was bleibt, ist eine antike Idealfigur.

Denn das Pathetische ist das Abstrakte: man umgibt, wie Boullée das gesagt hat, „Newton mit sich selbst", das heißt, Newtons Idee des Universums mit dem Universum, vielmehr, die Wahrheit zu sagen, nicht Newtons Idee; denn nicht Newton hatte die Sternensphäre entdeckt. Im Kenotaph aber wirkt es geradezu so, als hätte Newton das Universum geschaffen. In der Abstraktion steht der Name immer für erheblich mehr als für die notwendig beschränkte Leistung der geschichtlichen Person: Newton wird das Universum; ebenso übersteigt Friedrich im Denkmal seine historischen Attribute des Sieger von Leuthen, Repräsentant des Aufgeklärten Absolutismus, sogar König von Preußen oder, wenn man will (obwohl dies bereits falsch wäre), Schöpfer des preußischen Staates: er wird zum Herrscher schlechthin; und wie Newton „mit sich selbst umgeben" zum Begriff des Weltalls wird, so wird Friedrich hier zum Begriff der Erhabenheit des Staates – es braucht nicht unbedingt der preußische zu sein. Erinnern wir uns der stimmungsvollen Worte, die Gilly für sein Heroum gefunden hat: „Ich kenne keinen schöneren Effekt, als von der Seite umschlossen, gleichsam vom Weltgetümmel abgeschnitten zu sein und über sich frei ganz frei den Himmel zu sehen, abends." Wir können Hermann Schmitz' Schrecken verstehen solchen Worten gegenüber als Programm für eine Architektur. Uns beschäftigt vor ihnen eine Frage jenseits der Architektur: Was – in drei Teufels Namen – hat das mit Friedrich von Preußen zu tun?

Der gesamte Leipziger Platz ist diesem Heroum gewidmet. Der Leipziger Platz aber ist der Ort, über den die meisten Fremden Berlin betreten. Vom Grünen kommend, über den Potsdamer Platz, der schön gestaltet wird, durchschreitet der Ankommende einen Torbogen von großer Monumentalität und erblickt vor sich, gerahmt von zwei Obelisken, den Tempel, auf einen Unterbau von Mauern und Treppen emporgehoben. Dieser Unterbau ist im Laufe der Entwurfsarbeit immer bedeutender geworden und immer ursprünglicher in seinen Formen: Verwirklichung einer abstrakten Architektur ohne Präzedenz. Auch der Tempel wird im Laufe der Arbeit abstrakter. Er bleibt ein dorischer Tempel, einer der schweren Art, obwohl Gilly (und auch Weinbrenner) gedrungenere Säulen skizziert haben. Verglichen mit Paestum, das als Vorbild gedient haben mag, wirkt Gillys Tempel starr; besonders der überhohe Architrav drückt Starre aus. Auch mit Schinkels dorischem Portikus und Tympanon der Neuen Wache (1815–18) kann man Gillys Tempel nicht vergleichen. Schinkels niedriger Architrav, sein Gedanke, die antiken Triglyphen durch Genien zu ersetzen, aber nur über den Säulen: die mittleren Triglyphen fallen fort – sie lassen diese zarte Dorik für die „Wache" beinahe zu leicht erscheinen; dabei ist, scheint mir, die Neue Wache, das früheste unter Schinkels reifen Werken, dasjenige, welches Gilly am nächsten steht.

Wir haben gefunden, wie nahe Pathos und Abstraktion beieinanderliegen. Unser zweiter Punkt ist der Wille zum Neubeginn. Hier werden wir einiges von dem abschwächen müssen, was wir eben gesagt haben. Denn es hat vor 1796 bereits Entwürfe gegeben, die in der Abstraktion weitergegangen sind als Gillys Denkmal. Wir haben einige von ihnen erwähnt: Boullées Newton-Kenotaph: die Weltkugel – soweit es möglich schien, sie baulich darzustellen. Wir dürfen aber hier Boullées gesamtes Werk anführen: hier haben wir die reine Abstraktion vor Augen, in Gillys Friedrichsdenkmal nicht. Wir haben Ledoux' Röhrenhaus erwähnt, durch welches der Wasserfall sich ergießt. Wieder haben wir die reine Abstraktion vor Augen, in Gillys Friedrichsdenkmal hingegen sind die Säulen Säulen, die Tympana Tympana, die Treppen Treppen. Alle Mauerflächen werden durch ihren Steinschnitt – und es lohnt sich, ihn genau anzusehen – mit der Eigenschaft des Materiellen ausgestattet: sie sind in hohem Maße Materie. An keiner Stelle löst Gillys Architektur sich in das reine Zeichen auf: sie bleibt, sie lastet, sie lädt zum Besteigen, zum Durchschreiten ein; und obwohl Gilly einmal gesagt hat, ein Bauwerk dürfe getrost immer größer werden, so verläßt doch sein Meisterwerk den menschlichen Maßstab nicht. Man darf das von allen seinen Werken sagen. Niemals finden wir Gilly ergriffen von Boullées Gigantomanie, von seinem „über alle Maßen“. Boullée hatte gesagt: „Anch'io sono pittore“, auch ich bin ein Maler. Gilly wäre es nicht im Traume eingefallen, das zu sagen. Er war ein Architekt, er hat keinen Augenblick lang etwas anderes sein wollen. Man kennt keine Architekturskizze von ihm, die man nicht als Bauwerk realisieren könnte: ja, auch die Halle in jenem Vorentwurf, die man aus Stein schwerlich hätte bauen können.

Zum dritten Punkt, dem selbstverständlichen Bekenntnis zur griechischen Antike, möchte ich nur soviel sagen, daß auch dies den Charakter des Konkreten in Gillys Werk verstärkt. Es ist wahr: auch Boullée hat sich zur Antike bekannt. Beachtet man aber die Art, wie *er* Säulen in eine Mauer setzt – in die Seitenflächen der Kirche La Métropole etwa, so muß man gestehen, daß sie keinen Portikus definieren, sondern ein riesiges Gitter. Sie haben ihre Säulenfunktion verloren. Im konischen Kenotaph und dann im Newton-Kenotaph werden die Säulen durch Baumreihen ersetzt. In Gillys Friedrichsdenkmal bleibt, der Tendenz zur Abstraktion ungeachtet, der Tempel Tempel und die Säule Säule. Die Elemente der Antike werden nicht durch die Dimension vermindert, noch werden sie durch die Zahl vernichtet. Sie bleiben, was sie sind.

Wir können jetzt die Frage beantworten, die wir vorhin offengelassen haben: ob Moeller recht hatte, als er bei Gilly von neuen und ewigen Entwicklungsmöglichkeiten der Baukunst sprach, oder Hermann Schmitz, als er sagte, an dieser Stelle beginne der Untergang des architektonischen Empfindens. Die Antwort an Schmitz ist leicht: Er hat nicht gesehen, daß bei Gilly „das an sich starke architektonische

Gefühl“ *nicht* „von den pathetischen Gefühlen der Zeit fortgerissen wird“. Er hat aus einer Unsicherheit heraus, welche mit der Situation um 1914 mehr zu tun hat als mit Gillys Werk, die Macht der pathetischen Gefühle jener Zeit überschätzt und die Kraft des architektonischen Bewußtseins bei Gilly unterschätzt.

Die Antwort an Moeller ist nicht so ohne weiteres zu geben. Moeller sah, über Peter Behrens hinaus, eine weitere, er nennt sie eine ewige Entwicklung dessen voraus, was Friedrich Gilly an der Wende zum neunzehnten Jahrhundert in seinen Entwürfen gezeigt hatte. Die moderne Architektur hat andere Wege genommen, als Moeller 1919 hat voraussehen können; und ich wage es nicht, diese andere Entwicklung als ein bedauerliches Zwischenspiel anzusehen und meinerseits, als ein zweiter Moeller, Gilly in der postmodernen Phase eine Renaissance vorherzusagen. Die Versuchung, das zu tun, ist groß, weil Gilly zu den Elementen der Architektur zurückführt, die auch die Heutigen wieder suchen. Aber sein Werk gehört, meine ich, der Geschichte an.

Nur: an welcher Stelle auf dem Wege der Geschichte, genauer: auf dem Wege der revolutionären Architektur, ist dieses Werk angesiedelt? Adolf Max Vogt* hat versucht, in der Entwicklung der Architekturen, die den politischen Revolutionen von 1789 und 1917 entsprechen, Gemeinsamkeiten zu finden, er möchte, daß es Gesetze seien und daß sie, verstehe ich ihn recht, auch für kommende Revolutionen und ihre Architekturen Geltung haben dürften. Eine dieser Gemeinsamkeiten, eine der augenfälligsten, sei die: daß die revolutionäre Architektur abstrakt beginnt, geometrisch, und daß sie im Klassizismus endet. Beispiele für diese These konnte er in beiden Epochen finden: die revolutionäre Entwicklung spannt sich zwischen Boullées Weltkugel und Vignons Madeleine-Tempel (1806) und zwischen Leonidows schwebender Kugel, seinem Auditorium im Lenin-Institut (1927) und Scholtowskis dem Palladio verpflichtetes Etagenwohnhaus nahe der alten Universität in Moskau (1933). In dieser Überlegung betrachtet Vogt Gilly eindeutig als einen Geometriker und seinen Schüler Schinkel als Klassizisten. Wir haben jedoch nach flüchtigem Anschauen des Friedrichsdenkmals gefunden, daß Gilly nicht einer gewesen ist wie Boullée, daß man ihn, will man seiner besonderen Art und Leistung gerecht werden, weder einen abstrakten Architekten nennen darf noch einen Klassizisten. Sein Friedrichsdenkmal ist abstrakt, verglichen mit Paestum – und auch mit der Neuen Wache –, jedoch konkret, verglichen mit Boullées geometrischen Architekturgemälden, auch verglichen mit Ledoux' immateriellen, hart geschnittenen Baukörpern. Wir haben bereits davon gesprochen, daß Gilly in Paris Ledoux'

* A.M. Vogt, *Russische und französische Revolutionsarchitektur 1789–1917*, Köln 1974.

Barrieren nicht beachtet hat und daß er „Bagatelle“ sehr genau beachtet hat, sehr innig. „Bagatelle“ aber ist das Werk von François-Joseph Bélanger (1744–1818), eines nicht oft genannten Meisters der revolutionären Architektur. Vielleicht wird er deswegen nicht oft genannt, weil seine Arbeiten eine Stufe der Entwicklung bezeichnen, welche weniger unbedingt erscheint als die der beiden Großmeister. Man ist geneigt, die Stufe, die Bélanger vertritt, als rückständig anzusehen, verglichen mit den reineren Manifestationen der beiden. Wie aber, wenn sie eine Entwicklung bezeichnete, eine Überwindung der Abstraktion, eine Hinwendung zur Architektur? So, darf man vermuten, hat Gilly es gesehen: nicht Boullée, Bélanger bezeichnet die Stufe auf dem Wege der revolutionären Architektur, auf der er selbst sich befand. Es ist die Stufe einer Architektur, in welche das Pathos der Revolutionsarchitektur eingegangen ist – und auch ihr Hang zur Abstraktion, zu Begriffen –, welche aber erfolgreich bemüht ist, die Begriffe (wieder) zu konkretisieren, ihnen sinnlich faßbare Gestalt zu geben: Materie, Gewicht, Funktion. Ich bewege mich hier in Schillerschen Kategorien. Nun wohl, sie gelten, sie gelten gerade hier; und wenn Schiller Gillys Friedrichsdenkmal gekannt hätte, ich meine, er hätte darin sein eigenes Ideal wiedererkennen dürfen.

Bélanger hat später ein eigenartiges System der architektonischen Komposition entwickelt: Komposition durch Wiederholung bestimmter Gruppierungen – des Palladio-Fensters, des Motivs dreier miteinander gekoppelter Bogenöffnungen usw. – in jeweils verschiedenem Zusammenhang. Finden wir nicht in Gillys Tor zum Leipziger Platz eine ähnliche Art der Komposition in dem unerwarteten Auftreten eines verengenden Bogens im Torbogen, welcher getragen wird von den gleichen gedrungenen dorischen Säulen und dem gleichen Gebälk mit Rosetten, welche die Stadtmauer zu Seiten des Tores begleiten? Und ist nicht auch dies eine Bélanger verwandte Subtilität, daß dort die Rosetten *über* den Säulen stehen, unter dem verengenden Bogen jedoch *zwischen* den Säulen? Und weiter: enthält nicht auch der seitliche Bogen des Torbaues den inneren, verengenden Bogen und seine Kassettendecke? Beziehungen à la Bélanger, wenn man will; nur materieller, wirklicher, schwerer: architektonisch, nicht graphisch. Man beachte auch, im Stadttor, den Bruch zwischen dem in schönem Steinschnitt dargestellten unteren Mauerteil und dem geputzten, abstrakten, „modernen“ Baukörper, den er trägt, sein Anstemmen gegen diesen abstrakten Körper und den Übergang, das uns bereits bekannte, vereinfachte Gebälk, wie über den Säulen – aber ohne Rosetten. Es scheint mir wichtig, diese Einzelheiten genau anzusehen, weil auch aus ihnen hervorgeht, daß Gilly aus den „Bedingungen“ der Revolutionsarchitektur eine eigene Architektur geschaffen hat: reich, konsistent, bei aller Neuheit der Antike verpflichtet; wobei man, wie die Zeit es tat, den Begriff der antiken Architektur weit fassen muß: sie schließt Obelisken ein, Gewölbe, griechisch-dorische Säulen – und jene großen, ungegliederten Flächen, die man füglich modern nennen darf.

Es bleibt die Beziehung Schinkels zu Gilly zu besprechen, zu dem Lehrer, dem „höheren Wesen", dem er kaum ohne Zittern zu nahen vermochte. Nach Gillys frühem Tode hat er dem Lehrer attestiert, er verdanke ihm alles, was er ist. An der Echtheit dieser gefühlten Verpflichtung zu zweifeln ist nicht erlaubt. Wir kennen die Zeichnungen, in denen der Schüler versucht hat, die Entwürfe Gillys zu den Gebäuden seiner idealen Hafenstadt nachzubilden. Auch hat er zunächst im Stile Gillys entworfen als der Gilly *redivivus*, als den Schadow ihn gesehen hat. Betrachtet man jedoch Schinkels größten Entwurf im Stile Gillys, das Schloß Köstritz, so findet man da eine seltsame Unbeholfenheit – aber täte man nicht besser, von einem inneren Widerstande zu sprechen? Denn der Architekt, der nach langen Jahren der Tätigkeit als Architekturmaler und – bestenfalls – Innenarchitekt 1815, mit der Neuen Wache, ins Licht der Geschichte tritt, ist ein völlig anderer geworden; und noch einmal müssen wir Adolf Max Vogt widersprechen: Vogt hat sein Gegensatzpaar der revolutionären Architektur, Geometrie und Klassizismus illustriert, indem er sagt, die geometrische Architektur sei leicht gewesen, ja, schwebend, die klassizistische schwer und „raumbesetzend". So aber könnte man den Gegensatz bestimmt nicht ausdrücken, der zwischen Gilly und Schinkel bestanden hat. Das Gegenteil ist der Fall: Gilly ist der Gewichtige, Schinkel der, welcher die Schwere ins Leichte und Lichte, das Elementare ins Weltläufige, das auf den ersten Blick Erschreckende ins Liebenswürdig-faßbare gewandelt hat. Es würde zu weit führen, im Rahmen dieser kurzen Studie näher auf die politisch-gesellschaftlichen Umstände einzugehen, welche diesen – schnellen – Umschwung befördert haben.

Man hat in Gilly den Vorgänger und den Lehrer Schinkels gesehen: seine Bedeutung beruhe im wesentlichen darin, daß er Schinkel in die Architektur eingeführt hat, eine Einschätzung, welche bald nach Gillys Tode „offiziell" wurde und es lange geblieben ist – bis zu Moeller van den Bruck –, sehr zum Schaden für Gillys Nachlaß. Schinkels außerordentlicher Erfolg und die Qualität seiner Architektur haben diese Auffassung nahegelegt. Als Reaktion gegen sie habe ich selbst bisweilen Zweifel daran geäußert, was wohl aus Schinkel geworden wäre, wenn Gilly länger gelebt und geschaffen hätte. Gilly hatte sich noch nicht verwirklicht. Sein Werk, gültig in sich, war von seinem Standpunkt gesehen die Vorbereitung für das gebaute Werk, das nicht entstehen durfte. Ob aber als gebautes Werk etwas entstanden wäre, was dem Friedrichsdenkmal ähnlich ist, wer darf das behaupten? Alste

Oncken hat in dem wunderbaren Buch, das sie Gilly gewidmet hat*, auch diese Frage besprochen. Sie sagt, daß in Gillys letzten Entwürfen die Tendenz zu kleinerer Teilung, zu vermehrter Artikulation, zu einem Nachlassen der Spannung angedeutet sei: die Tendenz, welche in Schinkels Werk manifest wird. Und doch hat Gilly Schinkels Architektur die Grundlage gegeben. Man darf sie sehen in der festen Körperlichkeit dieser Architektur.

Es gibt eine antike Szene, sie spielt in der Unterwelt. Die Akteure sind der Gott Dionysos, Aischylos und Euripides. Euripides sagt von Aischylos:

„So in des Dramas Mitte
Wirft er ein Dutzend Wörter hin mit Hörnern und mit Klauen
Recht ochsenmäßig, fürchterlich, gespenstig, ungeheuer
Und völlig unverständlich."

Schinkel ist nie so weit gegangen, solche Vorwürfe gegen den verehrten Lehrer auszusprechen. Ob er sie nie in der geheimsten Kammer seines Herzens gefühlt hat?

Euripides sagt dann von dem eigenen Werk:

„Sodann vom ersten Wort an ließ ich niemand müßig stehen,
und reden mußte mir die Frau, und reden selbst der Sklave.
Es sprach der Mann, die Jungfrau sprach, das alte Weib–"

Darauf Aischylos:

„Und hast Du nicht schon für dies den Tod verdient?"

Zugeben müssen wir, daß in Schinkels Händen die Architektur beredt wurde. Es „sprachen" wieder die Pilaster, die Gesimse, die stummen Flächen Gillys wurden aufs Neue gegliedert.

Lassen wir, wo es sich um Aischylos-Gilly und Euripides-Schinkel handelt, dem alten Aristophanes** das letzte Wort.

Erschienen anläßlich einer Ausstellung der Akademie der Künste Berlin in: Sonja Günter u.a. (Hrsg.): *Berlin zwischen 1789 und 1848. Facetten einer Epoche. Berlin: Akademie der Künste, 1981, S. 105–122.*

---

* A. Oncken, *Friedrich Gilly 1771–1800*, Berlin 1935.
** Aristophanes, *Die Frösche*, 5. Szene.

Adolf Loos

Nicht ohne Verlegenheit spreche zu Ihnen über Adolf Loos. Das hätte Dietrich Worbs tun sollen, der Mann, der die Ausstellung geplant hat. Wie bei jeder Beschäftigung mit Loos ist Worbsens erste Schwierigkeit die gewesen, durch das Gestrüpp von falschen Urteilen, auch von Legenden, hindurchzudringen, welches das Werk von Adolf Loos umgibt. Von Deutschland aus gesehen begann dieses Werk in der falschen Zeit – und vielleicht auch am falschen Orte. Warum in der falschen Zeit? Weil Loosens Ablehnung des Ornamentes einer späteren Phase der Entwicklung im Bauen anzugehören scheint. Man erinnere sich an das, was vor dem Ersten Weltkriege in Deutschland geschah. Man sprach auch damals von Einfachheit; aber das war die Einfachheit der Zeit um 1800. Paul Mebes sprach von dieser Einfachheit, Paul Schultze-Naumburg und andere. Sie reagierten auf die Überladenheit der Gründerjahre, sie wollten zurückkehren zu einem Handwerk, welches seinen Stolz in die gutgemauerte Mauer setzte, das leicht, solid – und sprechend – gefügte Fenster, das dichtgedeckte Dach. Noch in den modernsten Gebäuden der Vorkriegszeit findet man entsprechende Tugenden: Behrens' Fabrikbauten sind nicht handwerklich gebaut, sie sind Ingenieurbauten; aber in der Darstellung des Ingenieurmäßigen sehen wir die gleiche Ausführlichkeit, die gleiche Gegenständlichkeit. Hält man dagegen die Seitenfront des Hauses Scheu von Adolf Loos, so bemerkt man erst, wie erschreckend seine Kahlheit gewirkt haben muß. Loos entblößt das Haus von allem, was man in Zeiten, da die Architekten auf die Bau*kunst* vergangener Zeiten geblickt haben, Gliederungen nannte, aber auch von allem, was man nun das Handwerkliche nannte oder was man – umfassender – das Gegenständliche nennen könnte, und läßt nichts zurück als die bare Lochfassade. Es war für die Zeitgenossen eine große Zumutung, und sie wurde auch als solche vorgetragen.

Loos gehörte zu jener kleinen Schar bedeutender Wiener – Karl Kraus war ein anderer –, denen es zumindest nichts ausmachte, wenn sie die Leute vor den Kopf stießen. Die Kahlheit seiner Fassaden war absolut; sie war noch nicht in das Formschema eingebunden, die Flächen- und die Körperkomposition, welche Künstler wie Mondrian später erfinden sollten und das man im Gebäude des Bauhauses in Dessau wiederfindet, im Barcelona-Pavillon und stärker noch in gewissen holländischen Häusern wie dem Hause Schröder in Utrecht von Rietveld. Erst um die Mitte der zwanziger Jahre begann man zu lernen, wie man mit abstrakten Körpern und Flächen zu verfahren habe, um sie zu einer Komposition zu verbinden. Adolf Loos hatte das vor dem Kriege nicht getan, er hat es übrigens auch später nicht getan. Er ist einer der wenigen, an denen der Formkanon des „de Stijl" vorübergegangen ist, ohne irgendeinen Eindruck zu hinterlassen, ganz so, wie bereits der Jugendstil, der in Österreich so mächtig war, an ihm vorübergegangen war, ohne einen Eindruck zu hinterlassen. Die führenden Architekten der zwanziger Jahre wußten darum mit seiner Arbeit im Grunde nicht mehr anzufangen, als die führenden Architekten vor dem Kriege das gekonnt hatten. Man fand aber eine Formel, welche diesem sperrigen Architekten in der Entwicklung in unserem Jahrhundert seinen Platz anwies: man nannte ihn einen Vorläufer. Aber Loos war kein Vorläufer, denn er wollte nicht dahin, wo die Architekten der zwanziger Jahre sich befanden. Indem man ihn so nannte, machte man ihn unschädlich: man hatte ihn eingeordnet, er stellte nun eine bestimmte Etappe dar auf dem Wege, der zu der neuen Architektur führte, wie das Bauhaus sie verstand. Loos war aber etwas anderes.

Sie beginnen zu sehen, wie schwierig der Zugang zu diesem Architekten ist. Um nur noch eine Episode zu erwähnen – sie gehört zu seinem Kampf gegen das Ornament: das Drama um das Haus am Michaelerplatz. Das Haus wurde von den Wienern abgelehnt, sie verlangten Gegenprojekte und erhielten sie auch von anderen Architekten. Sie veranlaßten sogar Loos selbst, durch die Blumenkästen an den Fenstern eine gewisse Milderung vorzunehmen, was er ungern tat. Er litt unter dieser Ablehnung bis zum Kollaps. Und doch, wenn man sich heute vor dieses Haus stellt, kostet es zuerst Mühe, sich in das Drama von 1910 hineinzuversetzen. Wir sehen in diesem Hause nichts mehr als seine Vornehmheit, seine ungezwungene Stimmigkeit. Gewiß, die Geschosse über dem Mezzanin haben die Lochfassade, welche Loos praktizierte; aber Erdgeschoß und Mezzanin sind im uralten Sinne architektonisch behandelt, wir finden da Säulen und – wenn auch reduzierte – Gebälke von klassischem Duktus und in edlem Material ausgeführt. Und wenn die Erker aus Glasbausteinen im Mezzanin in dieser Umgebung fremd – und störend – gewirkt haben sollten, müssen wir uns erst das ganze, nun schon lange historische Bild jener Zeit und ihres Baugeschmackes vor Augen halten, um das Schockierende dieser eleganten Lichtgeber nachvollziehen zu können.

Vollkommen gelingt es uns nicht mehr, denn was uns an dieser Architektur so stark beeindruckt, ist eben ihre Harmonie. Man muß als Historiker operieren, um die Fremdheit, das Schockierende, das Einzigartige dieser Erscheinung Loos in ihrer Zeit für uns selbst und andere wieder wahrnehmbar zu machen. *Eine* Fremdheit allerdings leuchtet ein: Loos hat keiner der beiden Epochen angehört, in denen sein Werk entstand. Er hielt sich abseits von den Idealen der Avantgarde der Jahre vor 1914 und ebenso von den Idealen der Avantgarde der Jahre vor 1933. Und ganz gewiß hielt er sich abseits von den Reaktionären der beiden Epochen. Wenn er fühlte – mit einer an Verzweiflung grenzenden Selbstgefälligkeit –, daß er ein Fremder war in seiner Zeit, ein Wesen *sui generis* und Vorbürger einer Zeit, die kommen würde, so hatte er recht: er *war* ein Fremder in seiner Zeit – vielmehr seinen Zeiten –, er war ein Wesen *sui generis*. Ob er der Vorbürger einer Zeit gewesen ist, welche noch kommt, mögen die entscheiden, welche seine gegenwärtige Bedeutung, das noch unerfüllte Versprechen seiner Architektur, in die Mitte ihrer Beschäftigung mit ihm stellen.

Loos, das ist Dietrich Worbs' These, habe in den Mittelpunkt seiner Arbeit den Raumplan gestellt. Der Raumplan ist das Durchbrechen der Stockwerksebenen im Hause. Es ist eine Art zu planen, in der einem jeden Raum seine eigene Höhe gegeben wird, die von der Höhe des Stockwerks unabhängig ist, es ist die Unterscheidung zwischen Räumen, welche, auf verschiedenen Ebenen stehend, miteinander zusammenhängen, und anderen Räumen, welche für sich bleiben – aber auch solche Räume besetzen im Raumplan eine bestimmte Höhenposition. Darum wird in diesem Konzept die Treppe so bedeutend. Die Treppe ist der Weg, welcher von einer Höhenschicht auf die nächste führt; die Art, wie sie beleuchtet wird, lädt den Ankommenden ein, heraufzusteigen, eine Dunkelzone kann wirken wie ein Vorhalt in der Musik.

Überhaupt erhalten die Wege im Hause eine neue Bedeutung. Ohne Zweifel nimmt dieses Konzept in Loos' Planungen einen zentralen Raum ein, ebenso zweifellos ist in seinen späten Häusern, etwa dem Hause Müller in Prag (1930), dieses Konzept am kräftigsten entwickelt. In den Unterhaltungen, die wir über den Raumplan bei Loos geführt haben, vertrat ich den Standpunkt, daß auch dieses Konzept seine Entwicklung gehabt haben muß, vor Loos und bei seinen Zeitgenossen. Denn jeder, der einen Gedanken verwirklicht, geht nur einen Schritt: er hat schon Andeutungen desselben vorgefunden, und die, welche nach ihm kommen, werden seine Erfindung weiterführen. Worbs war diesem Einwand durchaus zugänglich und schlug nun vor, ich möge ihn verfolgen, wies mich auch auf diejenigen Vorgänger und Zeitgenossen hin, in deren Arbeit ich mit größter Wahrscheinlichkeit Spuren des Raumplanes finden werde.

Das Ergebnis der kleinen Untersuchung fand ich dann verblüffend; denn ich fand zwar bei dem Engländer Richard Norman Shaw und einigen seiner Zeitgenossen und Nachfolger und ebenso bei dem Amerikaner Henry Hobson Richardson und dessen Nachfolgern Ansätze zu der Art zu planen, die Loos zu einem zwingenden Konzept

Adolf Loos, Haus Müller, Prag, 1930. Blick aus dem Speisezimmer in die Halle.

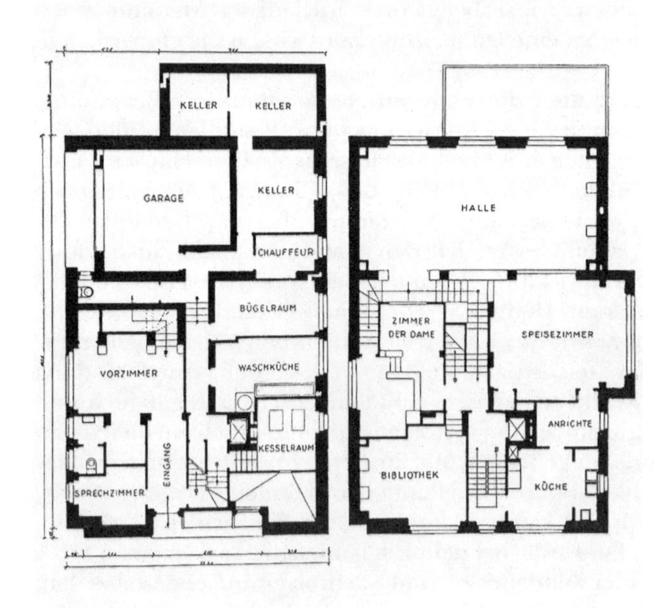

Adolf Loos, Haus Müller, Prag, 1930. Grundrisse Erdgeschoß und Hauptgeschoß.

entwickelt hat, aber eben nicht mehr als Ansätze. Ich fand bei einem älteren Zeitgenossen wie Muthesius den Begriff des Weges und besonders den der raumenthüllenden Treppe durchaus entwickelt; aber wieder trennte dieses Wege-Planen noch viel vom Raumplan, wie Loos ihn verstand. Ein Gebiet habe ich nicht untersuchen können, und man mag dort womöglich genauere Vorbilder finden: die Bauweise in der Gegend von Brno, der Stadt, aus der Loos stammt. Bis man hierüber mehr weiß, sind wir genötigt zuzugeben, daß der Raumplan in starkem Maße Loos gehört; und man kann sagen, daß er davon beinahe besessen war, denn er verfolgt diesen Gedanken auch beim Bau von Geschäftslokalen wie dem der Firma Goldmann und Salatsch im Hause am Michaelerplatz oder bei Knize am Graben, er verfolgt ihn in den nicht zahlreichen Miethausprojekten, die er gemacht hat, sogar die Gruppe von aneinandergebauten Villen kann man, ja, man muß sie so interpretieren.

Man sollte meinen, daß Loos sich über sein Konzept mehrfach ausgelassen hätte; denn wir wissen ja, daß er viel geschrieben hat. Er ist von Anfang an ein schreibender Architekt gewesen, er war sogar ein Kunst-Journalist. Und er hat nicht nur von seiner Feindschaft gegen das Ornament gesprochen, gegen jedes Ornament, auch und besonders das sezessionistische, den Jugendstil. Es gibt wohl keinen Gegenstand in dem weiten Gebiet der angewandten Künste und der Architektur, zu dem er nicht ein oder das andere Mal polemisch Stellung genommen hätte. Polemisch war er wohl immer; denn auch wo er lobt, tut er es im wesentlichen, um diejenigen zu tadeln, welche den, den er lobt, nicht verstehen wollen, so etwa den Hofrat von Scala, den neuen Museumsdirektor, welcher englische Möbel ausstellt. Polemisch ist auch der Titel seiner kurzlebigen Zeitschrift *Das Andere* (1903), welche er von Anfang bis Ende allein geschrieben hat. Der Untertitel lautete: „Ein Blatt zur Einführung abendländischer Kultur in Österreich." Mit dieser Tendenz aber, zu zeigen, wie falsch alles ist, was geschieht, und wie einleuchtend, klar und dem gesunden Menschenverstand entsprechend das Gute wäre und das Richtige, hat er über alles geschrieben, was die Zeit bewegte: über den Deutschen Werkbund, den er überflüssig fand, über die Art, wie man wohnt, wie man sich anzieht, wie man siedelt, wie man gute Möbel macht – und gute Zigarettenetuis – was die moderne Kultur ist und was sie nicht ist, über die Tyrannei der Kunst über das Leben, wie sie für ihn der Sezessionismus verkörperte, seit er sich von der Sezession getrennt hatte, mit einem Wort, über alles, und immer anregend, immer lesenswert, gelegentlich satirisch vollendet wie Aristophanes – die Geschichte „von einem armen reichen Manne" kann man auswendig hersagen. Nur über den Raumplan hat er meines Wissens nichts gesagt, den hat er gemacht.

Den Satz „Bilde, Künstler, rede nicht!" hat er gewiß nicht gutgeheißen; welcher Künstler hätte mehr geredet als er? Aber den Unterschied zwischen dem Reden und dem Machen hat er gekannt, und über sein Tun als Architekt hat er wenig geredet. Auch hier stellt sich ein Hindernis in den Weg zu Loos dem Architekten: es ist Loos der Schriftsteller. Man muß auf jeden Fall sehr genau hinsehen, um zu finden, wo der Schriftsteller das klärt, was der Architekt getan hat. Es gibt diese Domänen, wir werden von ihnen zu sprechen haben; aber zunächst sind der Schriftsteller und der Architekt zwei. Und wenn man alles, was der Schriftsteller gesagt hat, auf den Architekten bezieht, so spannt man wieder einen jener Schleier auf, hinter denen das Werk des Architekten Loos sich verbirgt.

Sprechen wir noch einen Augenblick von dem Journalisten Loos. Er setzt sich von Anfang an mit den Aktualitäten so auseinander, daß er in ihnen einen über das angesprochene Ereignis hinausweisenden Sinn bemerkt. Darum, meine ich, schreibt er; das einzelne Beispiel, das zur Diskussion steht, ist ihm nicht an sich das Wichtige. Er verleugnet allerdings niemals den Ort, von dem aus er schreibt, Wien, Österreich, weiter gefaßt Deutschland. Und man sieht schon an dem eben zitierten Untertitel seiner Zeitschrift, wie stark er dieses Wien, dieses Österreich liebt – und wie tief er es verachtet. Er hat ja die entscheidenden Jahre seiner Entwicklung im Auslande zugebracht, in Amerika; und er wußte, wie wohl jeder Kunstbeflissene der Zeit um die Jahrhundertwende, genau Bescheid über das, was in England seit William Morris geschah. Man möchte meinen, daß diese beiden Erfahrungen für ihn Verschiedenes beinhalten; wenn man ihn aber liest, gewinnt man den Eindruck, daß sie ihm das gleiche bedeuten: die Kultur des Alltags und ganz besonders die handwerkliche Kultur des Alltags. Spricht er eigentlich irgendwo vom Wolkenkratzer, spricht er überhaupt von der industriellen Entwicklung in den USA?

Soweit ich sehen kann, spricht er lediglich von der freieren – und gleichzeitig gediegeneren – Auffassung der Menschen in beiden englischsprechenden Ländern den Dingen des Alltags und der Kunst gegenüber. Man habe, meint er, in beiden Ländern ein so natürliches Verhältnis zu beidem, zum Alltag und zur Kunst, daß ein Problem in dieser Beziehung – wie er es in der „Geschichte vom armen reichen Manne" darstellt oder auch in der vom Sattler, der „künstlerische" Sättel machen will – dort gar nicht existieren könnte. Dies aber sei die moderne Kultur, die wir, sagt er, schon haben, zu deren Entwicklung es nicht einer Einmischung der Künstler in die Dinge des Alltags bedarf, sei es die der alten Sezession, sei es, so schreibt er 1908, die des neu gegründeten Werkbundes. Da er den Werkbund ablehnt, zählt er die Gegenstände auf, überaus österreichische Gegenstände, die er modern nennt:

„Unser Wagenbau, unsere Gläser, unsere optischen Instrumente, unsere Schirme und Stöcke, unsere Koffer und Sattlerwaren, unsere silbernen Zigarettentaschen und Schmuckstücke, unsere Juwelierarbeiten und Kleider sind modern. Sie sind es, weil noch kein Unberufener sich als Vormund in diesen Werkstätten aufzuspielen versuchte."

Mit der einen, merkwürdigen Ausnahme der optischen Instrumente sind das alles handwerkliche Gegenstände, ja, Gegenstände eines Luxushandwerks, welches man in Österreich damals in der Tat sehr gut betrieb. Das Problem, welches den Werkbund ins Leben gerufen hatte, die Verschlechterung der Produktion und des Anspruches an die Produktion durch die Maschinenarbeit, scheint Adolf Loos nicht bemerkt zu haben, obwohl es ihm, wenn nicht in Österreich, so doch in Amerika begegnet sein muß. Unerwartet ist die konservative Haltung, die wir in den Worten dieses Neuerers bemerken.

Da wir von seiner konservativen Haltung sprechen, erlauben Sie mir, eine zweite Entwicklung zu erwähnen – die erste war die Industrie –, welche die Zeitgenossen beschäftigte und Adolf Loos offenbar nicht: die Konstruktion. Die beiden großen Themen der Jahre um die Jahrhundertwende waren wirklich die Auseinandersetzung der angewandten Künste mit der Industrie, in der man eine Gefahr sah, und die Auseinandersetzung der Architektur mit neuen Materialien und Konstruktionen. Auch von dieser zweiten Auseinandersetzung ist Loos offenbar nicht weiter berührt worden. Wenn man ihn liest, erhält man den Eindruck, daß die Architektur sich weiter der Konstruktionen bedient, deren Michelangelo sich bedient hat oder, um es bescheidener und heimeliger zu sagen, die schlichten Baumeister schlichter Gebäude. Loos erwähnt Otto Wagner, er ist einer seiner Sterne am Himmel der Architektur, der jüngste dieser Sterne; aber die Kühnheit des an Stahlstützen aufgehängten Glasdaches der Halle im Hause der Postsparkasse erwähnt er nicht.

Lassen Sie mich hier versuchen, seine Haltung gegenüber der Kunst in der Architektur zu präzisieren, was nicht ganz leicht ist: die Einwirkung der Kunst in das Bauen, wie die Sezession sie verstand, lehnte Loos ab. Daß aber die Architektur eine Kunst sei, daran bestand für ihn kein Zweifel. Diese Überzeugung ist bei ihm so stark, daß die Auseinandersetzung mit der Konstruktion, von der seit Jahrzehnten, seit Henri Labroustes Bibliotheksbauten in Paris, alle Welt sprach, und die der bewunderte Otto Wagner um einiges voranbrachte, ihn, soweit wir wissen, nicht sonderlich interessiert hat. Sie lag wohl außerhalb seines Universums Architektur.

Wir haben ja schon von den konservativen Zügen im Wesen dieses Neuerers gesprochen. Er hat sich zur Tradition bekannt, und er meinte damit *expressis verbis* das Altertum. Immer wieder führen große Architekten, sagt er, die Architektur, welche „trotz aller Änderungen des Zeitgeistes die conservativste Kunst bleiben wird", zum Altertum zurück. Er nennt diese Großen: es sind Schlüter, Fischer von Erlach, in Frankreich Le Pautre, Schinkel – „der große Bändiger der Phantasie" – und Semper. „Wir können daher behaupten", fährt er fort, „der zukünftige große Architekt wird ein Classiker sein. Einer, der nicht an die Werke seiner Vorgänger, sondern direct an das classische Alterthum anknüpft." Allerdings werde dieses klassische Altertum eine reichere Formensprache besitzen, legitimiert durch die Entdeckungen der Archäologie: „Dazu kommt noch, daß auch die Ägypter, Etrusker, Kleinasier etc. ebenfalls nach und nach unser Interesse wachrufen." Loos sieht Ansätze hierzu in der Wagner-Schule.

Wir werden finden, daß eben diese Ansichten Loos' nicht ohne Einfluß auf seine Architektur geblieben sind. Da wir aber noch bei der Besprechung des Journalisten Loos sind, so werden wir nicht ganz ohne Verwunderung wahrgenommen haben, daß dieser Mann, der den Alltag und seine Formen ständig evoziert, der nicht müde wird, davon zu sprechen, wieviel die Architekten und die Männer der angewandten Künste dem Alltag schuldig geblieben sind, auch der gewesen ist, der den Sinn der Baugeschichte in einer periodischen Zurückführung der geilen Phantasie der Künstler auf die Strenge des Altertums sehen wollte. Lassen wir es bei diesem kurzen Blick auf den Journalisten Loos bewenden.

Können wir den Architekten gänzlich vom Journalisten trennen? Das wäre falsch. Wir haben eben schon eine Ansicht des Journalisten bemerkt, welche nicht ohne Einfluß auf die Arbeit des Architekten geblieben ist: seine Beziehung zum klassischen Altertum. Wir haben sie auch bereits in dem Hause am Michaelerplatz bemerken können. Je mehr ich aber die Aufrufe des polemischen Journalisten auf mich wirken lasse, um so mehr Berührungspunkte sehe ich zwischen ihnen und der Architektur des Meisters. In beiden Bereichen hat er sich als einen Erzieher gesehen. Sein Alltag war nämlich nicht ganz so aristophanisch, wie man meinen möchte, wenn man an seine immerwährenden Hinweise auf das Natürliche denkt, den common sense, das Wahrhaftige. Das sind Eigenschaften, die mögen latent in uns allen sein, uns allen, sage ich, wozu man dann wohl auch Dantes „feminette" rechnen darf. Aber nach der Zeit der Verwirrung, durch die man gegangen war, wollten das Natürliche, das Wahrhaftige und der common sense wieder gelernt sein. Was aber am meisten verlorengegangen war, das ist eine natürliche Würde, wobei ich die beiden Worte gleich stark betonen möchte: das Natürliche und die Würde. Ohne Zweifel ist das Altertum eine Schule der Würde; und, meinte Loos, wir brauchen diese Schule. Wir haben sie gegen die Auswüchse des Barock ebenso gebraucht wie gegen die Auswüchse der Sezession – nicht ohne Grund nennt Loos Schinkel den großen Bändiger der Phantasie. Das Wort Phantasie bedeutet ihm nichts Schönes.

Betrachten wir nun Beispiele seiner Architektur, von denen ja genug in unserer Ausstellung zu sehen sind, so bemerken wir zweierlei Ansprüche auch in ihr: einmal den Anspruch des Materials. Loos behandelt seine Platten aus Marmor – oder aus edlen Hölzern – so, daß neben dem Reichtum ihrer Maserung jedes Ornament der üblichen Art ärmlich erscheinen würde – dies, notabene, hat Mies van der Rohe von ihm gelernt. Die Einfachheit, welche Loos hier affiziert, ist eine anspruchsvolle Einfachheit. Der andere Anspruch, von dem ich sprechen will, ist der häufige Gebrauch der Symmetrie und der Axialität. Immer wieder werden wir in seinen Räumen zwei Schränke und ein Bild in symmetrischer Anordnung an der Endwand finden, immer wieder auch eine echte, konventionelle Axialität im Plan – und in den Fassaden. Wenn Loos vom Alltag spricht, so meint er nicht, daß man sich in seiner Wohnung einfach hinlümmeln möge. Sogar die Andeutungen englischer Bequemlichkeit, denen man in seinen frühen Arbeiten noch begegnet, verschwinden ganz.

Wer ein Haus von Loos betritt, betritt kein Palais; aber er tritt ein in eine bürgerliche Umgebung mit Haltung. Man betritt das Haus Müller – das Beispiel, auf das ich am liebsten zurückkomme – durch eine flache Eingangsnische in der Achse der Zugangsfront. Man betritt das Haus aber nicht in der Mitte dieser Nische, sondern durch eine kleine Tür zur Linken, sie führt in einen Gang, von diesem in einen Vorraum, in dem sich die symmetrische Anordnung der Eingangsnische wiederholt; aber wieder führt der Weg nicht in dieser Achse weiter, sondern – diesmal – rechts von ihr, und zwar betritt man dort eine kurze Haustreppe – zwischen Wänden –, welche sich nach drei Stufen im engen Winkel wendelt, und nicht eben auf generöse Art, und die den Aufsteigenden vor die linke Öffnung des Hauptraumes bringt, Halle genannt. Man befindet sich dort auf einer Art Podest, von dem nach rechts die wichtige Treppe weiterführt, die Treppe zum höhergelegenen Eßzimmer, während nach links eine Wendeltreppe zum Zimmer der Dame emporführt. Man betritt den Hauptraum nicht etwa in seiner Achse, der Achse des Wohnplanes, diese ist einem wichtigeren Organ vorbehalten: der weiter aufsteigenden Treppe. Die symmetrischen Gruppierungen im Innern des Hauses sind alle partiell, um es einmal so zu nennen, sie beziehen sich auf ein Zimmer, wo sie Achsen bilden, bestenfalls auf zwei. Die Juxtaposition der beiden Haupträume im Wohngeschoß, der Halle und des höhergelegenen Eßzimmers, ist nicht axial: das Eßzimmer kommuniziert mit der Halle durch die rechte ihrer Öffnungen; die mittlere, in der Wohnungsachse gelegene, ist dem Aufstieg der Treppe gewidmet; er ist durch drei Sprünge in ihrer Brüstung deutlich bezeichnet: in der Tat, kein Palais.

Einen weniger klassischen Zugang zur Gruppe der Wohnräume – und eine weniger klassische Gruppierung dieser Wohnräume – ist schwer vorzustellen.

Der Raumplan, auf dessen Wirken wir hier einen Blick geworfen haben, mildert die Idee des Klassischen, von der Loos mehr als einmal gesprochen hat, die er in der Architektur seiner Baukörper mehr als einmal betätigt hat. Der Raumplan ersetzt das klassisch-hierarchische Prinzip durch eines, das man mit dem Wort Bequemlichkeit umschreiben könnte, womit ich nicht eine funktionale Bequemlichkeit meine – gewiß nicht. Schon das dauernde Treppensteigen in einem Loosschen Hause ist nicht bequem. Ich meine etwas wie Gelassenheit; eine freie und generöse Beziehung der Volumina zueinander. Die Symmetriegruppen in einzelnen Räumen dienen lediglich als ein Hinweis, daß man sich hier – aller Lockerheit der Komposition ungeachtet – doch benehmen solle. Auch das vornehme und betont zur Schau gestellte Material – Marmor, schönes Holz – dient diesem Hinweis. Offenbar hat eben diese Mischung von Freiheit und Form Loos am Herzen gelegen.

Sehen Sie, ein wie ungeeigneter Interpret ich bin: ich bin nicht im Hause Müller gewesen und auch nicht in dem Hause Moller in Wien (1928), in dessen Raumplan ähnlich subtile Beziehungen vorherrschen. Die einzige Erfahrung, die ich mit einem räumlichen Zusammenhang von Loos habe machen können, ist der wiederholte Besuch der Verkaufsräume des Herrenkonfektionsgeschäftes Kniže am Graben. Sie genügt; denn sobald man dieses Geschäft betritt – und stärker, wenn man die Treppe im Hintergrund des engen Ladens hinaufgestiegen ist und sich in den oberen, den eigentlichen Verkaufsräumen befindet –, weiß man, daß man hier nicht einfach etwas aussucht, bezahlt, weggeht. Man bespricht genau, was man wünscht, man nimmt den Rat des erfahrenen Personals an, ein Stoff wird ausgesucht, der Maßschneider tritt in Aktion. Es sollte mich nicht wundern, wenn in Loos' Tagen dabei ein Schälchen Kaffee serviert wurde. Das ist eine Kultur des Verkaufens und Kaufens, an die sich sehr alte Leute allenfalls erinnern können; obwohl eben hier, bei Kniže in Wien, noch ein Schimmer dieser Kultur zurückgeblieben ist. Der Besucher ist erstaunt, wenn die Ladenleute ihm zeigen, was hier noch authentisch ist, was verändert. Im großen und ganzen aber ist es schon so: diese Kultur gehört der Vergangenheit an. Das gleiche gilt von der Wohnkultur, die in einem Hause geherrscht haben muß wie dem Hause Müller in Prag und die ich ungefähr mit Ausdrücken umschrieben habe wie „bequem" oder „gelassen". Die fassen nicht das, was dort vorging. Sieht man aber den Raumplan – und die symmetrischen

Gruppierungen und das schöne Material –, besonders aber den Raumplan und immer wieder den Raumplan, so kann man sich immer noch einen – schwachen – Begriff von der gut gelernten „Ungezwungenheit“ machen, die in solchen Räumen geherrscht hat.

Außen, allerdings, sah es anders aus. Da spürt man die Hand eines Mannes, der Schinkel den „großen Bändiger der Phantasie“ genannt hat, des Mannes, der die neuere Baugeschichte – und die künftige auch – als eine periodische Zurückführung der wuchernden Phantasie zu den Normen der klassischen Baukunst gesehen hat. Es besteht ein wahrnehmbarer Unterschied zwischen der Gestalt der Baukörper, der strengen Anordnung der Öffnungen einerseits und auf der anderen Seite der gelassenen Wirkung des Raumplanes im Innern; des Raumplanes, in dessen Gefüge nur die symmetrischen Gruppierungen und das anspruchsvolle Material dazu dienen, die Strenge der Hausgestalt ein wenig ins Gedächtnis zu rufen. Le Corbusier hat das, seine eigene Villa Savoye betreffend, so ausgedrückt: „On affirme, à l'extérieur, une volonté architecturale, on suffit, à l'intérieur à tous les besoins fonctionnels.“

Das ist nicht ganz das gleiche wie das, was Loos zu tun versucht hat. Loos hat ja nicht, durch seinen Raumplan, den Bedürfnissen der Funktion genügen wollen, sondern den Ansprüchen des geselligen Wohnens. Aber Le Corbusier hat die Trennung zwischen Außen und Innen sehr gut ausgedrückt – und dann ist es ja nicht wahr, daß er im Innern seiner Häuser den funktionalen Bedürfnissen genügt habe: da spricht er den Jargon der Zeit. Er hat gewissen Raumvorstellungen genügen wollen, was, übrigens, wieder nicht ganz das gleiche ist wie die Ansprüche der geselligen Kultur, die gab es für seine Generation nicht mehr. Dennoch ist er der einzige, der ein gewisses Recht dazu hatte, Loos einen Vorläufer zu nennen – obwohl er wohl besser daran getan hätte, sich als einen Schüler von Loos zu bezeichnen. Er hatte ein gewisses Recht dazu, weil bei ihm, wie bei Loos, jener Unterschied besteht zwischen der Gestalt des Hauses und dem, was innen vorgeht. Es ist eine der funktionalistischen entgegengesetzte Auffassung. Loos hat niemals davon gesprochen, daß die Gestalt des Hauses das widerspiegeln solle, was innen geschieht, er hat niemals gesagt, der Architekt plane „von innen nach außen“. Er hätte bestimmt nicht Hugo Häring zugestimmt, als dieser verkündete, daß die Gestalt des Hauses sich von selbst ergebe, wenn man den Funktionen gerecht wird. Wenn die Funktionalisten Loos als einen Vorläufer in Anspruch genommen haben, so sind sie einem Irrtum unterlegen, so haben sie nicht gewußt, was Loos gewollt hat.

Loos hat die Architektur gewollt. Er hat das oft und deutlich ausgesprochen, und wir haben einige dieser Loos-Worte gelesen, aber man hat das überhört. Man hat gesagt: Loos war gegen das

Ornament, also ist er unser Mann gewesen. Man hat wohl auch gesagt: Loos wollte dem Alltag dienen, dem ganz gewöhnlichen täglichen Leben. Und wieder hat man ihn mißverstanden; denn Loos wollte die Freiheit, die der Raumplan herstellt, aber er hat sie mit dem Einhalten gesellschaftlicher Normen verbunden, welche – so meinte er mit Recht – nur in der Freiheit des Raumplanes sich entfalten konnten. Denn das waren ja keine Hände-an-der-Hosennaht-Normen; das war die gelernte Ungezwungenheit, nicht die natürliche, die es nicht gibt. Man denkt an Oscar Wildes Epigramm: „He was one of nature's gentlemen – the worst kind of gentleman there is." Man denkt überhaupt an England, welches Adolf Loos so lieb gewesen ist. Die Kunst, sich ungezwungen zu benehmen, wird – oder wurde – in England in der Disziplin der Public School gelernt. Sie wird von Ausländern oft mißverstanden.

Dies ist es, was Adolf Loos Architektur nannte – obwohl er das niemals so bestimmt ausgesprochen hat. Wenn man aber das, was er über die immer erneute Wiederkehr der klassischen Form gesagt hat, mit seiner eigenen Art zu planen vergleicht, mit dem Raumplan – in der Hülle einer streng symmetrisch, einer memorabel gewollten Hausgestalt –; wenn man sein Planen als die Versöhnung zwischen klassischem Anspruch und freier Organisation des Raumes begreift, so faßt man wohl das, was Loos Architektur genannt hat.

Und damit faßt man wohl auch das, was andere, das, was die gegenwärtigen Loosianer – und es gibt deren nicht so ganz wenige, wie man zunächst denken sollte – mit dem noch nicht erfüllten Versprechen seiner Architektur meinen. Wir befinden uns gegenwärtig in einer Reaktion auf den Funktionalismus eines Häring, wir befinden uns Strömungen gegenüber, welche nach Architektur geradezu schreien. Sie verlangen nach Skulptur und Architektur – oder wenigstens nach skulpturaler Architektur –; ich denke da an Rob Krier. Andere wollen die Gliederungen der historischen Architektur wieder zu Ehren bringen. Adolf Loos hätte mit den einen und mit den anderen nicht übereingestimmt. Ich muß aber zugeben, daß in der Haltung, welche die sogenannten Rationalisten einnehmen, Aldo Rossi zum Beispiel, einiges von dem zu finden ist, was Loos gemeint hat: sein Ruf nach Architektur; aber diese Architekten haben nur an die klassische Strenge gedacht, nicht auch an den Raumplan. Die Verbindung von Raumplan und Strenge aber ist, scheint mir, die Quintessenz des Phänomens Adolf Loos.

Ohne Zweifel, hier war einer am Werke, von dem wir lernen können: indirekt lernen, würde ich sagen; denn die Gesellschaft, für die Loos gebaut hat, ist verschwunden. Ob er heute noch recht hat mit der Behauptung, daß die Baukunst immer wieder durch die Erinnerung an das klassische Altertum zu ihrem eigenen Wesen zurückgeführt werden wird, das weiß ich nicht. Dies aber weiß ich: daß der Ruf nach Freiheit und Form, den Loos in seinen Schriften erhoben und in seinem Werk bestätigt hat, in unserer Gegenwart wieder gehört wird.

Redemanuskript von 1983 anläßlich der Eröffnung der Ausstellung „Adolf Loos 1870–1933“ in der Akademie der Künste. Später publiziert unter dem Titel *Adolf Loos, 1870–1933: ein Vortrag.* Berlin: Akademie der Künste, 1984. (Anmerkungen zur Zeit 23).

Erich Mendelsohn, Kaufhaus Schocken, Stuttgart, 1926–28.

Erich Mendelsohn

In den Mittelpunkt einer kurzen Betrachtung über Erich Mendelsohn stellen wir das Warenhaus Schocken in Chemnitz. Es ist in den letzten Berliner Jahren entstanden und findet eben noch Aufnahme in Mendelsohns eigener Darstellung seines Werkes *Gesamtschaffen des Architekten*, welche 1930 bei Rudolf Mosse erschienen ist. Dort steht neben der Abbildung des Modells die Jahreszahl 1928 und die Bemerkung „im Bau". Das Gebäude war nicht Mendelsohns erstes Warenhaus für Salman Schocken, es war auch nicht das bekannteste dieser Warenhäuser. Das war das Schocken-Haus in Stuttgart, von dem wir sprechen werden, um die Unterschiede zwischen den beiden Gebäuden gleicher Bestimmung sichtbar zu machen. Das Stuttgarter Haus trägt in Mendelsohns Buch die Jahreszahlen 1926–1928, liegt also zeitlich nicht eben lange zurück. Gleichwohl bezeichnet das Haus in Chemnitz in Mendelsohns Werk einen Neubeginn. Es leitet die Phase ein, welche dann 1933 unterbrochen wird. Das Bezeichnende des Baus – und der Phase, die mit ihm beginnt – ist dies: was die Sprache der Architektur angeht, erscheint Mendelsohn von nun an als ein Mann der „modernen Architektur". Er bleibt gleichwohl der andere, er wird es mehr als zuvor: seine Architektur bleibt, man ist versucht zu sagen: *wird* dynamisch.

Der Anblick des Warenhauses ist modern *à outrance*: Die Glasbänder in den fünf Geschossen über dem Schaufenstergeschoß gehen von einem Ende bis zum anderen durch. Fensterbänder und Brüstungsbänder liegen in *einer* Ebene. Diese große geschwungene Fläche wird gehalten von der leicht zurückliegenden Ebene der Schaufenster und der Treppenhäuser, einer Glasebene, einem Rahmen aus Glas, sagen wir besser: dreier Teile eines Rahmens: der abschließende oben fehlt. Es ist eine Anordnung von entschiedener Dynamik, einer Dynamik in großem Maßstab, und sehr beherrscht. Die glatte Front der Glasbänder und Brüstungsbänder tritt nur leicht vor den „Rahmen": Schaufenster und Treppenfenster. Die frei abschließenden Geschosse sind zurückgetreppt, schon die erste Stufe tritt drei Meter hinter die Front zurück. Eine ähnlich groß gedachte und durchgeführte Anordnung ist mir in Mendelsohns Werk nicht bekannt.

Technisch ist die Front eine Kragwand. Eine Kragwand liegt *vor* den Stützen, und die Geschosse über dem Erdgeschoß sind vom Stützensystem ausgekragt. Die Kragwand wurde erfunden, um von den Zwängen des Stützsystems ganz frei zu sein. Das ist ein Ideal der modernen

Architektur; aber die Kragwand nicht nur, sogar die Vorhangwand wurde schon im 19. Jahrhundert erfunden. Das erste mir bekannte Beispiel einer echten Vorhangwand ist Bernhard Sehrings Warenhaus Tietz in Berlin (Leipziger Straße) von 1899/1900. Die Straßenfront enthält zwei Schaufenster von 24 mal 24 Metern Fläche(!). Le Corbusier hat die Unabhängigkeit der Wand von der Konstruktion in der Studie Domino demonstriert.

Mies van der Rohe hat 1923 seine Skizze zu einem Bürohaus mit Vorhangwand veröffentlicht. Mendelsohn hat diese Skizze natürlich gekannt. Das Stützensystem liegt, wie im Schockenbau, drei Meter hinter der Vorhangwand, und auch hier gehen die Fenster ohne jede Unterbrechung von einem zum anderen Ende des Gebäudes durch. Ich habe mich natürlich falsch ausgedrückt, ich hätte sagen sollen, daß im Warenhaus Schocken-Chemnitz die Fenster wie in Mies' Bürohaus ohne Unterbrechung durchlaufen. Sicher ist Mies' Skizze für das Schocken-Projekt eine Anregung gewesen. Immerhin aber bestehen entscheidende Unterschiede zwischen beiden Entwürfen: Das Bürohaus ist ein Viereck, Mendelsohns Front in Chemnitz ist geschwungen. Man sieht in der Skizze deutlich, wie jedes Geschoß auf Kragarmen ruht: das Vortreten der Geschosse soll offenbar diesen Effekt verstärken. Mendelsohn kam es auf eine eindrucksvolle Gesamtform an. Er geht darin so weit, daß er, wie wir gesehen haben, Fensterbänder und Brüstungsbänder in die gleiche Ebene legt, was technisch wohl doch ein Fehler ist. Bei Mies treten die Fenster zurück. Auch bei Mendelsohn sieht man die Kragarme, welche die Geschosse tragen. Das ist ein Element der Dynamik: die Kragwand wird als solche sichtbar gemacht. Man sieht die Kragarme durch die Fensterbänder, und zwar nicht nur in den Nachtaufnahmen, die man von diesem Gebäude so gern gemacht hat.

Hier möchte ich auf eine eigenartige Anordnung der Stützen hinweisen: auf dem in *Gesamtschaffen* veröffentlichten Grundriß folgen die Stützen nicht der Rundung der Front, sondern stehen in einer geraden Linie, welche mit der Rundung ein Segment bildet. Die Abstände der Stützen von der gekurvten Außenwand wachsen nach der Mitte zu, was besonders in den längeren Kragarmen sichtbar werden müßte. Die Anordnung würde den Eindruck der Kurve betonen, man kann sich gut denken, daß Mendelsohn das wollte, als er diese ungewöhnliche Anordnung in den Grundriß gezeichnet hat. Es gibt einen genauen Grundriß; dort stehen die Stützen in geraden Reihen, aber sie sind alternierend angeordnet. Auf diese Weise wird die Gesamtfläche gleichmäßiger mit Stützen versehen, und es wird immerhin plausibel, daß die leichte Wand der ersten zurücktretenden Stufe, welche wie die Front gebogen ist, nicht unmittelbar unterstützt wird. Die Kragarme sind also offenbar von verschiedener Länge: in der Mitte am längsten. Auch der Grundriß also gibt über Mendelsohns Absicht Auskunft: sie war von der Absicht Mies van der Rohes beim Bürohausentwurf verschieden, sie meint wieder die Gesamtform.

Beim Columbushaus in Berlin (1931–1932) wird Mendelsohn die erwähnte Schwierigkeit vermeiden. Dort treten über dem Mezzaningeschoß die Hauptstützen bis zum Korridor der Bürogeschosse zurück. Natürlich kann hier die Außenwand nicht als reine Kragwand behandelt werden, es ist eine Außenwand mit dicht gestellten leichten Stahlstützen. Sie treten zwischen den Fenstern in Erscheinung, sind aber so dünn, daß sie die Fensterbänder nicht unterbrechen. Daß die Außenwand keine Hauptstützen enthält, wird oben beim Abschluß deutlich: das Dach über der oberen Terrasse ist ausgekragt, schwebt frei über der Außenwand. Um zu Mies' Skizze zurückzukehren: er hat die Endfelder breiter gemacht als das Normalfeld. Das bewirkt eine Zentrierung. Es ist die einzige rein formale Anordnung in diesem Entwurf. In Mendelsohns Entwurf wären die breiteren Endfelder sinnlos gewesen.

Bezeichnen wir den Unterschied so: Mies stellt mit großer Genauigkeit die architektonischen Möglichkeiten der Kragwand vor die Augen. Er bedient sich subtiler Mittel wie des Vortretens der Geschosse nach oben. Er läßt sich, könnte man sagen, von dieser prinzipiellen Demonstration durch keine rein formalen Erwägungen ablenken. In diesem Sinne erscheinen die breiteren Endfelder beinahe als Inkonsequenz. Mendelsohn benutzt die gleiche Konstruktion der Kragwand zur Herstellung einer Großform. Ihr Inhalt ist: Dynamik. Das war der Inhalt seiner Architektur auch vorher. Aber vor diesem Bau finden wir in seiner Arbeit gewisse wiederkehrende Formeln des dynamischen Vollzugs – um es einmal so zu nennen. Wir werden diese Formeln bei dem Kaufhaus Schocken in Stuttgart erkennen.

Offenbar hat Mendelsohn die Arbeit an dem Bau für Chemnitz noch in diesem Sinne begonnen. Man sieht es an den Skizzen. Erstaunlich ist, wie wenig die Skizzen mit dem fertigen Bau zu tun haben. In den Skizzen hat Mendelsohn noch in der Richtung gesucht, in der er damals wohl immer zu suchen angefangen hat: er skizziert dynamisch aufeinander bezogene Baukörper. Die Beziehung ist der Bewegungszug. Die Grundriß-Skizze deutet noch am ehesten die neue Möglichkeit an, die der Bau dann verwirklicht; aber sie bleibt Grundriß-Skizze, da besteht keine Beziehung zum Baukörper. Wann das Konzept entstanden ist, das gebaut wurde, weiß man wohl nicht. Selbst die Skizze, die den Bau, wie er ausgeführt wurde, immerhin andeutet, zeigt das Neue daran noch unterworfen unter die alte dynamische Formel. Ich möchte durch den Vergleich mit dem Warenhaus Schocken in Stuttgart (zerstört, aber *nach* dem Kriege) zeigen, worin mir das Neue in Chemnitz zu bestehen scheint.

Die Vogelschau-Zeichnung in *Gesamtschaffen* zeigt den Bewegungszug. Der erste Wendepunkt ist das große Treppenhaus. Die lange Front, die von dort weiterführt, ist bezeichnet durch die riesigen Buchstaben SCHOCKEN; die stellen in dieser Konzeption ein wichtiges Element dar. Die Bewegung setzt sich um die nächste Ecke herum fort und kulminiert in dem zweiten kleineren Treppenhaus, welches rechtwinklig zum großen Treppenhaus steht und ihm antithetisch ist: das Halbrund des Treppenturms, dort ein wichtiges Moment der Komposition an der Straße, ist hier nach innen gekehrt. Mendelsohn gibt die Vogelschau, weil die Komposition, der Bewegungszug, nur von oben voll in Erscheinung tritt. Die Skizze, in der dieses engere und höhere Treppenhaus ebenfalls erscheint, dürfte seine Bedeutung übertreiben.

Man mußte sich wohl ziemlich weit vom Hause entfernen, um dieses Treppenhaus so kräftig wahrnehmen zu können. Auf der Eckansicht erscheint es „hoch da droben". Dieses Photo zeigt, wie stark „komponiert" das Gebäude war, und auch, daß das ausgeführte Haus der beabsichtigten Komposition nicht ganz gerecht wird: die Buchstaben wirken weniger bedeutend, das halbe Fenster, das hinter dem N an der Ecke übrigbleibt, erscheint wirklich als „Rest", der Anschluß der um die Ecke herumlaufenden Fensterfront an die vertikale Fensterreihe der Nebentreppe, obwohl in der gleichen Ebene, ist nicht geglückt. Man könnte wünschen, daß sie in verschiedenen Ebenen lägen. Aber es ist eine Bedingung des Bewegungszuges, daß er nicht unterbrochen werden darf. Der Grund aber, warum dieser Anschluß nicht befriedigt, ist in der dekorativen Verstärkung des Bewegungszuges durch die vielen Horizontalen zu sehen. In Chemnitz wird es diese dekorative Verstärkung – bleiben wir ruhig bei diesem Ausdruck – nicht mehr geben. Das meinte ich, als ich eingangs sagte, daß Mendelsohn sich hier der Sprache der modernen Bewegung angeschlossen habe. Das Warenhaus in Stuttgart dagegen ist noch im Mendelsohnstil gebaut.

Wir sprechen von einem Mendelsohnstil. Das ist ein starker Ausdruck, und Mendelsohn hätte ihn nicht anerkannt. Wir gebrauchen ihn hier, um einen Unterschied klarzumachen. Aber ich möchte hinzufügen, daß Vorsicht geboten ist: die große Treppe, der erste Wendepunkt im Stuttgarter Bewegungszug, ist insofern „Stil Mendelsohn", als ihre äußere Hülle sehr stark horizontal unterteilt ist. Die Treppe selbst aber, als konstruktive Architektur, ist eine der bemerkenswertesten Schöpfungen Mendelsohns. Ferner: der Innenraum des „Universum"-Kinos in Berlin ist zwar ebenfalls Stil Mendelsohn, gleichzeitig aber ist er bereits Großform. Und die Großform in Chemnitz ist eine ausgesprochen Mendelsohnsche Form. Es *gibt* Einschnitte im Werk eines Künstlers, man *kann* im Werke Mendelsohns auf den

Bau Schocken-Chemnitz zeigen und sagen: hier beginnt die Kulmination des Berliner Werkes. Aber so etwas geschieht nicht von ungefähr, es ist vorbereitet, und die vorige Phase wirkt in der nächsten weiter.

Blicken wir auf diesen Mendelsohn-Stil zurück: auch er war eine Entwicklung im Verlauf des Gesamtwerkes. Es handelt sich dabei um eine dekorative Unterstreichung der Bewegung gebauter Massen. Sie tritt zum erstenmal im Mossehaus von 1921–23 stark in Erscheinung: überstark, möchte man sagen. Mendelsohn kommt in den folgenden Jahren von dieser Art einer dynamischen Dekoration zurück. Anzeichen davon bemerken wir in dem nur wenig früheren Bau der Hutfabrik Steinberg, Hermann & Co in Luckenwalde. Betrachten wir also das, was in Mendelsohns Werk davor lag. Es gibt davor nur einen wichtigen Bau: den Einsteinturm. Er wurde 1919 entworfen und 1920–21 gebaut. Man hat ihn die einzige gebaute Skizze Mendelsohns genannt. Betrachten wir also nur die Skizzen.

Sie begannen 1914, im Jahre des Kriegsausbruchs, und entwickelten sich erstaunlich schnell, will sagen: der ursprünglich vielteilige Bau – oder Raum – erfährt eine radikale Reduktion. Hatte Mendelsohn zuerst noch zwischen tragenden und getragenen Gliedern einer Konstruktion unterschieden, so werden sie sehr bald als Einheit behandelt. Man darf sagen, daß das zwei Gründe hat: seine persönliche Wiederentdeckung des Jugendstils und den Gedanken, daß die neue Konstruktion, Eisenbeton, eben jenen Unterschied zwischen tragenden und getragenen Gliedern beendet habe. Die gängige Konstruktion, deren klassischer Ausdruck der antike Tempel ist, sei nun durch eine fließende Konstruktion ersetzt, eine Konstruktion mit dem fließenden Baustoff Beton. Mir scheint, daß das eine mit dem anderen zusammenhängt, der Jugendstil ist ja zur Dekoration erst geworden. Henry van de Velde hat von Kraftlinien gesprochen. 1919, bei seinem ersten öffentlichen Auftreten im „Arbeitsrat für Kunst", sagt Mendelsohn von Olbrichs Ausstellungshalle in Darmstadt: „Mir scheint es nur die Ahnung kommender Binderabstände zu sein, mir scheint ihre Umklammerung der Gesamtform nur den Willen zu bedeuten, konstruktive Möglichkeiten sichtbar werden zu lassen, selbst wenn der adäquate Baustoff noch nicht da ist und letzten Endes der unterbewußte Wille zerstäuben muß."

Olbrich – und der Jugendstil – als Vorwegnahme der konstruktiven Möglichkeiten des Betons. Aber Olbrich – und der Jugendstil – mußten scheitern. Er, Mendelsohn, befinde sich in der glücklichen Lage, Olbrichs Vision weiterführen zu können, da es nun, 1919, den Stahlbeton gebe.

Wie sagen wir das nun: Hat Mendelsohn den Jugendstil konstruktiv gedeutet? Hat er den Betonbau im Sinne eines neuen Weltgefühls gedeutet, eben des Weltgefühls, das im Jugendstil bereits um Ausdruck gerungen hatte? Es kommt wohl auf eines hinaus. Er hat beides auf seine Weise verstanden – oder mißverstanden –, den Jugendstil und den Eisenbeton. War es ein Mißverständnis, so gehört es zu den schöpferischen Mißverständnissen, die weiterführen. Nun entstehen die gegossenen Baukörper der Skizzen, welche beides sind, gegossene Masse und fließende Konstruktion.

Mendelsohn besaß Gefühl für die Konstruktion und für den Willen der modernen Konstrukteure, die alten Gliederungen durch eine neue Einheit zu ersetzen. Er – und einige andere Männer der Avantgarde gleich nach Kriegsende – konnten vielleicht nicht konstruieren; aber sie konzipierten eine neue Konstruktion, in der alles in einem Zuge geschieht. Das war ganz allgemein die Zeit der Skizzen. Vergleicht man aber Mendelsohns Skizzen mit Bruno Tauts Phantasien, Scharouns Explosionen, Finsterlins Nach-Jugendstil, so wird man finden, daß kein Skizzenwerk sich mit Mendelsohns an potentieller Wirklichkeit vergleichen läßt: Mendelsohns Skizzen sind bis in die Einzelheiten in sich zusammenhängend. Von einigen Skizzen möchte ich sprechen, man kann sie die am weitest gespannten nennen: von den stilisierten Hügeln, den gebauten Hügeln. Sie sind darum so wunderbar, weil jeder Gedanke des Dekorativen von ihnen abwesend ist: sie sind wirklich das, was man damals gern eine Schau der Welt genannt hat. Und nun begegnet Mendelsohn das Glück, daß er eine Skizze *bauen* darf, und zwar für Einstein! Er hat den Einsteinturm gebaut – und er ist am Einsteinturm gescheitert.

Wir haben Mendelsohn 1925 besucht, wir waren Studenten. Damals lagen auf seinen Zeichentischen Pläne für die große Textilfabrik in Leningrad, in der die Färberei von Luckenwalde, der am meisten charakteristische Bau der Luckenwalder Fabrik, dreimal wiederholt werden sollte. Mendelsohn zeigte uns das ausführlich; er zeigte uns auch die Details des Herpichbaues, der beinahe abgeschlossen war. Dann bat er uns, ihm Fragen zu stellen. „Was halten Sie bis jetzt für Ihren besten Bau?" – „Luckenwalde", antwortete Mendelsohn, ohne zu zögern. Der Kommilitone sah enttäuscht aus. „Was haben Sie denn erwartet?", fragte Mendelsohn. – „Den Einsteinturm natürlich." – „Liebes Kind", sagte Mendelsohn lachend, „nie wieder! Da haben wir Schiffbauer rufen müssen, um die Schalung zu machen. Und dennoch", sagte er nach einer Pause, "ist es gut, daß dieser Bau steht."

Womit er die Rolle des Einsteinturms als etwas Abgeschlossenes bezeichnet hat: die Phase der Skizzen mit einem „fließenden" Baustoff war vorbei. Die Folge aber der „Schiffbauer, die er hatte rufen müssen" – und in Wahrheit war es noch schlimmer: der Körper des Turmes wurde aus Backstein gemauert und mit einem dicken Rauhputz versehen, der den Beton darstellen mußte –, war Luckenwalde: ein Bau, an dem es keine gekurvte Fläche mehr gibt!

Die Skizzen einer neuen, „fließenden" Architektur waren also noch nicht zu verwirklichen: sie waren es nicht für Olbrich, sie waren es nun also auch für Mendelsohn nicht. Von nun an hielt er sich ans Baubare. Da er jedoch den Gedanken an neue Konstruktionen, die eine dynamische Architektur ermöglichen würden, nicht aufgab, mußte von nun an der Bau die ihm innewohnende Dynamik darstellen. Der Bau in Luckenwalde ist auch darum so gut, weil das dort noch in sehr geringem Maße geschieht: der Bau überzeugt auch ohne das. Die zahlreichen Warenhausbauten aber, welche in den Jahren seit 1922 (Weichmann in Gleiwitz) entstanden sind, zeigen deutlich diese Darstellung, die Verstärkung durch eine moderne Dekoration, man kann es nicht anders nennen; mit anderen Worten: den Mendelsohnstil.

Und da nun Mendelsohn, der Architekt, sich den Versuch versagen mußte, den die Skizzen vorbereitet hatten, so wurden seine Skizzen von nun ab phantastisch – oder er „hört" in ihnen seine Architektur: Agnus Dei!

In seinem Brief aus Herrlingen, geschrieben nach seinem Besuch in Holland anno 1923, skizziert er Ziele einer neuen Architektur – und die Rolle, die er selbst darin zu spielen hofft. Er spricht von den beiden holländischen Schulen, der von Amsterdam, die er dynamisch, der von Rotterdam (das ist Oud), die er funktional nennt. Er wünscht, daß sie einander entgegenkommen mögen: „Geht Amsterdam einen Schritt weiter in die Ratio, will Rotterdam nicht ganz das Blut töten, so sind sie vereinigt. Sonst konstruiert sich Rotterdam in den kühlen Tod, dynamisiert sich Amsterdam in den Verbrennungszauber. (...) Die funktionelle Dynamik ist das Postulat."

Aber die kommende Architektur ist nicht mehr dynamisch – oder expressionistisch. Mit Oud beginnt der Funktionalismus, welcher im geschichtlichen Ablauf den dynamischen Aufbruch der Zeit gleich nach dem Kriege beenden wird. Das sah Mendelsohn in Herrlingen noch nicht, er wollte die Vereinigung – und er meinte, sie mit der eigenen „funktionellen Dynamik" bewirken zu können. Wir haben gesehen, daß er zunächst einen Weg ging, der in eine Sackgasse führen mußte. Man kann seine Warenhausbauten jener Jahre wohl nicht funktionell-dynamisch nennen, da die Funktion in ihnen recht gut wahrgenommen wurde, während die Dynamik äußerlich: im Bewegungszug der Baumassen in Erscheinung trat und – wir müssen das betonen – in einer dynamischen Dekoration; wie wir das am Warenhaus Schocken in Stuttgart beobachten konnten.

Der Schockenbau in Chemnitz erscheint mir darum so wichtig, weil hier, endlich, das geschieht, was der Herrlinger Brief von 1923 ankündigt. Anstelle des Bewegungszuges, durch Dekoration unterstrichen, erscheint ein eindeutiger Baukörper, der aber drückt Spannung aus.

Wir haben gesehen, auf welche Weise. Eben diese Spannung aber, diese Dynamik, unterscheidet Schocken-Chemnitz von einem modernen Stil, der damals entstand, der später abgelehnt wurde.

Hier beginnt die letzte Phase der Arbeit Mendelsohns in Deutschland. Das Columbushaus gehört zu ihr, auch das eigene Haus am Rupenhorn (Havel). Die Dynamik, welche Mendelsohns Architektur innewohnt, wird beherrscht. Darum wird sie als Formel – und als Dekoration – überwunden. Das Jahr 1933 hat diese Phase abgebrochen. Eine kurze Zeit lang wurde sie in England fortgesetzt (Pavillon in Bexhill), nicht aber in Palästina, auch nicht in den USA. In seinen letzten Jahren spricht Mendelsohn davon, daß er wieder in die Vision aufbrechen werde. Damit kann er eigentlich nur die frühen Skizzen gemeint haben, aber verändert: sein Werk als Architekt konnte nicht spurlos vorübergehen. Hierüber können wir nur spekulieren, es ist zu einer neuen visionären Architektur nicht mehr gekommen.

Die Phase, welche mit dem Bau in Chemnitz beginnt, mag die wichtigste in Mendelsohns Werk gewesen sein; aber es war ihr nicht gegeben, sich zu entfalten. Wir müssen zugeben, daß sie spät eingetreten ist: spät nicht nur im eigenen Werk. In Deutschland – aber auch anderswo – wurde in den mittleren dreißiger Jahren die neue Architektur durch einen Regionalismus abgelöst. Was die zwanziger Jahre an Neuem gebracht hatten, wurde modifiziert. Man höre, was Gropius in jenen Jahren gesagt hat, man sehe sein Haus in Lincoln/Massachusetts an! Auch Mendelsohn hat sich in Palästina dieser relativierenden Haltung der neuen Architektur gegenüber nicht entziehen können.

Artikel, erschienen unter dem Titel „Betrachtungen über Erich Mendelsohn. Ausgehend vom Warenhaus Schocken in Chemnitz (Karl-Marx-Stadt)." In: *Bauwelt*, H. 10 1988, S. 375–380.

Ein Besuch im Bauhaus Dessau

Das Bauhaus ist nicht abzubilden. Man hat seit seiner Erbauung (1925–26) dieses Gebäude mehr abgebildet als die meisten anderen, sogar in dieser die Architekturfotografie liebenden Epoche. Wir alle haben es auswendig gekannt und anerkannt oder abgelehnt. Und dann kommt einer als uralter Mann endlich nach Dessau – und erblickt das Bauhaus zum ersten Male.

Man nehme nur den berühmten und berüchtigten Glasbau, den Werkstättenbau. Schon das Wort Glasbau, das auch ich gebrauche, ist ein Wort des Vorurteils: des positiven: „Na endlich ist das gelungen, ist dieser Traum einer neuen Architektur wirklich geworden"; des negativen: „Es geht eben nicht: Glas genügt nicht, es verflüchtigt den Bau." Wenn man aber das berühmte Glashaus sieht, ist das erste, was auffällt, dies: wie wenig durchsichtig es wirkt. Das liegt ganz wesentlich daran, daß die durchgehenden „Glasflächen" mit einem durchgehenden engmaschigen Rahmen aus Stahl versehen sind. Daß eine so enge Masche notwendig war, um die große Glaswand zu halten, glaube ich nicht. Sieht man sich weiter im Bauhaus um, so findet man die enge Rahmung an viel kleineren Fensterflächen wieder. Sie ist also wohl ein Element der Architektur – oder sogar der Dekoration.

Wie wenig praktisch der Glasbau war – und geblieben ist –, wissen wir alle nur zu gut, im Sommer kann man in diesen Werkstätten nicht arbeiten, weil es zu heiß da drin ist, und im Winter nicht, weil man friert. Eben dem Glasbau des Bauhauses gegenüber ist diese Kritik – sie ist berechtigt – immer wiederholt worden.

Dabei ist das eine Kritik, welche weniger dieses eine berühmte Gebäude betrifft als eine Tendenz der frühen Jahre des Jahrhunderts; nie hat man mehr von den praktischen Aufgaben des Bauens gesprochen, nie hat man weniger davon gewußt. Das Glasdach, welches Peter Behrens vor 1914 über die Montagehalle der AEG gebaut hat, mußte schon bald nach Fertigstellung zum größten Teil geschlossen werden, weil man dort nicht arbeiten konnte. Ich könnte andere Beispiele nennen. Man hat wohl aus zwei Gründen auf der Kritik des Glasbaues im Bauhaus bestanden: einmal darum, weil man hier, anders als in Behrens' Montagehalle, nichts ändern konnte. Die Werkstatträume sind bis in die Mitte hell, und so müssen sie bleiben. In der Montagehalle, die weite Fenster hat, brauchte man das Glasdach nicht. Gropius hatte sich also verrechnet, vielleicht auch hat er gar nicht gerechnet und einfach nicht gewußt, was er da tat: eine herrliche Gelegenheit, das zu kritisieren, was man später den Funktionalismus genannt hat! Seltsam aber ist, daß in diesen Räumen die ungebrochenen Glasflächen zu beiden Seiten nicht eigentlich das sind, was einem auffällt. Was auffällt, ist die Konstruktion.

Diese Räume werden von den konstruktiven Betonrahmen beherrscht, die in ihnen einander folgen. Die Rahmen sind so: in der Mitte des Raumes steht eine Stütze – der Raum ist sehr weit –, und die beiden Seitenstützen stehen vor den gläsernen Außenwänden. Um diese – und die Raumdecke – zu halten, muß der Rahmen oben eine Auskragung haben, die bis zur Außenwand reicht. Diese Auskragung wird nicht nur gezeigt, sie wird betont. Der Rahmen ist überhaupt das Element in diesen Räumen, nicht die Außenwand. Mit Freude werden die schrägen Rahmenteile gezeigt, die von den Stützen zum Balken aufsteigen: typische Teile der Betonkonstruktion – auf jeden Fall, wie man sie damals verstand. Hierauf also, auf das genaue Vorzeigen der tragenden Rahmen, hat der Architekt offenbar Wert gelegt; und dieser Freude an einem Erklären der Konstruktion begegnet man überall im Bauhaus. Nehmen Sie nur einen anderen Raumteil, den Gang vor den Räumen in der Brücke, welche die beiden Teile des Bauhauses miteinander verbindet. Der Gang war schon wichtig, denn in der Brücke lagen wichtige Räume, die der Meister, zum Beispiel auch Gropius' eigener Raum. Die Decke über dem Gang besteht aus schräg auskragenden Balken: die Auskragung soll betont werden. Diesen Teil der Konstruktion mag man logisch nennen: der Gang kragt aus, man soll das sehen. Daß aber das durchgehende Fenster des Ganges nicht ein durchgehendes Fenster ist, sondern aus zwei weniger breiten, aber tieferen Fenstern an den Seiten und einem breiten – und weniger tiefen – Mittelfenster besteht, und daß die Seitenfenster weiter außen liegen als das breite Mittelfenster, das sieht man wirklich erst, wenn man den Gang betritt; von außen ist das wenig sichtbar. Innen allerdings ist die Wirkung so stark, daß man in den Gang – oder die Gänge – immer wieder hineingeht. Gänge sind ja immer schwierig. Diese hier sind ganz gelungen, auf künstliche Art, wie ich zugebe. Immerhin dienen auch die Größe und das Vortreten der Seitenfenster dazu, die Fenster, und das heißt ihre Konstruktion, genau anzusehen.

Es war gewiß eine Absicht des Architekten, daß man der Konstruktion ständig gewahr sein sollte: Betonrahmen und Stahlfenster; der modernen Konstruktion und dessen, was sie leisten kann. Die Absicht war ganz offenbar die, daß diejenigen, die dort arbeiteten, die moderne Konstruktion – und was sie leisten kann – immer gegenwärtig vor sich sehen sollten. Sie sollten ihrer immer wieder gewahr sein. Und man bleibt ihrer gewahr.

Übrigens wird das nicht doktrinär vorgetragen; und es gibt im Bauhaus auch „Stellen", an denen auf diese genaue Darstellung verzichtet wird. Interessant ist in dieser Hinsicht das Haupttreppenhaus. Das durchgehende Fenster der Treppe selbst entspricht dem Typ der Bauhaus-Glaswände, ist klein unterteilt. Betritt man die Diele, so sieht man sich gegenüber einem Aussichtsfenster in einem Stück! Ja, ganz gewiß, auch das kann die moderne Technik leisten.

Die Raumaufteilung ist im Grunde einfach, und man kommt immer wieder auf die Treppe, die Dielen, die Gänge zurück. Man versteht, warum Schlemmers Gruppenbild zugleich ein Bild dieser Treppe ist: jawohl, sie ist das Kernstück des Bauhauses. Noch dies möchte ich zu Gropius' Architektur im Bauhaus sagen: Da alles Konstruktive – und das Räumliche – und, wie gesagt, das eine ist vom anderen nicht zu trennen – stets gegenwärtig ist, gegenwärtig und verständlich, fühlt man sich in diesem Hause, das damals als ein Signal galt, ja, ein Trompetenstoß, sehr bald ganz ruhig, dazugehörig, angeregt. Das mag im letzten Gropius' Absicht gewesen sein: die Sensation um der Sensation willen hat ihm ferngelegen. Dieser Eindruck aber – und er bleibt, ihn nimmt man mit – ist das, was man am wenigsten erwartet hatte. Und ich habe mich immer wieder gefragt, was aus mir geworden wäre, wenn ich mich diesem Einfluß damals ausgesetzt hätte, als ich Student war (als das Bauhaus gebaut wurde). Aber ich wollte eben nicht.

Nachahmen soll man das Bauhaus nicht. Man kann es auch nicht, weil eben die Konstruktionen, die damals neu waren und vom Architekten als sinnvoll dargestellt wurden, uns heute nichts angehen. Ob die ganze Frage uns nichts angeht, das allerdings steht auf einem anderen Blatt. Ich meine, sie geht uns an: daß ein Gebäude, welches, vergessen wir das nicht, durchaus eigenwillige Architektur ist, dadurch, daß es sich selbst ständig erklärt, eine uns beruhigende Wirkung hat, das, meine ich, geht uns an; das ist Ziel einer jeden Architektur fürs Leben. Und daß der Sinn dafür zusehends geringer wird, macht die Begegnung mit dem Bauhaus so wichtig.

Artikel, erschienen unter dem Titel „Die Konstruktion vor sich sehen. Ein erster Besuch im Dessauer Bauhaus." In: *Der Tagesspiegel*, 1. Februar 1992.

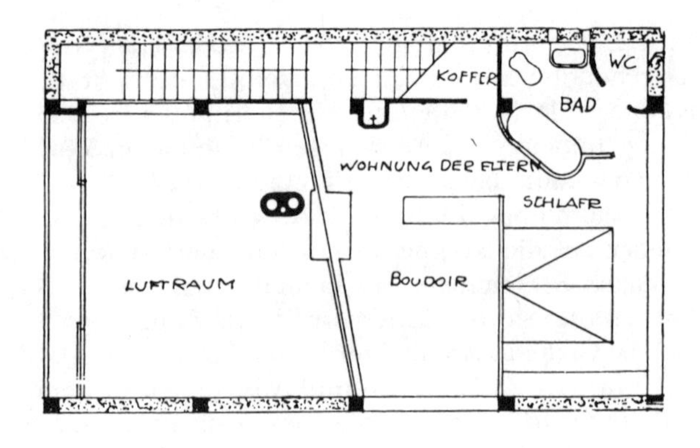

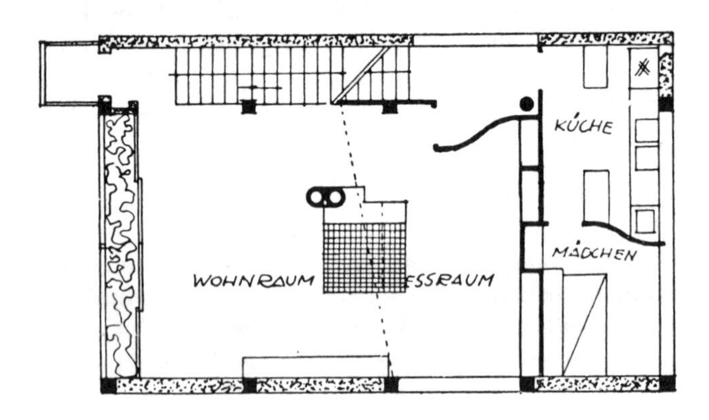

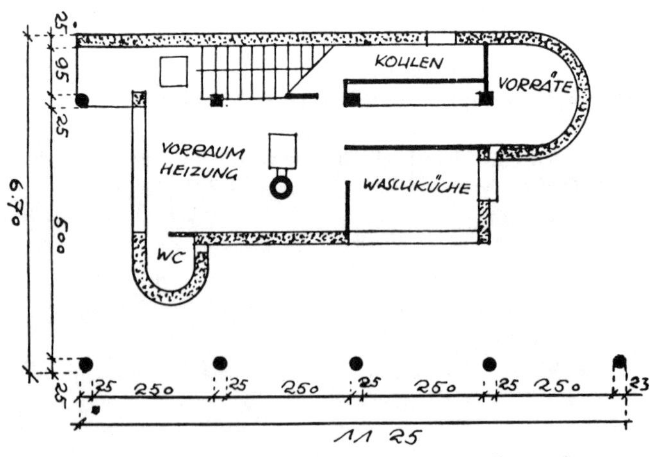

Le Corbusier, Einfamilienhaus für die Weißenhof-Siedlung, Stuttgart, 1927. Grundrisse Erdgeschoß, 1. OG und 2. OG.

Weißenhof

An zwei Gegenständen hat sich die Legende von der Architektur der zwanziger Jahre festgemacht: am Bauhaus in Dessau und an der Weißenhofsiedlung auf dem Killesberg in Stuttgart. Das liegt zum Teil daran, daß beide demonstrativ gemeint waren, daß sie viel von sich reden machten und daß ihre Autoren wollten, daß viel von ihnen geredet würde. Damit hängt es nun wieder zusammen, daß beide von den Gegnern der neuen Architektur besonders heftig angegriffen und dann von den Nazis in eine besonders tiefe Hölle verbannt wurden; vielmehr nein, nicht verbannt, sondern vorgezeigt als Teufelswerk katexochen. Dem Bauhaus hat man schließlich ein Satteldach aufgestülpt, vom Weißenhof hat man die berühmte Postkarte gedruckt: der Weißenhof als Araberdorf. Dieser Schimpf und diese Schande haben dann auch dazu beigetragen, daß man nach dem Ende des Dritten Reiches auf diese beiden Gegenstände mehr gesehen hat als auf andere Leistungen jener Zeit. Da die Nazis sie mehr als andere verteufelt hatten, wurden sie nur mehr als andere gefeiert, sie wurden zu Symbolen der fortschrittlichen zwanziger Jahre. Heute dürfen wir beide mit mehr Ruhe betrachten.

Das Bauhaus braucht uns hier nicht zu interessieren. Es sei nur eben bemerkt, daß seine wahre Geschichte noch nicht geschrieben wurde, immer noch nicht. Für Hans Maria Wingler bleibt es das entscheidende Ereignis jener Jahre, andere – Carlo Argan zum Beispiel – haben es kritisiert, weil es, wie er sagt, nicht imstande gewesen sei, die höchste Kunst hervorzubringen – er nennt den Namen Picasso –; aber das wollte, das sollte das Bauhaus ja gar nicht. Ansätze zu einer Kritik sind bereits in jenem Brief enthalten, den Hannes Meyer nach seiner Entlassung als Direktor an den Bürgermeister von Dessau schrieb; aber diese Ansätze hat man zu einseitig, zu soziologisch – oder auch marxistisch – ausgewertet. Genüge es zu sagen, daß diese Geschichte weniger eindeutig gewesen ist, als die Zeit nach dem Dritten Reich sie sehen wollte; komplexer, wahrscheinlich interessanter, aber weniger gut als Vorbild geeignet. Ich glaube, daß über den Weißenhof ähnliches zu sagen ist.

Hier, so heißt es, haben sich die Architekten zusammengetan, welche am entschiedensten für die neue Architektur eingetreten sind. Hier stock' ich schon, denn man hat da eine seltsame Auswahl getroffen. Erich Mendelsohn war nicht dabei. Die Auswählenden hielten ihn wohl für eine Größe von gestern. Adolf Loos war ebenfalls nicht beteiligt. Man hat ihn, der sich damals auf der Höhe seiner Produktivität befand, zum Vorbereiter abgestempelt, dem man viel zu verdanken habe, gewiß, aber...

Dagegen stammt das größte Gebäude auf dem Weißenhof von Peter Behrens, einem Manne, dessen Bedeutung nun wirklich einer anderen Zeit angehört. Vielleicht war das eine freundliche Geste von Mies, der dem ehemaligen Meister gegenüber kein ganz reines Gewissen hatte.

Auch derart persönliche Antriebe kann man nicht ausschließen. Um ehrlich zu sein: Der Weißenhof ist am Ende doch das Werk einer Clique. Sie hatte einen weiten Horizont, diese Clique. Sie schloß Peter Behrens ein und merkwürdigerweise auch Hans Scharoun, der der offiziellen Linie der modernen Architektur niemals gefolgt ist. Aber sie zog Grenzen, die wahrscheinlich aus den Zeitumständen zu erklären sind; aber uns leuchten sie nicht ein. Dies am Rande: Es ist keines Menschen und gewiß keines Historikers Sache zu fragen, wie der Weißenhof hätte werden können ohne Behrens und mit Loos.

Wie er wurde, war er eine bedeutende Manifestation. Er ist die erste Werkbundausstellung nach der problematischen Ausstellung in Köln 1914; und während in Köln gerade die Wohnhausarchitektur romantisch behandelt wurde, im „rheinischen Dorf", ist die Weißenhofsiedlung die erste Versammlung individuell geplanter Wohnhäuser von strikt modernem Charakter. Ehre sei dem Werkbund jener Tage, Ehre auch dem Bürgermeister von Stuttgart dafür, daß ein solches Experiment verwirklicht wurde.

Der Werkbund – dies ist ein anderes bedeutendes Faktum – stand hier für die neue Architektur in Europa: auf jeden Fall in dem Teil von Europa, in dem die neue Architektur Fuß gefaßt hatte. Das war damals Deutschland, Österreich, Holland. In diesen Ländern gab es das, was man moderne Bewegung nennen kann. In Belgien und in Frankreich gab es einige, die dieser Bewegung angehörten. Sie sind auf dem Weißenhof vertreten. Der Weißenhof war das weithin sichtbare Fanal des Aufbruches zu neuen Gestaden. Was in den folgenden Jahren in der Schweiz geschah, in der Tschechoslowakei, in Italien, in Skandinavien, ist sicher nicht ganz unabhängig vom Weißenhof geschehen. Trotzdem ist es wahr, daß die Siedlung auf dem Killesberg weder die konsistenteste noch die bedeutendste Leistung der neuen Architektur um die Mitte der zwanziger Jahre gewesen ist. Die ersten Großsiedlungen am Berliner Stadtrand, die ersten Orte im Niddatal bei Frankfurt scheinen mir diese beiden Epitheta besser zu verdienen, von einzelnen Meisterleistungen der Zeit nicht zu sprechen.

Warum nenne ich die Weißenhofsiedlung nicht konsistent, verglichen etwa mit der Hufeisensiedlung von Bruno Taut? Weil die Hufeisensiedlung einen sozialen Inhalt hatte und eine städtische Gesamtgestalt besaß, was man eigentlich nicht sagen kann. Um zunächst von der Gestalt zu sprechen: Mies hatte sich bemüht, den Hügel Killesberg im Sinne mediterraner Städtchen mit einer gestaffelten Baugruppe zu krönen. Dem aber stand die Einladung an so viele individuelle Architekten entgegen. Mies mußte auf die einhellige Gestalt verzichten und versuchte nun zu retten, was noch zu retten war. Eine gewisse Ordnung ist wahrzunehmen, dadurch besonders, daß das große Wohngebäude, welches er selbst beigetragen hat, die höchste Stelle des Hügels markiert. Trotzdem wurde der Weißenhof eine Art Architektenzoo, und der Ausstellungscharakter ist nie ganz von ihm gewichen.

Schwieriger ist die Frage nach dem sozialen Inhalt des Weißenhofes zu beantworten. Der Weißenhof enthält eine kurze Zeile von Arbeiterhäusern: die Reihenhäuser von Oud. Die kurze Zeile des anderen Holländers, Mart Stam, kann man, meine ich, nicht als Arbeiterhäuser bezeichnen. Die Mehrzahl vollends der Häuser, die auf dem Killesberg zusammenstehen, sind kleine Villen. Selbst in dem kleinen Hause von Scharoun befindet sich ein Mädchenzimmer; und es macht die Sache nicht besser, daß es eine winzige Mädchenkammer ist. Das Einfamilienhaus von Le Corbusier ist räumlich anspruchsvoll, das gleiche kann man von dem Hause von Lauterbach sagen. Ich könnte andere nennen. Der soziale Inhalt der Siedlung ist, nennen wir es: unbestimmt. In dieser Hinsicht war das rheinische Dorf von 1914 bestimmter: die Häuser waren als Arbeiterhäuser gedacht. Ausgangspunkt auf dem Weißenhof war das Heim für die Familien, ein bißchen größer, ein wenig kleiner als gehoben-kleinbürgerlich. Nun wohl, das Ziel war nicht das Arbeiterhaus, sondern eine neue Art des Wohnens. Und wenn es in der Kleinvilla besser zu demonstrieren war als im Arbeiterhaus – und das mag wohl so sein –, dann darf man das anerkennen. Die Frage ist nur: Wurde eine neue Art des Wohnens demonstriert?

Durch das Studium der Grundrisse (in ihrer veröffentlichten Form) kam ich zu einem Ergebnis, welches mich selbst überraschte. Weitaus die meisten der Häuser sind geplant, wie man eben Kleinvillen damals geplant hat: jeder Raum ein Kästchen für sich. Von Scharouns Haus kann man das nicht sagen, von Radings Haus auch nicht und gewiß nicht von dem von Le Corbusier. Genaugenommen aber kann man nur in diesem Hause den Ansatz zu einer neuen Art des Wohnens sehen. Darum wurde auch dieses Haus entschieden von der feindlichen Kritik abgelehnt. Man soll übrigens vorsichtig sein und den geschichtlichen Augenblick nicht aus dem Auge verlieren. Eine zeitgenössische Kritik, mit der wir uns beschäftigen werden, wirft den Häusern allesamt vor, daß man sich in ihnen nicht zurückziehen könne, daß man immer aufeinanderhocken müsse. Wenn man das damals so empfand – und der Kritiker war ein kompetenter Architekt –, so ist mein Vorwurf, daß es sich auf dem Weißenhof nicht eigentlich um neue Formen des Wohnens handelt, auf jeden Fall zu überprüfen.

Für mich, im Rückblick, bleibt übrig als ein Ansatz zu einer wirklichen neuen Form des Wohnens Le Corbusiers Haus mit dem durch beide Geschosse reichenden Wohnraum, an die sich die übrigen Gelasse anschließen. Daneben bleibt bemerkenswert die Zeile der im Gegensatz dazu sehr kleinteilig geplanten Arbeiterhäuser von Oud, weil es Arbeiterhäuser sind – zwei Arten zu wohnen. Die übrigen Häuser besitzen als Anleitung zum neuen Wohnen keine vergleichbare Qualität. Ich wenigstens habe sie nicht erkennen können, was durchaus an mir liegen mag. Man hat einige der Einfamilienhäuser mit neuen Bauweisen gebaut. Das war ein experimentelles Vorgehen, also berechtigt. Nichts aber veraltet schneller als neue Techniken. Wir dürfen uns ein kritisches Eingehen auf jene Versuche sparen.

Auf dem Weißenhof stehen zwei große Mehrfamilienhäuser, das eine von Peter Behrens, das andere von Mies. Wir haben schon unserer Verwunderung darüber Ausdruck gegeben, daß Behrens eingeladen wurde. Immerhin, Poelzig wurde auch eingeladen, und daß Tessenow nicht teilgenommen hat, lag sicher an Tessenow. Von dem Gebäude aber, welches Behrens auf dem Weißenhof gebaut hat, kann man leider nur sagen, daß es die Verwunderung darüber rechtfertigt, daß man ihn eingeladen hat. Behrens hat damals mit der modernen Architektur gespielt, einer Sache, die er sich wohl zu eigen machen wollte, die ihn gereizt hat, von der er sich bestimmen ließ. Aber er war eben kein moderner Architekt, wenigstens war er es damals noch nicht.

Das Haus von Mies dagegen ist zweifellos zusammen mit denen von Le Corbusier und von Oud das bemerkenswerteste Gebäude auf dem Weißenhof. Einmal, weil es ein Mietshaus in reinem Stahlskelettbau ist. Das war im Jahre 1927 ein großer Schritt nach vorn. Zum anderen, weil es stilistisch das reifste Bauwerk auf dem Weißenhof ist. In ihm ist der neue Stil – ich gebrauche diesen Ausdruck bewußt – gemeistert. Ob der flexible Wohnungsgrundriß eine tragfähige Idee gewesen ist, bleibt zweifelhaft. In den mehr als fünfzig Jahren, seit denen das Haus steht, ist meines Wissens kein Wohnungsgrundriß verändert worden. Der Gedanke, daß die Stahlskelettkonstruktion leichte Veränderbarkeit gestatte, war ein Programm, keine Erfahrung. Man hat, viele Jahre später, in Berlin ein Gebäude nach dem gleichen Prinzip ausgeführt, Hermkes' Architekturfakultät der TU. Wenn man in diesem Bau irgendwo eine Wand versetzt, so macht man das so, daß man die alte Wand abreißt und eine neue aus Gipsdielen oder aus Rabitz aufstellt, wo man sie braucht. Das Stahlskelett abzumontieren und an anderer Stelle wieder aufzubauen würde viel mehr kosten.

Sie sehen aus dieser sehr flüchtigen Zusammenfassung, daß in der Weißenhofsiedlung nur wenige Gebäude als wahrhaft bedeutend übrigbleiben: Le Corbusiers Einfamilienhaus, Ouds Reihenhäuser, Miesens Mehrfamilienhaus. Gewiß, Scharouns Kleinvilla ist angenehm, Tauts Einfamilienhaus enthält ein räumliches Versprechen, um es einmal so auszudrücken. Aber keines dieser anderen Häuser öffnet neue Horizonte für das Wohnen, wie Le Corbusier das getan hat, keines antwortet so genau auf die Wohnbedürfnisse einfacher Leute wie die Reihenhäuser von Oud, keines besitzt die stilistische Reife des Mehrfamilienhauses von Mies. Allerdings: stilistische Reife, Stil überhaupt als Ziel dieses Experimentes ist etwas, wogegen alle Teilnehmer am Weißenhof sich energisch verwahrt haben. Wir werden in der Folge sehen, mit wieviel – oder wie wenig – Recht.

Wir haben gesagt, daß der Weißenhof zum sozialen Wohnbau wenig beigetragen hat und auch, daß er als Darstellung neuer Formen des Wohnens weniger eindeutig gewesen ist, als es vielleicht auf den ersten Blick schien, als man damals hoffen – oder fürchten – mochte. Es scheint mir nicht unmöglich, daß die Erbauer der Siedlung weder das eine Ziel noch das andere wirklich erreichen wollten. Von beiden haben sie zwar gesprochen; aber, glauben Sie mir, dem Zeitgenossen, daß manchem unter uns Zuschauern der Geburt einer neuen Architektur die Diskrepanz zwischen den Willenserklärungen der modernen Architekten und ihren Werken schon damals aufgefallen ist. Ich habe wenige Jahre später über die Architektur, die sich funktionsbestimmt nannte, gesagt, die Zielsetzungen planerischer, hygienischer, bautechnischer, wirtschaftlicher, sogar die sozialer Natur, die man so laut verkündete, seien Vorwände gewesen, das wahre Ziel sei eine neue Form. Ich sprach von einem Kurzschluß zur Kunst. Und hätte ich damals die kurze Erklärung gelesen, welche Mies, der Gesamtplaner, zur Weißenhofsiedlung abgegeben hat, ich hätte mir die „Entlarvung" sparen können. Denn Mies hat in dieser Erklärung nicht auf der Wichtigkeit der Funktion bestanden, nahm, im Gegenteil, den Weißenhof zum Anlaß, seine Anschauungen über den geringen Wert der Funktion auszusprechen. Es sei falsch, sagte Mies, in substantia zu meinen, was funktioniert sei eo ipso Architektur, es sei irreführend, immer von praktischen, technischen, wirtschaftlichen Bedingungen zu sprechen. Diese allein definierten nicht die Baugestalt. Mies hatte 1923 gefordert: „Gestaltet die Form aus dem Wesen der Aufgabe mit den Mitteln unserer Zeit."

Das kann man so auffassen, als folge für ihn, wie für seinen Freund und Gegenpol Hugo Häring, die Form aus Funktion und Technik. Auch seine Absage „Jede ästhetische Spekulation, jede Doktrin und jeden Formalismus lehnen wir ab" kann man so auffassen. Aber Mies hat auch damals nicht, wie Häring, von der richtigen, der unvermeidlichen Form gesprochen, die man lediglich zu finden habe. Er sprach vom Gestalten. Jetzt, beim Weißenhof, wird er deutlicher und wendet sich gegen die, welche nur von den Bedingungen sprechen und nicht vom Vorgang der Gestaltung. Das wurde sicher gehört.

Erst haben wir eine Reaktion der jüngsten Generation auf die neue Architektur erwähnt, meine eigene: „Vorwand für Form, Kurzschluß zur Kunst"; dann eine Erklärung von Mies, der Hauptperson bei der Planung der Weißenhofsiedlung. Erlauben Sie mir, nun auch die Stimme der älteren Generation in Erinnerung zu rufen, die Kritik des Weißenhofs durch Hermann Muthesius: „Es wird die neuzeitliche Rationalisierung der Wohnung scharf hervorgehoben, wobei allerdings so getan wird, als wäre nach dieser Richtung hin überhaupt noch nichts geschehen."

Dieses letzte ist natürlich pro domo gesprochen: aber hatte Muthesius ganz unrecht? Die Art, wie die Vertreter der neuen Architektur auftraten, so „als wäre nach dieser Richtung hin überhaupt noch nichts geschehen", hat mich schon damals verdrossen, wie sie mich auch später verdrossen hat. (Darum habe ich ja ein Buch über das Zeitalter Wilhelms des Zweiten geschrieben.) Muthesius sagte ferner: „Die tatsächliche Benutzung der Häuser wird darüber Aufklärung bringen, ob die neue Generation, für die man angeblich baut, einen wesentlichen Teil ihres Lebens wie in arabischen Ländern auf dem Dach verbringen wird, ob sie wirklich im Winter vor enormen Glasflächen frieren will, ob sie das Gemeinschaftsleben so weit ausdehnen will, daß kein abgeschlossener Raum im Haus vorhanden ist, in dem man geistig arbeiten kann, ob sie wirklich auf jeden Abstellraum verzichten will."

Diese Kritik hatte ich im Sinn, als ich vorhin davon sprach, daß die im Weißenhof verwirklichte Form des Wohnens sich den Zeitgenossen als zumindest ungewohnt dargestellt haben mag. Sie, meine Damen und Herren, werden in diesen Äußerungen eines alten Herrn die unverfälschten Vorurteile seiner Generation sehen; sogar die arabischen Länder fehlen nicht, Vorwegnahme jener bösen Postkarte. Das ist wahr – und es stimmt übrigens nicht, daß man in arabischen Ländern einen wesentlichen Teil des Lebens auf dem Dach verbringt.

Trotz alledem kann man selbst über diese Kritik nicht ohne weiteres zur Tagesordnung übergehen. Muthesius sprach von der neuen Generation, für die man angeblich baut. Dieses „angeblich" klingt ähnlich wie mein „Vorwand". Es ist nicht zu leugnen, daß die Meister der neuen Architektur in den zwanziger Jahren ihre Bauherren, die wirklichen, die prospektiven, die anonymen, nicht konsultiert haben. Es ist ihnen nicht eingefallen, sie zu konsultieren. In Hellerau, vor dem Ersten Weltkrieg, hat man den prospektiven Eigentümern eine Reihe von Fragen gestellt: Wohnküche oder Kochküche, Ofenheizung oder

Zentralheizung usw. Sie wurden beantwortet, sogar mit Skizzen, und man hat die Antworten bei der Planung berücksichtigt. Die Architekten der zwanziger Jahre dagegen waren überzeugt, daß die zukünftigen Bewohner oder Leute aus der gleichen sozialen Schicht wie diese zukünftigen Bewohner ihnen nichts für die Arbeit Förderliches mitteilen könnten. Sie meinten, daß ein so grundsätzlicher Bruch mit jeder überkommenen Form notwendig sei, daß sie, die Architekten, ihn erst einmal vollziehen müßten. Wenn die Leute dann, meinten sie, in den neuen Häusern eine Zeitlang gelebt haben, werden sie erkennen, was ihnen bei ihrer bisherigen Unterbringung gefehlt hat. Die Weißenhofsiedlung ist ein Monument dieser Anschauung. Der Architekt wird zum Erzieher.

Gekürzte Fassung eines Vortrags aus dem Jahr 1981, der anläßlich des Symposiums „Architektur der Zukunft -Zukunft der Architektur" an der Technischen Universität Stuttgart gehalten wurde. Publiziert unter dem Titel „Weißenhof und danach". in: *Baumeister*, Jg. 78, Nr. 6 1981, S. 596–607, sowie Jürgen Joedicke, Egon Schirmbeck (Hrsg.): *Architektur der Zukunft – Zukunft der Architektur*. Stuttgart: Krämer Verlag 1982, S. 14–23.

Le Corbusier, Villa Savoye, Poissy bei Paris, 1932.

Le Corbusier, Schweizer Pavillon der Cité Universitaire, Paris, 1930–32.

Le Corbusier: Versuch einer Abgrenzung

In La Sarraz, im Jahre 1928 – da wurden die CIAM gegründet – begegnete Hugo Häring Le Corbusier. Es war ein Schock – und eine Bestätigung. Damals hatte Häring seine Theorie schon lange formuliert, derzufolge die Geometrie der Architektur von einem organhaften Bauen abgelöst werde. Die Geometrie, sagte Häring, sei einmal Fortschritt gewesen, jetzt sei sie das Konservative. Le Corbusier war ein moderner Architekt, er hatte das Wort vom Hause als einer Maschine zum Wohnen geprägt, er hatte von der modernen Konstruktion gesprochen, von der Befreiung der Stadt aus Enge und Dunkelheit durch die Technik; und doch war er der Mann der Geometrie. Er hatte die alten *tracés régulateurs* wieder ausgegraben, die Leitfiguren, welche die Proportionen bestimmen sollten, und er nannte Architektur „das weise Spiel mit Körpern unterm Sonnenlicht". Er zeigte die Körper: Zylinder, Pyramide, Kubus, Prisma, Kugel: die reinen, die mathematischen Körper. Er sagte:

> „Etwas entzückt uns: das Maß. Messen. Rhythmisch verteilen (...) allenthalben einheitliche und subtile Beziehungen herstellen, ins Gleichgewicht bringen, die Gleichung lösen (...) Die Baumassen, das ist Material. Wir geben ihnen Maß, wir führen sie in die Gleichung ein, sie erzeugen Rhythmen, sie sprechen in Zahlen, sie sprechen von Größenverhältnissen, sie sprechen vom Geist."

In diesem ersten Buch, aus dem ich hier lese, *Vers une architecture* – Einer Architektur entgegen – spricht Le Corbusier sogar von Profilen! Michelangelos Profile der Absiden von Sankt Peter nennt er leidenschaftlich, er unterstreicht das Wort, er bildet diese Gesimse und Rahmen in zwei großen Photos ab, die doppelt groß wirken, weil sie nur Detail zeigen. Ich erwähne auch dies, weil es das einzige Mal ist, daß er über die Begriffe Maß, Zahl, Beziehung hinausgeht. Er hat es nicht für richtig gehalten, im eigenen Werk – einer Architektur für morgen – über diese Begriffe hinauszugehen. In *Vers une architecture* wagt er es, wir wollen es nicht vergessen – er hat es gewiß nicht vergessen: er geht hier weiter „zurück" als bis zur Geometrie; denn ein Zurückgehen war es, in Härings Augen: das, all das nenne ich den Schock dieser Begegnung. Daß Le Corbusier von Rom spricht: vom antiken Rom, vom frühchristlichen der Santa Maria in Cosmedin – und von Sankt Peter –, das war für Häring Bestätigung; denn Hugo Häring hatte zwischen der geometrischen Architektur und seinem eigenen Bauen so unterschieden, daß er die Geometrie den Romanen überläßt und das Organhafte für die Germanen in Anspruch nimmt. Hören wir ihn selbst:

> „Denn es muß gesagt werden, daß die den nordischen Rassen zugehörige Struktur die Wesenszüge des Organhaften schon in frühester Zeit tragen und daß sie in der Entfaltung des technischen Geistes sich ihr Gebiet wieder erobert haben. Die Völker des Mittelmeeres einschließlich der lateinischen Völker, im Verfall der geometrischen Strukturbegriffe lebend, stehen den Aufgaben des neuen Bauens fremd gegenüber. Le Corbusier, an der Grenze zweier geistiger Landschaften, versucht noch einmal die Herrschaft der Geometrie aufzurichten, indem er sie mit der Welt unserer heutigen technischen Mittel konfrontiert, aber dieser Versuch führt nicht hinüber zu organhaftem Bauen, sondern zurück zu ästhetischen Prinzipien. Es verdient unsere Aufmerksamkeit, daß nur die Völker der nordischen Landschaft von der tieferen Umwälzung der Probleme ergriffen scheinen." (1931)

Die Sprache ist uns unangenehm; wir wollen aber Häring nicht mehr daran übelnehmen als den allzu häufigen Umgang mit Ausdrücken wie nordische und lateinische Rasse; denn mit Häringschen Gegensatzpaaren hat die Kunstgeschichte damals eben gearbeitet, und sogar daß sie Völkern und Rassen zugeteilt wurden, gehörte zum täglichen Brot der Kunstbetrachtung. Bemerkenswert ist, daß Häring daran festgehalten hat: an dem Gegensatz zwischen dem Leben nordischer Leistungsform und dem Tode mittelmeerischer Schönheitsform, um das einmal so zu nennen. Besonders aber hat Le Corbusier ihn immer tief irritiert: er nannte ihn einen „Napoleon der (modernen) Bewegung, der den Freiheitsdrang der Form der Leistungserfüllung noch einmal mit ihrer Majestät der Geometrie umrauscht. Aber auch dieser Napoleon hat sein Moskau bereits hinter sich."

Diese Irritation ging bis zum Tode: als Heinrich Lauterbach ihm in seiner letzten Krankheit Bilder der Kapelle von Ronchamp zeigte, rief Häring: „Hat er es endlich auch begriffen!?", was – notabene – ein Mißverständnis war; denn Ronchamp hat wenig mit Härings organhaftem Bauen zu tun. Haben die Architekten der klassischen Moderne, hat Mies Ronchamp richtiger gesehen? Kaum. Er sagte damals, Le Corbusier habe sich jüngst wieder viel mit Skulptur beschäftigt, da sei es nicht zu verwundern, daß er auch einmal eine gebäudegroße

Skulptur habe aufrichten wollen. „Aber", setzte er hinzu, „bindend ist das nicht."

Die Vertreter der beiden Richtungen der neuen Architektur in Deutschland, Häring und Mies, haben Le Corbusier ins Abseits verwiesen. Davon bräuchten wir heute nicht mehr zu sprechen, wäre nicht Le Corbusier, von Deutschland aus gesehen, im Abseits geblieben.

Le Corbusier selbst hat die Kulturbetrachtung nach Rassen keineswegs abgelehnt. Er hat Härings Wort, daß er, Le Corbusier, ein Lateiner sei, angenommen, nur eben mit Stolz. Man erinnere sich auch an die Begebenheit im Paßbüro von La-Chaux-de-Fonds, seiner Heimatstadt, im Jahre 1916: der Deutsche Werkbund hatte ihn eingeladen nach Frankfurt zu kommen, um an der Planung einer größeren Siedlung teilzunehmen, und Le Corbusier – vielmehr Charles Edouard Jeanneret, wie er sich noch nannte – hatte zugesagt. Ging also aufs Paßbüro, um sich ein Visum für Deutschland geben zu lassen; Deutschland befand sich im Kriege.

Jeanneret sagte: „Ich brauche ein Visum." Der Beamte: „Wohin?"
Jeanneret: „Paris."(!) Der Beamte: „Für welche Zeit?"
Jeanneret: „Für immer!"

Eine Entscheidung, unbewußt, aus den Tiefen. Im Augenblick, als er drauf und dran ist, nach Deutschland zu gehen, wird ihm klar, daß er da nichts zu suchen hat. Er hatte, immerhin, bei Peter Behrens gearbeitet, hatte Verbindungen mit Josef Hoffmann aufgenommen, er wußte vom Werkbund und hatte für seine Kunstschule in La-Chaux-de-Fonds einen begeisterten Bericht über das Neue geschrieben, das in Deutschland im Entstehen war; er nennt Deutschland die große Werkstatt des Neuen, und wenn er Frankreich die ewige Heimat der Kunst nennt, so klingt das wie eine Floskel. Aber im Augenblicke der Entscheidung, im Jahre Verdun, war es mehr als eine Floskel. Und die Entscheidung blieb gültig (ebenso wie Härings Unterscheidung, von der wir gesprochen haben, gültig blieb): den Bericht über Deutschland hat Le Corbusier nicht in seine Schriften aufgenommen, von Behrens, von Hoffmann, von Loos ist in seiner Selbstdarstellung nicht die Rede; was nicht sagen will, daß diese Einflüsse nicht in ihm weitergearbeitet haben; Le Corbusier hat sich von Anfang an zu Grundsätzen bekannt, die er in Frankreich nicht hätte lernen können.

Liest man ihn selbst, sieht es so aus, als habe er diese Grundsätze einer neuen Architektur gefunden; aber so etwas findet nicht einer allein. Es lag in der Luft, und in Deutschland haben einige dergleichen formuliert: zugleich mit Le Corbusier oder vorher, wer weiß? Nur – auch da, wo Le Corbusier der erste war, blieb die deutsche Erfahrung gegenwärtig: der Angriff auf die enge, dunkle, stinkende Großstadtstraße, überhaupt das Bestehen auf Licht und Luft – zwei seiner „wesentlichen Freuden" auf schnelleren und billigeren Wegen des Bauens, der Blick auf die Arbeit des Ingenieurs; das alles wurde rechts vom Rhein ausgesprochen – und von Le Corbusier.

Schließlich, 1929, als einige seiner berühmten Villen schon standen, fand er eine Formel dafür, wie man das, was bei ihm dazu kam – Maß, Geometrie –, mit jenem anderen in *einem* Hause vereinigen könne. Sein Beispiel ist die damals eben vollendete Villa Savoye. Er sagt von ihr: „Das Äußere gestaltet man als Architekt (er spricht von einer *volonté architecturale*) – im Innern befriedigt man alle Bedürfnisse des Wohnens (Besonnung, Baumzusammenhang, Zirkulation)."

Dazu eine stark vereinfachte Zeichnung: die geschwungenen Wandschirme auf dem Dach sind fortgelassen, die Rampe wird gleichzeitig gezeigt – und verschwiegen: da wird ein Zeichentrick bemüht, eine absichtliche Unschärfe. Es ist wahr, daß Le Corbusier im Laufe der Entwurfsarbeit funktional so wichtige Dinge wie die Treppe vom umhegten Garten herunter zur Wiese fortgelassen hat, weil dergleichen außen nicht erscheinen durfte: er hat die Funktion der geschlossenen Außenform zum Opfer gebracht, sicherlich nicht leichten Herzens. Aber jene schwingenden Wandschirme auf dem Dach (die nicht in der Zeichnung erscheinen!) hat er nicht geopfert, sie lassen das Haus bewegt genug erscheinen; und daß er beim Planen des Innern nichts anderes im Sinne gehabt habe als die Funktion, widerlegt auch ein flüchtiger Besuch. Wir haben aber die Trennung von Innen und Außen, von der er spricht, ernst genommen, denn da *ist* eine Trennung: man ist überrascht, wenn man das Haus betritt: man läßt einen kristallklaren Baukörper hinter sich – kristallklar trotz der schwingenden Wandschirme dort oben – und wird in einen Bewegungszug eingeführt: Rampe und Spirale; und jeder Schritt nach oben auf der Rampe interpretiert den Raum neu.

Tritt man oben hinaus in den umschlossenen Garten, so erkennt man das Äußere des Hauses wieder, die Außenwand mit dem Bandfenster, gleichmäßig durch Stützen unterteilt, greifbar als Grenze des umhegten Gartens, sichtbar im Hintergrund des transparenten Raumes, Orgelpunkt, von dem alles sich abhebt: auch die Rampe, welche weiter steigt, auch die geschwungenen Wandschirme, welche erst jetzt als Hintergrund der Terrasse in diesem zweigeschossigen Raum unter freiem Himmel begriffen werden. Die Trennung außen-innen, von der Le Corbusier spricht, ist optisch nicht vorhanden, wäre bei einem so transparenten Hause nicht möglich, und Transparenz ist sein Wesen, ist Signum der modernen Architektur. Es besteht also eine Trennung und sie besteht nicht. Le Corbusier drückt sie, an einer anderen Stelle, als den Gegensatz aus, der zwischen der starren Konstruktion und dem plan libre bestehe, dem freien Plan. So weit so gut.

Und nun zeigt sich auch, warum er davon spricht, daß im Innern die funktionalen Bedürfnisse erfüllt werden. Das ist Rechtfertigung des plan libre. Das ist, sagen wir es nur, ein Schritt in Richtung auf Hugo Härings Funktionalismus. Der plan libre bedarf aber der Rechtfertigung nicht: die Zeit forderte ihn.

Hier sei eine persönliche Erinnerung gestattet: wenn Le Corbusier einen Vortrag hielt, so war das enttäuschend: mit monotoner Stimme leierte er seine fünf Prinzipien des Wohnbaues herunter. Entdeckte er im Publikum einen Bekannten, so bemerkte er nachher verlegen: „Aber Sie haben das alles doch längst gekannt!" Denn er hat da Formeln wiederholt, die er gewiß für gut und richtig hielt, die aber über das, was er wirklich machte, wenig aussagten.

Zur Villa Savoye zurück: Sie ist das erste seiner Häuser, das ich gesehen habe. Wir sind da hingegangen, als es eben noch im Bau war, man konnte noch hinein: drei Leute, einer namens Mau, Dolly Drexler, auch ein Poelzig-Mann, und ich. Als ich anfing, meine funktionalen Bedenken anzubringen, sagte Dolly: „Posener, von diesem Hause wird man sprechen, wenn Ihre Bonatze und Straumers längst vergessen sind." Und sowie wir eingetreten waren, sobald die räumliche Musik sich uns entfaltete, wußte ich, daß er recht hatte; wußte auch, daß ich hier an einer bewohnbaren Architektur teilnahm, dergleichen ich nie geahnt hatte; daß dies hier mein gutbürgerliches Wohnhaus ablöste, daß es auf jeden Fall eine neue Möglichkeit daneben stellte; und daß diese Möglichkeit den Begriff der Funktion, an dem ich festhielt, solange wir außen standen, modifizierte.

Le Corbusiers Spruch vom Innen und Außen als zwei Welten – ich kannte ihn nicht, es gab ihn damals noch nicht – hätte dieser neuen Erfahrung nicht entsprochen. Von der Erfüllung funktionaler Bedingungen war bei dem Durchschreiten der Villa Savoye so wenig zu spüren, daß ich jetzt noch Schwierigkeiten habe, mir zu vergegenwärtigen, wie das Schlafzimmer sich in das Raumganze einfügt. Es ist kein Zufall, daß Madame Savoye das Haus nicht bewohnt hat. Es war nicht zum Wohnen da. Es entspricht der festlichen Gelegenheit, und so hat Madame Savoye es wohl auch benutzt: für ein wunderbares Wochenende da oben auf der Wiese über der Seine.

Ich sagte schon, es sei ein Haus für den neuen Menschen gewesen, den es indes nicht gab, es sei denn als Projektion eben dieser Vision einer neuen Architektur. Ja, sie *war* neu, ja, sie bediente sich der neuen Konstruktionen, ja, sie besaß die Transparenz, den Raumzusammenhang, die Abstraktion der Fügung: dünne, runde Stützen – *les pilotis* – und die Wände, die immateriell wirkten. Nicht also Corbusiers Künstlerphantasie, das nicht; ein Haus für morgen, eine Vision, die gültig sein sollte und vielleicht einen kurzen Augenblick lang als Beispiel gegolten hat. Wäre es nicht so, wäre die Villa Savoye nicht mehr als die

Vision einer Architektur Le Corbusiers, so wüßte ich nicht recht, warum wir uns noch mit ihr beschäftigen sollten.

Kurzes Resümee: Wir sind ausgegangen von dem Gegensatz Häring–Le Corbusier, dem Gegensatz, wie Häring ihn sah, zwischen einer „Leistungsform", welche sich aus der genau erfüllten Aufgabe „ergebe", und der reinen Form, welche (sagte Le Corbusier) immer gegolten habe und immer gelten werde. Häring habe die „Leistungsform" den nordischen Völkern zugeschrieben, die reine – oder geometrische – Form den Lateinern.

Le Corbusier habe dem nicht widersprochen. Da er aber ein moderner Architekt gewesen sei und den Einfluß der modernen Bewegung in Deutschland erfahren habe, habe er von der neuen Funktion und der neuen Konstruktion gesprochen und von der ewigen Form. Das hatte er in Einklang zu bringen. Die Trennung zwischen einer volonté architecturale, welche den Außenbau forme, und reiner Bedürfniserfüllung im Innern fanden wir zu einfach, um es gelinde auszudrücken. Le Corbusier hat andere Versuche gemacht, die moderne Theorie und die eigene Arbeit in Einklang zu bringen. Er hat behauptet, wenn man die Aufgabe erfülle, ohne an die Form zu denken, so entstehe die ewige Geometrie, was natürlich ebensowenig zu halten ist, ebensowenig, in der Tat, wie Hugo Härings Theorie von der Leistungsform.

Denn freilich hat auch Häring nicht, wie er behauptet hat, durch die getreue Erfüllung der Aufgabe die adäquate Form sozusagen als Geschenk erhalten: Er hat die Form gewollt. Anders kann man nicht zur Form gelangen, man nenne sie nun, wie man wolle. Häring hatte behauptet, der Weg von der Aufgabe zur Leistungsform sei der Weg der Natur; daher der Ausdruck „organhaft". Wo es sich um innere Organe handelt, arbeitet „die Natur" womöglich wirklich so; aber ein Haus ist kein Organ, es ist auch keine Zusammenstellung von Organ-Räumen. Härings Theorie ist nicht besser fundiert als die Le Corbusiers. Sie ist nur nicht ganz so leicht zu widerlegen, weil sie einem Willen zur Leistungsform entspricht.

Und ich will Häring so weit folgen, daß ich zugebe: dieser Wille ist in Deutschland und den angelsächsischen Ländern daheim, er ist der Wille zum Neuen, zum Bruch mit der Geschichte; sagen wir ruhig, er ist das, was der modernen Bewegung in Deutschland ihre Faszination gegeben hat, während die *tracés régulateurs*, die Verehrung von Maß und Zahl auf ein esoterisches Reich hinweisen: das Reich der Kunst, zu welchem, wie so mancher damals in Deutschland gesagt hat, die Architektur nicht gehöre. Ein geheimes Reich zudem; denn der Architekt mag durch ein gelegentliches Aufzeigen der *tracés régulateurs* Hinweise geben; aber sie bleiben oberflächlich: das Geheimnis geben sie nicht preis. Häring nannte das ein Zurückgehen ins Urbekannte, während es allenfalls ein Verbleiben im Uralt-Unbekannten genannt werden könnte; was aber ihn, Häring, am meisten irritiert haben muß, ist dies: daß, obwohl Le Corbusier sich ständig auf die Geschichte beruft, sein Werk radikaler wirkt, schwieriger zu assimilieren, weiter von der Geschichte entfernt ist als sein eigenes.

Der Bruch mit der Geschichte – und mit der Kunst – versetzte die Zeitgenossen in eine Situation, in der sie ab ovo zu beginnen haben würden. Das hätten sie ja tun können: die gegebene Aufgabe nach bestem Wissen und Gewissen lösen, komme dabei heraus was wolle und könne. Das war in der Tat eine Forderung der neuen Architektur; darum sprachen Leute wie Häring vom „neuen Bauen" – denn Architektur, das waren die *tracés régulateurs*, die Grammatik des Schönen, das waren schlimmstenfalls sogar die Profile, eben das, wovon man sich lösen wollte. Nun waren aber diese Männer Architekten, sie konnten sich nicht gut damit zufriedengeben, daß man zunächst an den Anblick des Gebauten keine Ansprüche stellte: das würde sich in einer kommenden Generation schon finden, und wenn nicht? Ein unerträglicher Ausblick.

Ihn zu vermeiden, schrieb man der kalten und nüchternen Lösung der Aufgabe geheime ästhetische Wirkungen zu: der Ausdruck „Leistungsform" drückt das aus. Die holländische Gruppe „de Stijl" hatte im Kriege ein Formkonzept ausgearbeitet, welches viele nun als *die* neue Form akzeptierten. Eine Reihe von Formalismen waren um die Mitte der zwanziger Jahre im Gebrauch, andere, der der Mendelsohnschen Skizzen zum Beispiel, schon vorher. Man darf Bruno Taut, einem Meister der Architekturvision, einräumen, daß er sich in keinen Formalismus dieser Art geflüchtet hat: er hat mit den Elementen gearbeitet. Selbst Taut aber sprach davon, daß man sie „in Proportion bringen" müsse, er verstand darunter, daß er die baren Tatsachen der gelösten Aufgabe einem Prozeß des unbewußten In-Form-Bringens unterwarf. Er, der wirklich die Elemente benutzte, gab zu – was die Zeitgenossen nicht taten –, daß damit nicht alles getan sei: das Wichtigste, die „Proportion", bliebe noch zu tun. Mag sein, daß dies zu der Wirkung beigetragen hat, welche Tauts Siedlungen heute noch ausüben.

Die schnell erreichten Form-Formeln sind in die Geschichte zurückgesunken. Die Behauptung, daß diese Form-Formeln sich *ergeben* haben, war zu augenfällig unwahr, und die Form-Formeln waren zu schnell da. Versuchen wir indes, uns in den Geist – und die Situation – jener formschöpferischen Jahre zu versetzen: selbst Le Corbusier, der sich so ehrlich auf die Gesetze der Architektur berief, hat diesem Geiste Konzessionen gemacht: ich erinnere an seine Behauptung, daß man den Ingenieur nur machen zu lassen brauche, ihn, der an die Form nicht denke, und siehe da, es entsteht reine Geometrie! Selbst

Le Corbusier. Was ihn indes von seinen Zeitgenossen unterscheidet, ist die Beiläufigkeit solcher Behauptungen in einem Schriftwerk, das voll ist von abstrusen – und weisen – Bemerkungen.

Le Corbusier hat auf den Begriff der Architektur nie verzichtet; und doch hat auch er *ab ovo* begonnen. Er hat alle Formen der Geschichte beiseite gelassen (auch die Profile Michelangelos) und hat aus den Gesetzen selbst ein abstraktes Formgebilde aufrichten wollen. Man hat entdeckt, welche handfesten Bezüge er in die eigenen Gebäude hineingeschrieben hat, aber die „Schrift" war seine eigene. Colin Rowe hat gefunden, daß zwischen Palladios Malcontenta und dem Hause in Garches eine Beziehung statthat, sogar die Maße seien die gleichen. Es wird aber niemand, der das Haus in Garches sieht, diese Villa in ihr erblicken. Sie ist da, als Relation, als Proportion, sogar als Maß; aber nicht nur die Formen, die gesamte Organisation der Gartenfront in Garches ist völlig verschieden.

Die Malcontenta ist „da". Le Corbusier hat sie gewollt, und wahrscheinlich hat er angenommen, die Beschauer des Hauses werden sie ahnen: da werde etwas ins Unbewußte eingeschrieben, das eine Wirkung tut. In jeden seiner Bauten sind Gesetze eingeschrieben, welche im Unbewußten ihre Wirkung tun. Aber kein Hinweis macht diese Nähe sichtbar, Le Corbusier hätte niemals wie Bertold Lubetkin in London eine Karyatide unter eine Betonplatte gestellt. Der Hinweis ist niemals direkt, die Bindung einer neuen abstrakten Architektur an den Begriff der europäischen Tradition ist gleichwohl gesichert. Dies, wenigstens, war seine Hoffnung. Und daß er sich darin so ganz getäuscht habe, das kann wohl nur der sagen, der das tiefe Wohlbefinden nicht kennt, welches uns beim Anblick der Häuser in Garches und in Poissy ergreift, und in der Kapelle von Ronchamp. Gewiß wird man mir entgegenhalten, daß diese Eurythmie dem Genius Le Corbusier zu danken sei, und darauf hätte ich nichts zu erwidern; und dennoch, ich wiederhole: Le Corbusier selbst war von der Wirkung der Tradition in seiner eigenen Architektur tief überzeugt. Wir wollen es nicht vergessen.

Tradition: Die Überlieferung kennt keinen Bruch. Le Corbusier hat mit der unmittelbaren Vergangenheit gebrochen. Die Überlieferung im Wohnen betrifft Dinge, Gegenstände: ihre Machart, ihr Gebrauch, ihre Allgemeinform wird von Generation zu Generation weitergegeben, Einzelformen zuletzt, und Einzelformen ändern sich, auch innerhalb eines Stils. Überlieferung ist ganz einfach dies: daß man weiß, was ein Haus ist, ein Stuhl, ein Bett. Le Corbusier hat all das in Frage gestellt. Was für ein Haus ist das, von dem sein Architekt sagt, es sei eine „véritable promenade architecturale", bei der man auf Schritt und Tritt dem Unerwarteten ausgesetzt sei?! Darum sagte ich mir, als dieses Unerwartete in der Villa Savoye begann, sich meiner zu bemächtigen, daß das meinen alten Begriff vom Hause nicht ablöse, es möge als neue Möglichkeit danebentreten.

Tradition: Le Corbusier klammert sich an die Überlieferung graphischer Methoden der Maß- und Massenbestimmung, weil er meint, sie sei aller Architektur gemeinsam, also auch der Kommenden: allen Architekturen; denn was ist für ihn die Geschichte? Nicht Entwicklung, nicht Fortgang, vielmehr Augenblicke erreichter Ziele: die Feier der Schwere und des Dagegenstemmens im Parthenon – Maß und Zahl in Santa Maria in Cosmedin – die Welt als Raum in der Suleimaniye – die Leidenschaft der Form in den Absiden von Sankt Peter.

Die Architektur, welcher Le Corbusier entgegensieht, auf die er hinwirkt, wird wieder ein anderes Ziel verwirklichen, gemeinsam sind – die *tracés régulateurs*! Jawohl, als Gesetz, eines der wenigen, gültigen, der Kunst, jeder Kunst. Ganz im Gegensatz zu dem, was Panofsky gezeigt hat, daß eben diese Grundlagen in jeder Architektur andere sind. Im Gegensatz aber auch zu dem, was er selbst dann im „Modulor" getan hat, einem Maß-System, welches der Dynamik, der Perspektive, der Verkürzung Rechnung tragen will. Übrig bleibt, daß solche *tracés* gelten, gegolten haben, gelten werden, das einzig Bestimmte und Bestimmung ermöglichende, das einzige in der Kunst, an das man sich halten kann.

In der Kunst: Wir haben von den Form-Formeln gesprochen, denen die Zeitgenossen ihre Arbeit unterworfen haben, ohne sie übrigens zu erwähnen: die Zeitgenossen mit Ausnahme von Bruno Taut. Le Corbusier hat seine Arbeit ebenfalls einem Formenzusammenhang unterworfen. Er war subtiler: Ozenfants Malerei, mehr natürlich die eigene, gibt Auskunft: in Andeutungen, gewiß, denn seine Malerei ließ sich nicht so einfach auf Plan und Bauform übertragen wie das Muster des Stijl auf Rietvelds Haus Schröder in Utrecht. Diese Art der Übertragung hat Le Corbusier niemals versucht, er wußte zu genau, wie verschieden das Wesen der einen Kunst von dem der anderen ist.

Was ihn angeregt hat, kam aus der Beobachtung baulicher Zusammenhänge: der Chartreuse, des zweigeschossigen Raumes in Paris, der Räume im Orient. Solche Anregungen werden den Grundsätzen unterworfen, die er in seinen Vorträgen hergeleiert hat und die ein Abstrakt des neuen Wohnens sein sollten: ein Abstrakt, keine Versenkung in Gewohnheiten. Beobachtungen von Gewohnheiten – der zweigeschossige Raum – werden dort herangeführt und so umgewandelt, daß es einem Brechen von Gewohnheiten gleichkommt: ermöglicht – wie er sagte – durch die Leichtigkeit der Skelettkonstruktion, das punktförmige Auflager, das Bandfenster, die von der Stütze unabhängige Wand – umschließend oder trennend.

Und da hätten wir sie denn, die Grundlagen einer neuen Architektur plus dem, wovon eben die Rede war, dem Wichtigen nämlich, der Kunst. Das ist nicht gut gesagt: plus der Kunst. Die Kunst wurde ja nicht hinzugefügt, sie war die Sache selbst. Wir haben davon gesprochen, daß Le Corbusiers Vorschlag von Maßbeziehungen, der Modulor, die Proportionen der Renaissance insofern verändert, als er eine neue Art zu sehen, ja zu empfinden einführt. Wir sprachen von Perspektive, von Verjüngung. Im Grunde ist das eine merkwürdige Grundlage für Proportionen, denn die Renaissance – und nicht sie allein – ist vom Statischen ausgegangen. Die neue Art zu empfinden aber gehört unbedingt zu Le Corbusiers Modernität. Wir haben gesehen, daß in der Villa Savoye der Raum sich bei jedem Schritte entfaltet, neu ordnet, sich neu „interpretiert". Le Corbusier selbst hat davon gesprochen, als er die wechselnden Eindrücke im Hause erwähnte. Dieses den Raum entfalten, mit jedem Schritte neu gewinnen, gilt natürlich nicht nur für die Villa Savoye, es gilt immer in Le Corbusiers Werk. Die Dimension Bewegung gehört immer zu seiner Architektur – daher auch die „Verjüngung" im Proportionssystem selbst, im Modulor –, aber diese Dimension fließt nicht in das Außen über, der Bau bleibt Gestalt, als Ganzes leicht zu erfassen, mit einem Blick. Es war dies, was Häring so sehr gestört hat. Es war dies, was nach Le Corbusiers Auffassung den Begriff des Architektonischen in dieser Bewegung, Entfaltung, wechselnden Interpretation rettet, betont, bekräftigt. Sagen wir es so: eine Trennung außen-innen besteht, eine Trennung Funktion-Kunst besteht nicht, Kunst ist das Wesen dieser Architektur, Freiheit ist es gleichermaßen.

Die Kunst bleibt das Wichtigste, als die Krise von 1930 eintritt. Wir können ihren Beginn in Le Corbusiers Werk an einem bestimmten Bau erkennen, dem Pavillon Suisse der Cité Universitaire. Diese Krise ist das wachsende Bewußtsein dessen, daß man die moderne Architektur auf Forderungen gegründet habe, nicht auf Erfahrungen. Erfahrungen, hatten die neuen Architekten gesagt, könne es noch nicht geben, es werde sie durch die neue Architektur geben(!). Aber nun stellte sich heraus, daß man bestimmte Erfahrungen erwartet hatte, und bestimmte Entwicklungen, welche zu ihnen hinführen würden: daß die Technik sich der Baustelle bemächtigen werde, daß der neue Mensch technisch-sportlich werde leben wollen. Nennen wir das das CIAM-Syndrom. Seit etwa 1930 begann man zu spüren, daß die Dinge anders liefen, als man erwartet – oder gefordert – hatte. Nun galt es, die absolute Forderung dem, was tatsächlich vorging, zu adjustieren. Mies hatte in seinem Manifest zum Weißenhof sehr entschieden Zweifel am Wert der Organisation, des Rationalismus usw. geltend gemacht und – jawohl! – davon gesprochen, daß der Wohnungsbau Sache der Kunst sei: Mies, das ist bemerkenswert, der die Technik auf die Baustelle geholt hat!

Bei Le Corbusier wird man nichts hören, man wird etwas sehen: die Massigkeit der das Gebäude tragenden Betonstützen im Pavillon Suisse, auch die aus groben Steinen unregelmäßig aufgeführten Mauern: es wird Masse gewonnen – und Oberfläche, es wird das Materielle zurückgewonnen, die Sinnlichkeit. Man denke auch an das Holzhaus in Chile (1930), an das andere Holzhaus in der Gironde, an sein Dach-Appartement an der Porte Molitor: die Mauern, die Treppe; bis dann in der Unité de l'Habitation der Vorgang abgeschlossen erscheint (1946–52). Ich erinnere mich des Entsetzens, mit dem ein englischer Student auf dieses Gebäude eines *neuen* Le Corbusier reagierte: er sei, erzählte er, spornstreichs in die Rue de Sèvres gelaufen und habe den Meister gefragt: „Aber Monsieur Le Corbusier: rauher Beton!?" Worauf dieser nur erwidert habe: „Ich liebe rauhen Beton." Keine Erklärungen, keine Theorie, nichts als dies: daß er das schreckliche Zeug liebe. Er hat nicht mehr gesagt, weil er zu viel hätte sagen müssen: weil er von einer Umkehr hätte sprechen müssen, welche die moderne Bewegung nicht zugab und nicht zugeben konnte.

Hier entsteht eine postmoderne Architektur; sie geht aber nicht, wie spätere postmoderne Architekturen, vor die moderne Bewegung zurück, sondern sucht deren Sprache unter veränderten Bedingungen anders zu sprechen; aber doch deren Sprache. Insofern darf man Le Corbusier Glauben schenken, wenn er sich als einen darstellt, der sich nicht verändert hat. Charles Jencks hat auf die „Vokabeln" hingewiesen, welche er aus seiner modernen in seine nachmoderne Architektur hinübergerettet hat. Zu ihnen gehört die Gegenüberstellung Rampe-Treppe, der wir zum erstenmal in der Villa Savoye begegnen; man findet aber auch ganze Villen Savoye, nur eben anders „buchstabiert". Diese postmoderne Architektur Le Corbusiers bleibt aber nicht nur durch die „Vokabeln" seine eigene, sie ist das ganz und gar.

Das bringt mich zum Schluß dieses Versuchs einer Abgrenzung. Le Corbusier ist, besonders in Deutschland, als ein Architekt im Abseits gesehen worden, einer, der behauptet hat, er rücke in der Mitte der Straße vor, welche zu einer neuen Architektur führt, während sich dort in Wahrheit andere befunden haben. Le Corbusier habe die Grundsätze nicht genügend ernst genommen, er habe schon damals, vor 1930, das Sensationelle – und das Persönliche – produziert, und er habe das seit seinem Wandel, der sich in der Unité ausdrückt, in zunehmendem Maße getan.

Der große Weg wird bezeichnet durch die, welche sich um das Bindende bemüht haben, wie Mies; und Mies hat einem Bau wie der Kapelle in Ronchamp in aller Form abgesprochen, daß sie bindend sei: eine gebäudegroße Skulptur, nicht mehr. Er selbst, Mies, wollte das Bindende und weigerte sich, jeden Monat eine neue Architektur zu erfinden: die eigene, die Stahl- und Glas-Architektur zu ergründen, zu variieren, auch festzulegen sei mehr als genug. Das war die Ablehnung von seiten der Architektur, die man die klassische Moderne nennen kann. Von der Ablehnung durch das „neue Bauen" Hugo Härings sind wir bei diesem Versuch ausgegangen. Fanden Mies und seine Gruppe Le Corbusier nicht konsequent, so fanden die Männer des „neuen Bauens" ihn oberflächlich. Scharouns Werk nannte man in Deutschland „geistig" – was es zweifellos ist –, Le Corbusiers äußerlich. Er war „der letzte Michelangelo", *der letzte,* in der Tat, der Mann von gestern.

Heute ist das Werk seiner Zeitgenossen und Widersacher und ist sein eigenes Werk Geschichte. Die Bedingungen, auf denen die einen wie der andere ihr Werk aufbauen wollten, gelten nicht mehr, und wir haben durchschaut, daß sie nie gegolten haben: sie waren nicht Forderungen der Zeit, sondern Forderungen an die Zeit. Der eine wie die anderen haben gehofft, zu einer Architektur zu gelangen, aber nur Le Corbusier hat das von vornherein gesagt: *Vers une architecture.* Die anderen haben die Geschichte in ihrem Grabe liegen lassen, da Bedingungen ohne Präzedens ein Bauen ohne Präzedens verlangen. Le Corbusier hat nach rückwärts geschaut, um das Beispielhafte zu finden, in Analogie zu dem man – er – das Beispielhafte für morgen hervorbringen werde: eingebunden auch dies in den ewigen Horizont der *tracés.* Bescheiden war das nicht; aber es ist ihm wirklich gelungen, eine Architektur zu schaffen. Ihr Reichtum erregt immer wieder Erstaunen: die Jaoul-Häuser und der Entwurf für das Sowjet-Palais von derselben Hand? Sie sind aber sichtbar von derselben Hand; und als die Krise der dreißiger Jahre eintrat, das Erkennen der Voraussetzungen, war diese Architektur Le Corbusiers so eindeutig geprägt, daß sie nicht nur noch größeren Reichtum assimilieren konnte – es kam Chandigarh, es kamen Ronchamp und La Tourette –: sie konnte ihre ganze Diktion ändern, das Leichte durch das betont Schwere ersetzen, das Abstrakte durch das Sinnliche: eine postmoderne Architektur; die erste.

Le Corbusier ist das Phänomen dieses Jahrhunderts. Die Abgrenzung, die ich hier versucht habe, sollte zugleich ein Hinweis auf das sein, was da begraben lag. Der Sand ist fortgeweht, die Umrisse erscheinen wieder. In dem Zustande der Ungewißheit, in dem wir uns befinden, fühlen wir uns eingeladen, ja aufgefordert zu betrachten, zu genießen, zu studieren.

Artikel, erschienen in: *Deutsche Bauzeitung,* H. 9, September 1987, S. 25–31.

Ferdinand Kramer

Daß ich Ferdinand Kramer spät noch kennenlernen durfte, ist einer der Glücksfälle meines Lebens. Er hat mich als Freund behandelt, zeigte mir mit Geduld und Freude jedes Möbelstück in seinem Zimmer, dort in dem Hause an der Schaubstraße nahe dem Mainkai; zeigte mir auch die verwirklichten Planungen des „Neuen Frankfurt", seine eigenen und die anderer. Er hat mich dann zu den Universitätsbauten geführt, die einem neueren Frankfurt angehören, dem Frankfurt nach dem Kriege. Ich weiß, daß er viel Jüngere ebenso behandelt hat; und sie haben ihn geliebt – und betrauert. Er war zugänglich, und er machte sich andere zugänglich. Als er Adolf Loos kennenlernen wollte, hat er einfach in Wien an seine Tür geklingelt – und siehe da, es ging. Er hat dann auch über Loos geschrieben, mit Bewunderung, Wärme – und Abstand.

Ich hatte Kramer für einen von denen genommen, die meinten, wenn man sich alle Umstände, unter denen – und für die – ein Bau geplant wird, mit der nötigen Geduld zu eigen mache, dann „ergebe" sich die Lösung – sei es Bau, Möbel, Siedlung, Stadtquartier. Immerhin hat er selbst das gesagt, und zwar so:

> „Diese Notwendigkeiten haben zwangsläufig zu dieser Architektur geführt. Die Bewohner dieser Gebäude studieren berufsmäßig die Funktion der Organismen. Sie wissen, daß aus deren innerer Notwendigkeit die Schönheit der äußeren Formen resultieren (sic!)."

Seine eigenen Worte. Sie hätten zu der Zeit, Ende der zwanziger Jahre, auch von einem anderen Architekten gesprochen sein können. Wir, die damals eben anfingen, wollten das nicht mehr hören. Wir meinten, wir haben das Gerede von der Funktion, welche die Form bestimme, durchschaut. Es sei, sagten wir, die Wahrheit um die Form gegangen, die Form und nur die Form. Und daß die Funktion sie bestimme, sei eben Gerede. Einmal bin ich soweit gegangen, die Funktion einen Vorwand zu nennen; und so ganz weit hergeholt war selbst das nicht. Betrifft das Ferdi Kramer? Wir wollen sehen.

Erinnern wir uns an die Situation, in der er aktiv wurde. Der Eklektizismus des vorigen Jahrhunderts hatte sich totgelaufen. Der Versuch der Jahrhundertwende, eine bindende neue Form zu erfinden – mit van de Velde zu reden, „die Verzierungen und die Formen (zu finden), die restlos unserer Epoche entsprechen" –, war nach kurzer Erfinderfreude lächerlich geworden. Nun, so meinten Leute wie Ferdi Kramer, sollten die Forderungen der Zeit endlich laut werden, einer Zeit der Not, die dringend Abhilfe verlange. Die Wohnung rückte in den Mittelpunkt; schließlich „die Wohnung für das Existenzminimum", wie eine Ausstellung 1929 genannt wurde. Ferdinand Kramer sagte: „Die Bauten der zwanziger Jahre entstanden in einer Zeit größter Not, aber voller Hoffnung auf die Zukunft."

Das hat er später gesagt, man hört, wie er sich nach eben dieser Notzeit mit der großen Hoffnung zurücksehnt. Damals sprach er viel von den Bedingungen, die man kennen müsse, um die Wohnung für das Existenzminimum planen zu können. Man müsse, sagte er, alle Bedingungen kennen. Das ist Ferdinand Kramers Grundsatz geblieben – bis ans Ende. Wenn er die Planungen für die Johann-Wolfgang-Goethe-Universität in seiner Stadt Frankfurt bespricht, geht er dem bis ins Letzte nach: er fragt, wer von denen, die die Universität leiten, das Gesamt der Bedingungen kenne. Er läßt es übrigens zu, daß man auf gewisse Grundforderungen verzichte, damit überhaupt etwas gebaut werde. Ebenso plädiert er für eine grundsätzliche Vereinfachung der Bauvorgänge. Bei so reduzierten Vorgaben sollte man meinen, es seien für die Universität schematische Bauten entstanden. Wir wollen hier nur ein Gebäude näher ansehen, den Bau für die Hörsäle.

Ein Hörsaal hat ein hohes und ein niedriges Ende, an dem hohen Ende steht der Vortragende. Sehen Sie Kramers Schnitt an: da werden in den verschiedenen Geschossen jeweils die hohen Enden unter – und über – die niedrigen geschoben, und schließlich paßt das Ganze in den zu bauenden Quader. Es gibt Hörsäle, die die ganze Fläche des Geschosses, und solche, die die halbe Fläche einnehmen. Die wirken vielleicht ein wenig eng, aber das hilft nichts. Keine anderen Größen! Die Hörsäle sind fensterlos, also ist der Quader geschlossen. Nur die Nottreppen am Ende des Gebäudes sind verglast und bilden ein lebhaftes Muster. Seien wir ehrlich: wie hier die Hörsäle geschickt in den Quader gestopft werden, das ist nicht eigentlich das, was wir funktionales Planen nennen. Und das Muster der Nottreppen unter Glas ist das ebensowenig. „Ergeben" – aus den Notwendigkeiten der Organismen – hat sich das nicht. Werfen wir einen Blick auf einen späteren Bau der Universität, die Bibliothek (1964). Ferdinand Kramer spricht sehr genau von der Arbeitsweise in den Lesesälen, denen seine Planung genüge, und wir haben keinen Zweifel, daß es ihm damit ernst war. Die Gestalt des höheren Bauteiles mit den Büchersälen wird aber dadurch nicht bestimmt. Sie ist, man sage, was man wolle: Architektur. Architektur ist das einhellige Muster der vier Außenseiten und das Zurücktreten der Ecken; die Flächen sind vorgeschoben, die Ecken sind „echt".

Architektur also, nicht Funktion? Haben wir Ferdinand Kramer als einen *Architekten* entlarvt? War die Beziehung der Bedingungen und der Funktion zur Gestalt des Gebäudes wirklich nur „Gerede“? Das wird niemand sagen, der den Bau betreten hat. Es arbeitet sich ganz gewiß angenehm in diesen Räumen, niemand wird behaupten, daß die Funktion der Architektur geopfert worden wäre, wie das – sagen wir, bei Palladio – so oft der Fall ist. Nichts dergleichen. Auch hat Ferdi Kramer von der Architektur nicht gesprochen. Das tat man nicht in seiner Generation. Man hoffte, die Funktion habe die Architektur abgelöst. Hätte man aber diesem Ferdinand Kramer auf den Kopf zugesagt, daß er Architektur mache – im Bau der Bibliothek etwa –, glauben Sie, er hätte es geleugnet? Ich meine, er hätte gelacht, mehr nicht.

Sagen wir also dies: daß Ferdinand Kramer fest an die Grundsätze geglaubt hat, die er vertrat, die er verkündete; daß er aber gleichzeitig die Gestalt gewollt hat: nicht expressis verbis, nicht als Kunst, nicht als Überhöhung; vielmehr als ein Mittel, den Bau verständlich zu machen. Ob ihm das so bewußt war, wie ich es hier sage, das weiß ich nicht, ich möchte es bezweifeln. Er war, er fühlte sich der modernen Technik verpflichtet. Aber er sah die zu planenden Dinge, und er wollte, daß andere sie sähen: er war ein Augenmensch.

Zu Ferdinand Kramer ein paar Beobachtungen: es ist, meine ich, bezeichnend, daß er so seßhaft war. Ernst May hat Frankfurt verlassen und ging nach Sowjet-Rußland. Kramer blieb in Frankfurt. Es hat andere Aufforderungen gegeben, andere Lockungen – Kramer blieb. Er hat die Art der Arbeit, der er sich verpflichtet fühlte, weiter verfolgt, als die Architektur in Deutschland längst einen anderen Weg gegangen war, nennen wir ihn den Weg Schmitthenners; bis eines Tages – gegen Ende 1937 – der Präsident der Reichskammer der bildenden Künste ihm mitteilte, er habe „festgestellt, daß Sie die für die Ausübung des Berufes als Architekt (das war sein Deutsch) erforderliche Zuverlässigkeit nicht besitzen“.

Es klingt so, als sei der Präsident höchst verwundert gewesen, daß es diesen Ferdinand Kramer immer noch gab: kaum zu glauben, nicht zu dulden. Nun erst packte Ferdi seinen Koffer, was immerhin seiner ersten Frau das Leben gerettet hat – sie ist Jüdin. Er ging nach Amerika. Ich erinnere mich, wie ich vor einem längeren Aufenthalt in den USA Ferdi Kramer gefragt habe, was ich unbedingt sehen müsse; und er erwiderte prompt: die Siedlungen der Shaker. Die Shaker, den Quäkern nahestehend, haben um 1800 in den USA Siedlungen gebaut, in denen ein im wahren Sinne gegenständliches Handwerk zu Hause war. Ferdi hat mir die Adressen einiger Siedlungen gegeben und Bilder der Shaker-Möbel gezeigt. Ja, die waren wirklich so, wie er sagte. Man konnte einem jeden den Gebrauch ansehen; aber auch die Art, wie es gemacht wurde. Kein Wunder, daß Ferdi sie mir empfohlen hat.

Er war begeistert, daß die Firma Thonet in Wien 18 000 Stühle pro Tag herstellte: nun endlich konnten die armen Leute Stühle haben. Behaupte ich aber zuviel, wenn ich sage, daß ein Teil seiner Begeisterung dem *Anblick* der Thonet-Stühle gegolten hat, die nicht aussehen wir Fabrikware? Man hat ja einen Gegensatz zwischen dem Massenprodukt und dem aus der Werkstatt konstruiert; übrigens erst nach dem Ersten Weltkrieg. Im alten Werkbund vor 1914 hat man sich für das schöne Handwerk begeistert – und für den schönen Betonbau der „Jahrhunderthalle". Nun, Kramers eigene Möbel, besonders aus der Zeit des „Neuen Frankfurt", sind immer gegenständlich, explizit, nachvollziehbar. Wenn er etwas nicht geliebt hat, so ist es die „Zauberei", deren Produkte ihre Machart verschweigen. Er war ein Erfinder, gewiß. In den USA hat er ständig erfunden. Zu seinen Erfindungen gehört der Papierschirm – in den USA – und der Kramer-Ofen aus der Zeit davor. Mag sein, er hat ein wenig gern mit Erfindungen gespielt, und auch mit Möbeln, die man mit zwei Handgriffen verändern kann. Aber auch das hatte seinen Grund: solche Möbel sollten den Ansprüchen derer genügen, die sich nicht für jede Verrichtung ein eigenes Möbel leisten konnten.

Ferdinand Kramer hat lange genug gelebt, auch die Postmoderne noch zu sehen; er hat sich mit ihr auseinandergesetzt. In einem unveröffentlichten Manuskript des Jahres 1981 sagt er:

> „Grotesk aber scheint mir die Situation heute zu sein: in der im Verhältnis zur Weimarer Republik schwerreichen Bundesrepublik herrscht wiederum Wohnungsnot, und dramatisch zeichnen sich weltweit Energie- und Ökologiekrisen, Hungersnot in der 3. Welt, politische und wirtschaftliche Spannungen ab... Dennoch versucht – unberührt von diesen alarmierenden Problemen – der ‹Post-Modernismus› die gegenwärtige Architektur zu beherrschen... Wo bleibt unsere heutige, die Jugend überzeugende Avantgarde, die eine für unser Überleben notwendige Neuerung, eine Umwertung der Werte in ihrer Architektur verwirklicht?"

Mit dieser Frage Ferdi Kramers wollen wir schließen.

Unpublizierter Vortrag anläßlich der Eröffnung der Ausstellung „Ferdinand Kramer" des Hessischen Werkbunds in Frankfurt am Main im Jahre 1991.

Egon Eiermann

Wir sind Zeitgenossen, Egon Eiermann und ich, beide Jahrgang 1904, beide Herbst 04. Und wir haben beide bei Hans Poelzig studiert. Noch ein Gemeinsames: Eiermann versammelte jede Woche um sich Studenten – es waren meist Poelzig-Leute –, und wir sprachen über das, was gerade wichtig war – bis 1933. Und dann hatte Egon bereits gebaut: das Haus Hesse in Lankwitz, gemeinsam mit Fritz Jaenecke. Wir haben uns das angesehen, und es hat mir gut gefallen. Ich habe es sogleich in der *Architecture d'Aujourd'hui* in Paris veröffentlicht. So durfte ich denn auch neulich* über Eiermann sprechen, den alten Freund, das Vorbild – wenn Sie wollen –, obwohl ich so wenig über ihn weiß. Beim Herausgehen aber drückte Brigitte Eiermann mir einen Band Briefe von Egon in die Hände, 150 Briefe; und ich habe Egon Eiermann und seine Geschichte erst durch diese Briefe kennengelernt.

Das sind Briefe eines Architekten, dem es darauf angekommen ist, seine Arbeit so rein wie möglich im Bau zu verwirklichen. Dies, auf jeden Fall, ist *eine* Seite der Briefe: immer wieder wehrt Eiermann sich gegen die Verfälschung seines Entwurfes, und er tut das auf eine Art, die man „entschieden" nennen kann.

Er schreibt an den Bildhauer H., der für die Kaiser-Wilhelm-Gedächtnis-Kirche – er bleibt bei diesem Namen – eine Figur vorgeschlagen hatte:

> „Ich finde die Geste schablonenhaft, ich finde die menschliche Darstellung ausdruckslos, weil weder die Entrückung, noch der Glanz des Auferstandenen einen Ausdruck finden, und ich möchte auch sagen dürfen, daß der anscheinende Schwebezustand oder vergeistigte Zustand des Körpers für mich nur ein scheinbarer ist, da diese Wirkung durch Vernachlässigung der anatomischen Wirklichkeiten erreicht werden soll. Ich sage Ihnen das ganz offen und ehrlich, und Sie mögen mir verzeihen, wenn ich aus meiner Sicht behaupte, daß dies eine Plastik für Lieschen Müller ist."

Der Brief endet mit der Bitte um Verzeihung: „Aber in der Kunst und in künstlerischen Dingen kenne ich kein Erbarmen, weder gegen mich, noch gegen andere. Mit Empfehlungen! Eiermann."

* Bei der Eröffnung der Eiermann-Ausstellung in der Berliner Akademie der Künste am 29. September 1994.

Und da sind wir bei der Gedächtniskirche, und ich gestehe, daß ich nicht geahnt habe, wie ernst – ich meine religiös-ernst – Eiermann diesen Bau genommen hat. Immerhin aber ist in seinem Werk der Kirchenbau die Ausnahme. Es ging Eiermann um die Herstellung einer der Zeit angemessenen Architektur.

Hier wollen wir einen Augenblick auf die Architektur der Zeit blicken, in die Egon Eiermanns Architektur eingetreten ist. Es hat um das Jahr dreißig zwei Strömungen in der deutschen Architektur gegeben: die Moderne, also Gropius, Mies, Le Corbusier, auch Mendelsohn; und es hat damals schon eine kräftige Reaktion gegeben, ich denke an Paul Schmitthenner. Eiermann vertritt nicht etwa die Architektur der Gropius, Mies etc. gegen diese Reaktion. Gelegentlich hat er an der modernen Architektur nicht wenig auszusetzen:

> „In der vorigen Woche war ich Preisrichter für das Landestheater in Darmstadt: mir standen die Haare zu Berge. Was so bedeutende Persönlichkeiten wie Aalto, Scharoun und ähnliche Individualisten bei der heranwachsenden Generation für Schaden anrichten, ist kaum gut zu machen. Man kann nicht laut genug die Stimme erheben gegen den unverstandenen Gebrauch der Formensprache dieser Männer, die sich ja bei ihren dichterischen Räumen – deren Schönheit nicht abgestritten werden soll – eben diese Schönheit durch Vernachlässigung aller notwendigen und guten Konstruktionen erkaufen müssen. Da kann ich – und ich weiß auch Sie – nicht mehr mit."

Der Brief ist an Professor Friedrich Wilhelm Kraemer in Braunschweig gerichtet.

Daß weder die Moderne dieser Jahre, also Gropius, Mies und andere, noch die Schmitthennerei auf Egon Eiermann großen Eindruck gemacht haben, mag *auch* mit Poelzig zu tun haben, dem Lehrer, obwohl Eiermann es abgelehnt hat, sich einen Poelzig-Schüler zu nennen: „Das Genie hat keine Schüler." Das darf man respektieren; und dennoch muß Poelzig erwähnt werden, denn er *hat* uns beeinflußt, auch Eiermann. Worin aber bestand sein Einfluß in der Sache? Haben wir den barocken Poelzig nachgeahmt? Das hätte ihm, Poelzig, gar nicht gefallen. Er hat uns denken gelehrt, und Egon Eiermann hat später gesagt: „Bauen lernen heißt denken lernen!" Poelzig hat uns auch in der Kritik bestärkt, welche wir den neuesten Erscheinungen gegenüber empfanden, die sich damals, in den späten zwanziger Jahren, hervortaten.

Wir waren nicht Bauhäusler, wir waren auch nicht Anhänger Le Corbusiers. Jürgen Joedicke sagt, daß die ersten Häuser, die Eiermann seit 1950 selbständig gebaut hat – das heißt, zusammen mit Fritz

Jaenecke und später allein –, zur „zweiten Epoche der modernen Architektur" gehören, der Epoche, in der man den weißen Kubus aufgab, zu reicheren Baugestalten zurückkehrte und auch zu natürlichen und traditionellen Materialien, also Holz, Backstein, Stein; und, wenn es sich ergab, zu geneigten Dächern. Was man von den Lehren der neuen Architektur behielt, was Poelzig uns ganz gewiß nicht ausreden wollte, war die Logik des Entwerfens. So Eiermann: „Ich sage all dies, weil ich es für wichtig halte, daß architektonische Form beweisbar sein sollte."

Das hat er später gesagt, um 1960. Er hätte es aber immer sagen können. Eiermann hat die eigene Architektur gewollt, und die eigene Architektur betraf die Gesamtform des Gebäudes – wie bei dem Versandhaus der Firma Neckermann in Frankfurt; sie betraf aber auch jede Einzelheit. Er hat wirklich eine gültige Architektur ins Leben rufen wollen. Er war sich dessen bewußt. Er schreibt an den Präsidenten der Bundesbaudirektion:

> „Dabei möchte ich Ihnen meine Überzeugung kundtun, daß die jetzige Planung im Rahmen des Möglichen nicht mehr verbessert werden kann. Das bezieht sich auf die Organisation genauso wie auf die Gestaltung und auf das zur Verwendung kommende Material. Ich möchte Ihnen versprechen, und ich hoffe, daß so etwas noch Gültigkeit hat, daß dieses oberste Geschoß wirklich ausgezeichnet wird."

Dieser Brief ist nicht etwa anmaßend. Eiermann war seiner Arbeit hingegeben, und er hielt sie für gültig. Die Stufe des Experiments – Gropius – war überschritten. Le Corbusier nannte seine erste – und berühmteste – Studie *Vers une Architecture*, Einer Architektur entgegen. Egon Eiermann, das ist die folgende Generation, meinte, die Zeit sei gekommen, eine neue Architektur bis in jede Einzelheit festzulegen; und er sah eben dies als seine Aufgabe an. Ich weiß von keinem anderen, der dieses Ziel ebenso hartnäckig verfolgt hat. Dasselbe hat Egon Eiermann auch als Lehrer getan, an seinem Lehrstuhl in Karlsruhe.

Daß er allein stand, haben die Zeitgenossen zugegeben, das habe auch ich erlebt. Ich meine immer noch, er stand allein. Einen zweiten Eiermann hat es aber auch aus einem anderen Grunde nicht gegeben. Ich spreche von der menschlichen Wärme, die auch in den Briefen immer wieder durchschlägt. Hier komme ich auf die ersten Worte dieses kurzen Berichtes zurück, auf das, was ich zur Person Eiermann gesagt habe. Er war angenehm, um es einmal so banal zu sagen. Und wer weiß denn, ob nicht dies für uns, seine Zeitgenossen, das Bleibende ist: sein Wesen. Kann man dieses Wesen in Worte fassen? Ich meine wohl, es sei die tiefe, die ständige, die leidenschaftliche Arbeit in Richtung auf eine Architektur. Ja, und sie hat auch schon zu gültigen Ergebnissen geführt.

Unpublizierter Vortrag anläßlich einer Festveranstaltung für Egon Eiermann an der Technischen Universität Stuttgart am 19. Oktober 1994.

Das Postmuseum in Frankfurt

Der Taxifahrer war vorbeigefahren und bemerkte beim Zurücksetzen ärgerlich: „Da haben sie ja was umgebaut!" Er hatte den beunruhigenden Eindruck mitbekommen, daß aus einem, nun ja, modernen Bau links ein schräger Glasteil nach unten herauskommt. Das erregt zunächst Neugier.

Als ich dann vor dem Bau stand, blieb dieser Glasteil zur Linken unsichtbar, der Bau wirkte einfach. Breite Stufen führen zu einer zweigeschossigen, ganz verglasten Front empor, welche zurückliegt: hinter einem Vordach, das von einem tiefen Balken und von zwei schlanken Säulen getragen wird: einem Portal. Die Glasfront dahinter ist gegliedert, da der Eingang zur Rechten ein wenig vor der Front liegt. Von der anderen Seite des Schaumainkai erblickt man über dem Vordach, zurückliegend und im Halbkreis abgerundet, ein drittes Geschoß. Vom Nordufer des Mains gesehen, wirkt der Neubau klein im Vergleich zu seinen Nachbarn, sogar zu der alten Villa links daneben. Diese Villa war bis dato das Postmuseum, beherbergt aber jetzt nur noch Verwaltung und Teile der Bücherei. Zwischen ihr und dem Neubau – vielmehr zwischen Neubau und gemeinsamer Grundstücksgrenze – liegt eine breite, weit nach hinten reichende Grasfläche, welche bei näherem Hinsehen durch mehrere kreisförmige und einen geraden erdnahen Bauteil unterbrochen ist; wodurch man immerhin sehen – vielmehr wissen – kann, daß der ganze Rasen unterkellert ist. Von diesem Keller aus erfolgt die Verbindung des Neubaues mit der Villa.

Tritt man ein, so befindet man sich in einem nicht eben weiten zweigeschossigen Raum, dessen Decke durch eine Reihe sehr schlanker Betonsäulen gestützt wird. Sie stehen auf der linken Seite, deren Anfang ebenso wie die Eintrittsfront verglast ist. Auf der rechten Seite rechts im Obergeschoß ein durch eine geschlossene Wand vom Eingangsraum getrennter Bauteil, die Briefmarkensammlung – augenblicklich noch das Büro des Architekten – bis nach vorn an die Glasfront, die Eingangsfront. Der Eintretende wird also nach links gezogen und befindet sich am Fuß der geraden Treppe ins erste Geschoß. Dies ist die erste Überraschung; denn hinter dieser Treppe steigt in der gleichen Flucht die Treppe ins nächste Geschoß empor. Man wird gedrängt, emporzusteigen. Dies ist der stärkere Impuls. Es besteht jedoch ein anderer; denn bevor man, von rechts, vom Eingang kommend, den Fuß der Treppe – oder Doppeltreppe – erreicht hat, erhält man den Vorgeschmack einer Raumerweiterung, und zwar in zwei Richtungen: man sieht, daß das Haus weit nach hinten reicht. Die dort stehenden älteren Miethäuser – eines von ihnen, verstehe ich recht, von Rudolf Schwarz – werden durch die ebenfalls verglaste Rückwand in den Raum des Museums sozusagen hereingenommen. Dies gibt den Impuls, gerade nach hinten weiterzugehen. Folgt man diesem Impuls wenige Schritte, wird ein weiterer bedeutend: der Raum weitet sich offenbar nach links und rechts aus und wird nicht nur weiter, er wird komplex.

Die Komplexität aber, das Versprechen räumlicher Vielfalt, wird noch deutlicher, wenn man die Treppe hinaufsteigt. Auch darum ist dieser Impuls stärker als die anderen. Mit jeder Stufe wird der Raum vielfältiger, er entfaltet sich. Einen vergleichbaren Eindruck hatte ich vor langer Zeit beim Aufsteigen in Le Corbusiers Villa Savoye. Die Wirkung ist hier, im Museum, darum noch stärker, weil die Treppe in Poissy aufwärts zu einem anderen Raum führt, dem *jardin suspendu*, dem Garten über dem Gelände. Hier dagegen erweitert sich der Raum, durch den man hereingekommen ist, zu einer neuen Dimension und einer unerwarteten Gestalt.

Die von der Höhe des Hauses schräg auf den Rasen herabführende Glaskonstruktion, die man von der Straße her wahrgenommen hat, erweist sich als ein halber Kegel, welcher bis unter den Rasen reicht. Er verbindet das Haus des Museums, wesentlich ein langgestrecktes Viereck, mit den Ausstellungsräumen unter dem Garten. Die erdnah sichtbaren Bauteile, von denen wir gesprochen haben, dienen dazu, diesen Ausstellungsraum, den größten des Museums, zu beleuchten. Dort werden die großen Gegenstände stehen: Eisenbahnwagen, Postkutschen usw. Sie stehen zum Teil schon dort. Der die Treppe Aufsteigende blickt den halben Kegel hinunter und hinauf. Man erblickt seine Konstruktion: die Kegelfläche wird gehalten von drei übereinander aufsteigenden Stahlbögen. Auf die Bögen hat der Architekt offenbar Wert gelegt, denn er hat im Fußboden ihre Auflager sichtbar gemacht, indem er sie in Vertiefungen im Fußboden zeigt. Die Bögen tragen Rippen, die in der Kegelfläche aufsteigen und durch Querrippen miteinander verbunden sind. Die Querrippen sind frei angeordnet, was gewiß die richtige Anordnung ist.

Die Eindrücke der Räume fordern zur Bewegung auf. Bewegung erst enthüllt die Vielfalt, Bewegung herrscht auch in den Räumen selbst vor. Hier eine Einzelheit, die man, wie so vieles in diesem Bau, wohl mit dem ersten Blick aufnimmt, aber erst später bemerkt. Die Fläche des Fußbodens, in dem die Auflager der großen Bögen liegen, verjüngt sich, will sagen, ihre innere Begrenzung ist nicht dem äußeren Kreis des Kegels parallel, und der Streifen hört auf, wird abgebrochen, damit er nicht unentwegt dünner wird.

Günter Behnisch, Deutsches Postmuseum, Frankfurt am Main, 1990.

Selbstverständlich steigt man die Treppe zum Obergeschoß empor und erhält einen anderen Anblick des Halbkegels. Das obere Geschoß wirkt mehr als das mittlere als Ausstellungsraum, das mittlere ist dazu zu bewegt. Wie sich das verhalten wird, wenn das Museum einmal eröffnet ist, wird sich zeigen. Nur noch dies möchte ich hier zum Räumlichen bemerken: kurz vor der Rückwand weicht die dem Garten zugekehrte Wand des Hauses – die linke oder östliche – in einem klaren Halbkreisbogen zurück, und zwar zugunsten eines schönen großen Baumes, der eben dadurch zu einem Teil des Raumes wird.

Eine Bemerkung zum oberen Ende des Halbkegels und seiner Verbindung mit dem viereckigen Museumsbau. Der Kegel liegt, das wurde schon angedeutet, in dem nicht verglasten, dem mit Platten geschlossenen Teil der Gartenfront; wie sich das gehört, möchte man sagen. Im Aufriß der Gartenfront ist der geschlossene Teil größer als der verglaste; was deutlich wird, wenn man vom Garten auf das Haus zurückblickt: eine klare, ruhige Front, welche wenig von dem lebhaften Innern verrät. Diese Lesbarkeit der Außenwand war dem Architekten offenbar wichtig. Darum, meine ich, hat er dafür gesorgt, daß der Kegel oben gegen Wandflächen läuft. Er hat dort viereckige Platten so angeordnet, daß sie gestaffelt die schräg aufsteigende Umrißfläche des Kegels begleiten, daß sie sie aufnehmen. Wir werden auf diesen Punkt zurückkommen.

Vorher aber müssen wir eine Tendenz des Architekten Günther Behnisch erwähnen, die wir schon beim Besuch anderer seiner Gebäude bemerkt haben: er legt Wert darauf, die Konstruktion bis in die Einzelheiten zu zeigen. Einer seiner ehemaligen Mitarbeiter hat vor nicht langer Zeit in Darmstadt eine Gruppe von Miethäusern gebaut, und es heißt, daß seine Art zu entwerfen beim Auftraggeber zunächst auf Widerstand gestoßen sei; denn, wie man tadelnd bemerkte, man sehe dem Haus zu genau an, „wie es gemacht ist". Dies, scheint mir, ist eine recht gute Art, Behnischs eigenes Verhalten zu beschreiben. Er will durchaus, daß man sehe, „wie es gemacht ist". Steht man im Erdgeschoß des Museums, vor der Glaswand zum Garten, sieht man, wie die schlanken Betonsäulen mit den vor ihnen stehenden Stahlstützen zusammenhängen und diese mit dem großen Fenster selbst. So übrigens muß man es nennen, nicht Glaswand. Es handelt sich um ein Fenster, welches die ganze Wand einnimmt, aber Fenster bleibt. Es gibt in dem ganzen Bau keine sehr großen Glasflächen, es wird hier nicht gezaubert, es wird das technische Vermögen demonstriert.

Die neuen Mittel, welche die Technik anwendet, sollen in allen Einzelheiten begriffen werden, man soll sie wirken sehen, damit man ihnen vertrauen kann. Behnisch geht sehr weit. So werden die Decken der verschiedenen Geschosse, welche im Halbkegel deutlich sichtbar sind, verschieden behandelt. Die unterste ist abgedeckt, will sagen, die konstruierte und die daruntergehängte Raumdecke verschwinden hinter einer recht hohen weißen Fläche. Im Geschoß darüber sieht man die unter die Konstruktion gehängte Decke, darüber endlich kann man sogar in die konstruierte Decke hineinblicken. Man sieht, es wird nicht gezaubert, vielmehr wird alles begreiflich gemacht.

In den späten zwanziger Jahren hat es zwei Auffassungen gegeben. Die der modernen Schule, welche der Zauberei nicht abgeneigt war; sie schien sagen zu wollen: „Wir können alles, glaubt uns!" Und die sogenannte Stuttgarter Schule – Paul Schmitthenner –, welche in etwa sagte: „Das ist fauler Zauber. Diese Leute können nicht, was sie zu können vorgeben. Le Corbusier insbesondere baut so schlecht, daß man seinen Häusern ansieht, daß das Wasser überall hineinkommt. Es gibt nun einmal nur eine gute Bautechnik, die handwerkliche." Erst ein Architekt wie Behnisch macht sichtbar, daß es diesen Bruch nicht gibt – oder sagen wir, nicht mehr. Er tut das, indem er auf den konstruktiven Einzelheiten besteht und auf die Zauberei der großen Glasflächen – um nur diese zu erwähnen – verzichtet. Er anerkennt das handwerkliche und das von der Technik bedingte Detail. Eben dadurch gibt er dem Benutzer auch zum technischen Detail Vertrauen. Man sieht, wie es gemacht ist, und daß es keine Zauberei ist. So leben wir in diesem Jahrhundert. Wir lehnen das handwerklich Gebaute nicht ab: warum sollten wir? Die Technik aber ebensowenig. So wird beides eins, und es entsteht endlich Vertrauen in die Arbeit des Bauenden.

Mir scheint das wichtig zu sein; und ich nehme in Kauf, daß Behnisch in dem Bestreben zu zeigen, wie es gemacht ist, zuweilen übergenau arbeitet. Man könnte dieses Treppengeländer oder jene Fensterteilung einfacher machen. Um der Deutlichkeit halber wird gelegentlich übertrieben. Dies ist eine kritische Bemerkung, und ich meine, ohne Kritik kommt ein Bericht nicht aus. Ich komme zu einer zweiten, welche, fürchte ich, weiter geht: die Unterseite der geraden Treppe, die wir emporgestiegen waren, ist aus Sichtbeton. Diese Unterfläche mag dem Architekten leblos erschienen sein, und so hat er sie durch ein Stahlglied belebt, welches aus der Fläche vortritt und mit einem anderen technisch aussehenden Stahlglied kommuniziert. Auf den ersten Blick sieht auch dies konstruktiv aus. Wird man dann gewahr, daß das ein Formelement ist, welches sich konstruktiv gibt, so lehnt man das ab.

Das bringt mich zu einem anderen Punkt, den ich kritisch betrachten möchte. Wir haben davon gesprochen, daß die Quersprossen der Kegelverglasung nicht fortlaufend angeordnet sind, sondern frei. Wir nannten das aus dem Grunde gut, daß man es gar nicht bemerkt. Die gestaffelten Wandscheiben jedoch, welche den obersten Teil des Halbkegels aufnehmen, bemerkt man. Sie fügen der lebhaften räumlichen

Anordnung in diesem Teil des Hauses noch Leben hinzu, vielmehr Unruhe. Mir wäre es lieber gewesen, wenn der Architekt oder die Architekten auf sie verzichtet hätten. Ich spreche hier von *den* Architekten, weil ich bemerkt habe, daß Behnisch seine Mitarbeiter an dem Prozeß des Findens besonders der bezeichnenden Einzelheiten beteiligt. Sie führen nicht lediglich aus, was der Chef anordnet.

Ich habe mich ziemlich lange in dem Museum aufgehalten und bin immer wieder darin herumgestiegen, darum herumgegangen, von nahem und auch von ganz weit; bin die Außentreppen auf- und abgestiegen, kreuz und quer durch den Garten gelaufen, und habe das mit stets wachsendem Vergnügen getan. Denn man kann in diesem Hause Anordnungen entdecken, die weniger auffällig sind als die Tafeln am oberen Ende des Halbkegels. Und so ist es, meine ich, gut: daß man die Mittel, mit denen Vertrauen erzeugt wird – und Langeweile vermieden – erst nach und nach entdeckt. Man darf sie dann getrost wieder vergessen. Merkt man aber – auf Anhieb – die Absicht, wird man verstimmt. Ich meine, der Architekt solle es vermeiden, seine Absicht bemerkbar auszudrücken. Tut er es, so vermindert er das Vertrauen, das man seinem Bau entgegenbringt. Das Vertrauen aber in unsere Möglichkeiten und die Gewißheit, daß sie alltäglich geworden sind, sind nicht mehr wie zu Corbus Zeiten sensationell; das ist es doch, verstehe ich Behnisch richtig, was er zu geben beabsichtigt.

Fassen wir diese kurze Kenntnisnahme mit dem Satz zusammen, daß ihm das weitgehend gelungen ist. Es ist ihm überdies gelungen, die Vielfalt und das Zusammenwirken dieser Räume – und die Konstruktion, die sie ermöglicht – erfahrbar zu machen. Ein Bau wie das Postmuseum ist eben nicht mehr sensationell. Wir nehmen ihn als zu uns gehörend in Besitz. Das ist ein bemerkenswertes Ergebnis.

Artikel, erschienen in: *Der Tagesspiegel*, 7.5.1991.

Baudenkmäler

Als ich jung war, gehörte ein Baudenkmal der geschichtlichen Vergangenheit an. Diese endete um die Mitte des vorigen Jahrhunderts. Baugeschichte war die Zeit der einander ablösenden Stile: Romanik, Gotik, Renaissance, Barock, allenfalls Klassizismus. In dem Augenblick aber, in dem der Architekt nicht mehr gebunden war, sondern sich frei in den Phasen der Baugeschichte bewegen durfte, war die Baugeschichte, wie man sie eben verstand, am Ende. Man hat für Schinkel – und einige andere – eine Ausnahme machen wollen: das Alte Museum, immerhin, die Neue Wache, das Schauspielhaus. Es ist aber kein Zufall, daß man an Gebäude dachte, die der „Klassizist" Schinkel entworfen hat. Durfte man das Schloß Babelsberg ebenfalls ein Baudenkmal nennen? Ganz behaglich fand man das nicht. Und noch dies ist zum Begriff des Baudenkmals vor 1900 zu sagen, daß das Gebäude eine gewisse Bedeutung haben mußte: eine Kirche durfte ein Baudenkmal sein, ein Schloß, ein Rathaus, allenfalls eines jener reichen Bürgerhäuser, wie man sie in Nürnberg fand; aber das war die untere Grenze.

Um 1900 änderte sich das, und an dieser Änderung ist die Bücherreihe *Kulturarbeiten* von Paul Schultze-Naumburg nicht unbeteiligt. Schultze-Naumburg zeigte den Zusammenhang städtischer Architektur: ganze Straßenzüge wie in Lüneburg und Hildesheim. Er ging weiter: er zeigte das Bauernhaus als Gegenstand der Architektur. Das war neu, es warf die Frage auf, ob man den Begriff Architektur nicht weiter fassen müsse. Schultze-Naumburg hatte seine Bücher pädagogisch gemeint, er arbeitete mit der Gegenüberstellung von Beispiel und Gegenbeispiel. Die Beispiele sollten zeigen, wie man mit einer Situation auf einfache Art fertig geworden sei, die Gegenbeispiele zeigten vergleichbare Situationen, mit denen man *nicht* fertig geworden ist. Die Gegenbeispiele waren nicht einfach, auch waren sie der Sache nicht gemäß. Die Bauernhäuser, Ställe, Scheunen, die Schultze-Naumburg als Beispiele zeigte, dienten sichtbar dem jeweiligen Gebrauch. Er zeigte gern das breite Eingangstor eines Bauernhauses; da war der zu leistende Dienst betont, in diesem Falle zwei Dienste: Einfahrt und Eingang. Sie schlossen einander nicht aus, man darf sagen, daß sie einander steigerten, sie blieben beide erkennbar, und es war ihnen nichts hinzugefügt. Die Gegenbeispiele wollten Architektur sein, posierten als etwas, das sie nicht waren: darum wurden sie abgelehnt. Schultze-Naumburg stand auf der Seite der zeitgenössischen Architekten, die den zu leistenden Dienst der Gebäude betonten. Man darf sogar sagen, daß Schultze-Naumburg – sein Name hat durch seine betonte Zugehörigkeit zum Nationalsozialismus gelitten – es damals eigentlich schon mit denen gehalten hat, die nach dem Ende der *Kulturarbeiten* auftreten würden, mit Männern wie Bruno Taut. Er war einer von denen, die bereit waren, umzudenken: eine Bereitschaft, die im „Werkbund" (gegründet 1907) ihren Ausdruck fand.

Die Werkbund-Jahrbücher haben lediglich zeitgenössische Gebäude abgebildet; und nicht nur das, was man bis dahin bedeutende Gebäude nannte: auch Fabriken erschienen in den Jahrbüchern, Warenhäuser, auch technische Bauten wie Brücken, Hallen und Silos. Ja, sie gingen über das Gebaute hinaus und zeigten Schiffe, Lokomotiven, Autos, bereits Flugzeuge: die „technische Form". Solche Gegenstände konnten nicht Baudenkmäler werden, aber technische Gebäude konnten das. Vielmehr, sie hätten Baudenkmäler werden können, nur blieb es damals mit den Baudenkmälern noch beim Alten. Man blieb dabei, die Zeit zwischen Schinkel und dem Ende des Jahrhunderts auszuschließen, man wollte Wallots Reichtagsgebäude nicht als Baudenkmal anerkennen. Jetzt allerdings, um 1900, führte man für dieses Ablehnung einen neuen Grund an: sie seien, sagte man, handwerklich nicht mehr gediegen, ihre Details seien grob und unsicher – was nicht falsch war. Gleichwohl hatten neue Möglichkeiten sich gezeigt, allerdings erst aus jüngster Zeit.

Wir haben von Fabriken, Warenhäusern, auch von Brücken gesprochen. Die Denkmalpflege mußte immerhin anfangen sie zu bedenken, und mit ihnen die neuen Formen des Einfamilienhauses. Ungeahnte Möglichkeiten also, die zunächst Möglichkeiten blieben, spätestens nach dem Zweiten Weltkrieg aber berücksichtigt wurden; und mit ihnen weitere, von denen ich nicht gesprochen habe. Das Aufstellen von Denkmalslisten ist langwieriger und, jawohl, problematischer geworden als um 1900. Man mußte den Begriff des Baudenkmals neu definieren; und man hat es getan.

Was aber ist ein zu schützendes Gebäude? Die wenigsten der geschichtlichen Gebäude sind so zu uns gekommen, wie sie ursprünglich geplant waren: da wurde eine Kirche romanisch begonnen, gotisch fortgesetzt und barock überarbeitet. Ist an einem so zusammengesetzten Bau alles gleichermaßen erhaltenswert, oder muß der Denkmalpfleger zwischen wertvollen und weniger wertvollen Teilen – oder auch Phasen – unterscheiden? Dies war die Meinung – und die Praxis – eines der ersten Denkmalpfleger in unserem Sinne, William Morris; und er hat entsprechend gehandelt: ihm war die Gotik allein das Erhaltenswerte. Die erste Regel, welche die moderne Denkmalpflege in Deutschland beachtet hat, war von Morris' Anschauung nicht eben weit entfernt. Man meinte, die Pflicht zu erhalten beziehe sich auf das ursprünglich Gebaute, ja, auf das Geplante; und man habe das Recht, vielmehr die Pflicht, Hinzufügungen späterer Zeiten zu beseitigen, wenn sie den ursprünglichen Charakter des Gebäudes beeinträchtigten. Seit einer Reihe von Jahren aber lehnt die Denkmalpflege Eingriffe dieser Art ab. Man weist darauf hin, daß die jeweilige Gegenwart selbst Geschichte ist; daß es darum eine Anmaßung sei, wenn etwa wir, Menschen des ausgehenden zwanzigsten Jahrhunderts, meinen, wir haben das Recht, etwas ungeschehen zu machen, das die Geschichte hat geschehen lassen. Vielleicht – so läuft das Argument – wird eine kommende Generation eben das wichtig finden, was uns stört.

Das mag so sein; aber es macht die notwendigen Entscheidungen für die Denkmalpflege nicht eben leichter. Betrachten wir kurz zwei Beispiele. In Salzburg steht eine Kirche aus dem Mittelalter, in welcher nirgends mehr die ursprüngliche Gestalt des Raumes sichtbar ist: sie erscheint nur noch als Raum-Proportion. Denkmalpfleger der Schule, welche die Erhaltung, sogar die Wiederherstellung der ursprünglichen Form befürwortet, würden versuchen, diese herzustellen, obwohl kein Bauteil in seiner ursprünglichen Form in Erscheinung tritt: ein Irrtum, ganz gewiß; und eine Bestätigung, sollte man meinen, der Lehre vom gleichen Wert alles geschichtlich Überlieferten. Nun stelle man sich vor – mein zweites Beispiel –, es gebe im Chor der Kathedrale von Reims barocke Einbauten. Sollte man diese erhalten, da auch sie Geschichte sind?

Beide Beispiele, wird man mit Recht sagen, die Salzburger Kirche und der (gedachte) barocke Einbau in Reims sind Sonderfälle. Aber das ist ja die Schwierigkeit mit Regeln, nach denen man sich richten möchte: daß sie dem Sonderfall gegenüber versagen – und die Denkmalpflege hat es immer wieder mit Sonderfällen zu tun. Das gilt in besonderem Maße von den Baudenkmälern unseres Jahrhunderts. Um nur eines zu nennen: 1931 hat Heinrich Tessenow in Schinkels Gebäude der Neuen Wache ein „Mahnmal" für die Toten des Weltkrieges geschaffen. Ich habe den Raum damals gesehen: er war elementar. Ich habe ihn zur Zeit der DDR wiedergesehen; Wolf Jobst Siedler sprach später von dem „peinlich gewordenen Mahnmal", und er hat recht. Dennoch sprach sich die – vor der Zusammenführung – für den Ostteil der Stadt verantwortliche Denkmalpflegerin für die Erhaltung dieses peinlich gewordenen Mahnmals aus, „weil es ein Teil der Geschichte des Bauwerks und ein Zeitdokument" sei.

Das ist klar und eindeutig. Es entspricht der Anschauung, daß alles, was die Geschichte in ein Bauwerk eingeschrieben hat, zu respektieren sei: eine Anschauung, die auch auf der Westseite der Stadt gegolten hat und, irre ich nicht, gegenwärtig für das ganze Berlin gilt. Eine Anschauung, deren Sinn und Wert uns nicht fremd ist; die aber hier, im Falle des Mahnmals, der Stadt Berlin einen der bedeutendsten Räume vorenthalten will, den sie besessen hat. Wenn irgendwo, so sehen wir uns hier dem Sonderfall gegenüber; davon ganz abgesehen, daß man die Begriffe Geschichte und Zeitdokument für Tessenows Raum ganz gewiß in Anspruch nehmen kann. Hier – wie in nicht wenigen ähnlichen Fällen, ich denke an Hans Poelzigs Kino „Babylon" im Scheunenviertel – steht geschichtlicher Anspruch gegen geschichtlichen Anspruch. Der Denkmalpfleger wird die Ebene der geschichtlichen Ansprüche verlassen müssen, wenn es sich darum handelt, das Einmalige zu erhalten.

Dies aber ist der Sinn dieser kurzen Überlegung zur Denkmalpflege: sie ist eine im besten Sinne problematische Tätigkeit. Darum muß sie sich an gewisse Regeln halten, das versteht sich. Jede Regel aber verliert ihre Gültigkeit angesichts des Ereignisses, des großen Augenblicks, um es kurz zu sagen, des Kunstwerks. Hier bleiben die Regeln *in suspenso.*

Unveröffentlichtes Manuskript aus dem Jahre 1991.

Streit um die Neue Wache

Ich habe die Schinkelsche Neue Wache zu Berlin, will sagen, ihren Innenraum in der Form kennengelernt, welche auf Heinrich Tessenows preisgekrönten Entwurf von 1930 zurückgeht. An dem Wettbewerb haben damals nur sechs Architekten teilgenommen, Meister jener Tage, unter ihnen Peter Behrens, Hans Poelzig, Ludwig Mies van der Rohe. Der Wettbewerb hatte einen Ehrenhof vorgesehen, Heinrich Tessenow hat einen Innenraum geschaffen. Er hat die Preisrichter überzeugt, nicht aber sich selbst: die von ihm vorgeschlagene Lösung schien ihm dem Thema, dem gewaltsamen Tode vieler Menschen, nicht zu genügen. Er schlug dem Vorsitzenden des Preisgerichts, Walter-Curt Behrendt, vor, in der Neuen Wache ein tiefes Loch zu graben. Dies erst, so sagte er, werde dem grauenhaften Geschehen, dem das Gedenkmal gewidmet sein sollte, einigermaßen gerecht. Walter-Curt Behrendt hat Tessenow seine Bewunderung dafür ausgesprochen, daß ihm, Tessenow, ein Erster Preis in einer Gruppe so bedeutender Architekten nicht genug sei. Er habe aber, sagte Behrendt, den Preis errungen, und dieser Preis, kein anderer Entwurf, müsse ausgeführt werden.

Der Raum, der so – wider den Willen des Architekten – entstand, war von überzeugender Einfachheit. Ich erinnere mich keines anderen Raumes dieser Art, der einen ähnlich tiefen Eindruck hinterlassen hat. Darum war es meine Hoffnung – und ich stand und stehe da nicht allein –, daß die Bundesregierung nun, da sie freie Hand hatte, diesen Raum wiederherstellen werde. Kein anderer Raum war mir an dieser Stelle – und mit diesem Sinn – vorstellbar. Der Bundeskanzler hat anders entschieden.

Dazu gab es Gründe: Das Gedächtnismal sollte sich nicht mehr lediglich auf den Ersten Weltkrieg beziehen wie das von 1931, es sollte den Opfern der Gewalt gewidmet sein. Der Bundeskanzler und seine Berater meinen, der Raum, den Heinrich Tessenow verwirklicht hatte, sei zu stark auf Soldaten ausgerichtet. Man hat ihn ja auch ein Ehrenmal genannt. Der Bundeskanzler und seine Berater meinten, daß in dem Gedenkmal nichts an Ehre, gewiß nicht an kriegerische Ehre erinnern dürfe, es dürfe nur von Trauer die Rede sein. Das ist nicht von der Hand zu weisen.

Vielleicht ist das Thema, dem dieser Gedenkraum genügen soll, so weit, daß es nicht mehr in einem Raume darstellbar ist. In der Umgebung des Bundeskanzlers will man den Block aus schwarzem Granit und den metallenen Kranz, der auf ihm gelegen hat, durch eine Skulptur der Käthe Kollwitz ersetzen. Das ist eine kleine Skulptur, eine Gruppe: trauernde Mutter und toter Sohn. Man ist dabei, sie um ein Vielfaches zu vergrößern – was der kleinen, ich möchte sagen innigen Skulptur der Künstlerin Gewalt antun wird. Darum hat eine recht große Anzahl von solchen, die von der Sache etwas verstehen, sich gegen diese vergrößerte Gruppe der Käthe Kollwitz ausgesprochen. Es hat in diesem Sinne öffentliche Diskussionen gegeben. Es hat eine große Anzahl öffentlicher Äußerungen gegeben, in denen deutlich gemacht wird, daß die Figuren der Käthe Kollwitz der sehr großen Aufgabe eines Gedenkens an die Opfer der Gewalt nicht gerecht werden. Der Bundeskanzler und die kleine Gruppe derer, die zu entscheiden haben – vielmehr, welche meinen, entscheiden zu dürfen –, hat davon keine Notiz genommen. Das ist bedauerlich. Es entspricht nicht dem, was wir unter Demokratie verstehen.

Man sagte, es sei notwendig, diese Entscheidung schnell herbeizuführen, da der Raum in neuer Form zum Volkstrauertag fertig sein solle. Es ist nicht einzusehen, warum: ein Gedenkmal für die Opfer der Gewalt wird, so meinen wir alle, lange Jahre bestehen; es ist gleichgültig, wann es eingeweiht wird. Diese Hast hat die lebhafte Diskussion über das Thema eines Gedenkmales abgebrochen. Ich finde ebendies in hohem Maße bedauerlich. Es entmutigt eine jede Diskussion dieser Art. Man beginnt sich zu sagen, es habe keinen Sinn mehr, eine Meinung zu äußern, da ohne uns entschieden wird. Das ist, es muß gesagt werden, eine Anmaßung von seiten des Bundeskanzlers.

Lassen Sie mich auf meine lebhafte Erinnerung an den Raum zurückkommen, den Tessenow 1931 geschaffen hat. Ich habe nicht ohne Absicht erzählt, daß Tessenow selbst von Ehre nichts hat hören wollen, daß es ihm nur auf die Darstellung des Grauens ankam, welches der gewaltsame Tod so vieler Menschen – Soldaten oder anderer – in unserem Gemüt erregen soll. Eben dies hat Tessenows Mahnmal bewirkt. Ich bin niemandem begegnet, der es als ein militärisches Ehrenmal empfunden hätte. Die Schlichtheit dieses Gedenkmals, auch die etwas mehr als Lebensgröße der drei Gegenstände, die in dem Raum standen: des Blockes aus schwarzem Granit und der beiden hohen Leuchter (das Kreuz auf der Rückwand ist eine spätere Hinzufügung), dies hat einem jeden, der dort eintrat, den Atem verschlagen. Eben das hat Tessenow gewollt; und daß ihm eben das gelungen ist, wird – unter vielen anderen Äußerungen – von den Bemerkungen des Philosophen Siegfried Kracauer bestätigt. Mehr aber durch das, was ein jeder Eintretender erlebt hat, und was unvergeßlich bleibt.

Darum bin ich nach wie vor der Meinung, man solle den Raum so wiederherstellen, wie Heinrich Tessenow ihn gestaltet hat: genau so.

Heinrich Tessenow, Umbau von Schinkels Neuer Wache, Berlin, 1930–31.

Es besteht durchaus nicht die Gefahr, daß man den Raum für ein Kriegs-Ehrenmal halten könne. Diese meine Meinung ist so fest begründet und so tief in meinem Fühlen verankert, daß ich sage, wir müssen nach wie vor fordern, daß der Raum so wieder in Erscheinung trete, wie Tessenow ihn 1931 hinterlassen hat.

Unveröffentlichtes Manuskript aus dem Jahre 1993.

Der deutsche Umbruch

Wir sind als Kinder und Halbwüchsige oft nach Potsdam gegangen und fanden eine Stadt, welche schon von der Havel her – wir kamen meist mit dem Schiff – eine eigene Silhouette hatte. Damals stand über Potsdam nicht nur jene Kuppel von Schinkel, die er auf Wunsch des Kronprinzen geplant hat. Der Kronprinz hatte sie auf die Rückseite einer Tischkarte gezeichnet und darunter geschrieben: „Das fehlt."

Heute ist die Kuppel da – und alles andere fehlt: die barocken Kirchtürme insbesondere, vor allem der der Garnisonkirche. Auch das Stadtschloß fehlt. Für diesen zentralen Bereich Potsdams haben wir uns als Kinder jedoch weniger stark interessiert als für die Potsdamer Grachten, welche dem Namen „Holländisches Viertel" erst Sinn zu geben schienen. Ich habe viel später in Amsterdam die Potsdamer Grachten wiedergesehen. In Potsdam sind sie verschwunden.

Wir sind immer nach Sanssouci weitergegangen, durch die Eingangsallee, welche damals viel höhere Bäume hatte als jetzt; und immer näherten wir uns dem belanglosen Ende der Allee – sie hörte einfach auf – mit der gleichen Spannung für das, was wir sehen würden, wenn wir uns nach rechts kehrten. Wir sahen unter einer Wölbung hoher Bäume das Schloß des Königs, welches über den ganz aus Glas gebauten, gebogenen Wänden der Terrassen uns entgegenleuchtete. Sicher ist die gegenwärtige Behandlung dieser gebogenen Wände historisch richtiger; aber für mich führt sie in das Bild des Schlosses über den Terrassen eine Unruhe ein, die mich stört, da das alte Bild unvergeßlich bleibt, es mag „richtig" sein oder nicht. Den besonderen Zauber des Schlosses macht aus, daß es auf der höchsten Terrasse steht, ebenerdig. Man betrat von den Räumen zu ebener Erde (fast) die weite obere Terrasse; eine Anordnung, welche Friedrich gegen seinen Architekten Knobelsdorff durchgesetzt hat, der, guter architektonischer Praxis folgend, das Schloß durch ein Sockelgeschoß erhöht, über den Boden der Terrasse heben wollte. Ebendies aber verleiht dem Schloß den persönlichen Charakter, den kein anderes Schloß jener Tage besitzt. Begegnet man dem Schloß, so begegnet einem der König, dieser bemerkenswerte Fürst, dem sein Gast Voltaire von seinem eigenen Schlößchen Fernay unumwunden schrieb: Friedrich könnte ein großer Mann sein, wenn er nicht seiner Laune nachgeben wollte, die, welche dort in Sanssouci unter ihm lebten, zu quälen; um ihm dann doch, nicht lange vorm Tode, zu gestehen, er wisse nun, daß Friedrich der Mann des Jahrhunderts sei.

Lassen wir dies auf sich beruhen. Sprechen wir auch nicht von den anderen Gebäuden des Komplexes Sanssouci: dem chinesischen Pavillon, der noch ganz Rokoko ist; der Orangerie, die erheblich größer ist als das Schloß und ganz „Architektur" im Sinne des frühen neunzehnten Jahrhunderts; noch von Schinkels Charlottenhof und dem sogenannten „Römischen Bad" daneben, einer der wenigen Gelegenheiten, bei welcher Schinkel sich gestattet hat, sich einer schöpferischen Raumphantasie zu überlassen. Sagen wir nur dies: daß Sanssouci trotz der Veränderungen, die es seit meiner Kindheit erfahren hat, das Schloß ist – und die Manifestation einer Persönlichkeit. Und daß Potsdam, die große, geordnete, zwei- bis dreistöckige Stadt immer noch, trotz aller Veränderungen, eine Stadt ist wie keine zweite: eine Wohnstadt mit breiten Straßen, deren Häuser einheitlich sind, aber mit Variationen, die preußische Stadt, preußisch und, so seltsam es klingt, komfortabel. Nur daß dies allerdings noch überzeugender war, als es die Grachten gab, die Garnisonkirche, das Stadtschloß – und noch nicht die Hochhäuser, mit denen eine andere Generation, und eine andere Gesellschaft, sich Potsdam gegenüber behaupten wollte: hoffnungslos.

Die nicht nur positiven Umstände der Vereinigung der beiden deutschen Staaten haben in mir die Frage nach dem Wesen dieses Umbruchs aufkommen lassen; und des deutschen Umbruchs überhaupt. In meinem langen Leben ist dieser der fünfte. Da war zuallererst der August 1914. Damals war ich an die zehn Jahre alt. Vielleicht allerdings kann man das noch nicht einen Umbruch im deutschen Sinne nennen. Das Kaiserreich ist ja geblieben, und wenn sich der Person des Kaisers gegenüber etwas geändert hat, so war es die größere Kaisertreue nach Ausbruch des Krieges. Man hatte Wilhelm ja offen kritisiert. Man hatte ihn vorher Willusch genannt und zitierte gern das Verschen, den verdrängten Schüttelreim, der entstanden war, als der Kaiser von der Insel Korfu, die ihm gehörte, das Heine-Denkmal entfernen ließ:

„Von Korfu der Heine schwund.
Der Kaiser ist ein – großer Kunstkenner."

Ich brauche den verdrängten Schüttelreim auf „Heine schwund" nicht auszusprechen. Nun aber war der Kaiser von einem rachsüchtigen Frankreich, einem neidischen England und einem panslawischen Rußland aus heiterem Himmel überfallen worden, und er hatte das schöne Wort gefunden: „Ich kenne keine Parteien mehr, ich kenne nur noch Deutsche." Ein Umbruch im späteren Sinne des Wortes war das wohl noch nicht. Immerhin war die Zeit vorher auf einmal unwirklich geworden, so wie jedesmal bei den späteren Umbrüchen.

Gracht mit Breiter Brücke, Potsdam, Aufnahme von 1912.

1918 war schon echter. Auf einmal nämlich sollte das, was bis gestern gegolten hatte, nicht mehr gelten. Man hat sich damals noch nicht für die vorige Doktrin, die Kaisertreue entschuldigt, aber sie bereitete eine gewisse Verlegenheit. Man hatte eine Niederlage erlitten; eine Revolution, welche den ganzen Lebensstil hätte umdeuten können, hatte nicht stattgefunden. Dennoch war die alte Zeit – die gute oder die nicht so gute – in stärkerem Maße unwirklich geworden als 1914. Ich will nur an einen Aspekt erinnern, der mir von Kindheit an viel bedeutet hatte: die neue Architektur des bürgerlichen Hauses – oder der Villa, wie man es noch nannte. Sie galt nicht mehr, der Reichtum der bürgerlichen Vorkriegsjahre wurde verachtet. – Viele dieser Häuser wurden wenig später, seit etwa 1925, unterteilt. – Noch im Kriege war Reinhard Goerings Drama *Die Seeschlacht* erschienen: eine neue Sprache, auf jeden Fall; und bald nach dem Kriege erschien das von Kurt Pinthus zusammengestellte Gedichtbuch *Menschheitsdämmerung*, welches wir Jungen schrecklich fanden und komisch; das wir aber doch mit viel Interesse lasen. Verglichen mit dem Kontinuum des Jahres 1914 war immerhin etwas Neues unterwegs. Dennoch: die echten Umbrüche kamen später.

Natürlich ist mir der von 1933 gegenwärtig geblieben. Der war echt! Als ich den Vorsitzenden des BDA Berlin aufsuchte, den ich seit langem gekannt hatte, rückte er verlegen seine Jacke über das Parteiabzeichen, das er vorsichtshalber auf der Weste trug, sagte aber, als ich ihn, taktlos wie ich bin, daraufhin ansprach: „O ja, alter Kämpfer!" Damals geschah es, daß meine Mutter in Lichterfelde in der Straße ging, in der wir lange Jahre gewohnt hatten, und der Nachbarin begegnete, der lieben alten Freundin. Sie streckte ihre Hand aus – und die Nachbarin drehte sich weg.

Beim nächsten Umbruch, dem vierten, wie ich bemerken möchte, änderte sich alles von einem Tag auf den anderen. Keiner wollte mit dem, woran er bis gestern geglaubt hatte, das Geringste zu tun haben; und als ich endlich wirklich eine Frau traf, die mir offen und ehrlich sagte, sie sei Nationalsozialistin gewesen, und zwar nicht, wie sie sich beeilte hinzuzufügen, aus praktischen Gründen, denn sie war Lehrerin: „Nein", sagte sie, „ich habe daran geglaubt." Das hat mich geradezu glücklich gemacht, da ich lange Wochen nur mit Leuten zusammengetroffen war, die sich die Miene von solchen gaben, die fragten: „Nationalsozialismus? Was ist das eigentlich?"

Menschen wie dieses Fräulein waren selten, es gab sie kaum. Was geschah, war vielmehr dies: daß die Leute sich allen Ernstes nicht vorstellen konnten – oder zunächst nicht vorstellen wollten –, daß die Grundsätze, die Worte, die Reden, die Bücher, die Jugendlager, die Sicht der Geschichte – mit einem Wort, das ganze reiche Geflecht von Anschauungen, welche bis gestern jede Lebensäußerung bestimmt hatten, für sie damals wirklich gewesen sei. Jahre später hat mir ein guter Freund aus Berlin gestanden, daß er noch zehn Tage vor Kriegsende Dinge geschrieben hat, die er heute selbst nicht mehr verstehen könne: Die große Lehre, die die Partei dem deutschen Volke geschenkt habe, dürfe nicht untergehen, sie könne auch gar nicht untergehen; denn was werde danach kommen? Die elende Demokratie, die man endlich überwunden habe? So schrieb er damals, und dann, anno '60, konnte er das nicht mehr verstehen; weil das nämlich nicht mehr angerührt werden durfte, weil das ein für allemal ausgestanden sei, nie gewesen und „vergessen". Irgendwann kam die Gewohnheit auf, von den Nazis zu reden, als seien das andere gewesen. – Wie der „Führer", der von Österreich herübergekommen sei. –

Was vollends die eigene Verstrickung angeht, nun, da habe der gut reden, der nicht in Deutschland gelebt hat. Man habe doch keine Wahl gehabt. Das ging, wie bekannt, so weit, daß selbst führende Männer jenes Regimes, aus der Verwaltung, der Justiz, der Wissenschaft, der Wirtschaft, natürlich, so gut wie nahtlos in die neuen Machtbereiche übernommen wurden wie der unsägliche Globke. Die böse Zeit, die aufgezwungene, war spurlos vorüber. Ich möchte auf dem „spurlos" bestehen. Darauf legte man so großen Wert, daß man gewiß auch aus diesem Grunde die anstehenden Prozesse gegen die persönlich Schuldigen verschob: Es könnten dabei Erinnerungen zutage treten, die man besser im dunkeln ließe. Wiedergutmachung, nun ja, das mochte immerhin sein; aber die Beschäftigung mit der Sache selbst war – und blieb – tabu.

Ich bin hier ein wenig ausführlich gewesen, denn dies kommt schon an das Thema heran, das ich besprechen möchte. Das Thema ist das Vergessen; oder sagen wir besser, das absichtliche Vergessen; wobei eine ganze, reich durchgestaltete Doktrin, mit der wir alle jahrelang zu tun hatten, ausgelöscht wird. Was, sollte man meinen, nicht gelingen könnte, was in den seltensten Fällen nicht gelungen ist. Solche Fälle aber waren so selten, daß sie nicht zählen. Was macht man mit einem Erbe, das befleckt ist? Man bemüht sich mit aller Kraft, es zum Nicht-Erbe zu erklären. Und das gelingt, weil wirklich nur die allerwenigsten bereit sind, ein solches Erbe anzuerkennen.

Man hatte es nicht wahrnehmen wollen, man hatte es schließlich – geradezu – nicht wahrgenommen, und nun, da das glücklich hinter uns lag, hatte man Grund sich zu hüten, dort noch einmal hinzusehen. Die Folge aber ist die: jungen Leuten, die „die Gnade der späten Geburt" für sich in Anspruch nehmen können, kommt der Nationalsozialismus vor wie ein böses Märchen. – Übrigens sprechen auch die, welche die Zeit miterlebt haben, so davon.

Erlauben Sie mir aber, von einer Ausnahme zu sprechen, einer Art Erleuchtung, die den, der sie erfahren hat, so verwundert hat, daß er auf diese Art davon spricht. Er hatte herausgefunden, daß die Formgestaltung industriell hergestellter Gegenstände von den Nazis im gleichen Sinne weitergeführt wurde, in dem das Bauhaus sie begonnen hatte. Er schreibt: „Erst das sogenannte Dritte Reich hat dem Wirken und den Bestrebungen des Bauhauses und des Werkbundes zum Durchbruch verholfen."

Man fühlt sich gedrängt, das mit einem Ausrufungszeichen zu versehen; oder mit einem Ausrufungszeichen und einem Fragezeichen. Ich bin weitergegangen und habe folgendes dazu bemerkt: „Welcher Idiot schreibt das?" Wozu ich beinahe noch stehe; denn so kann man das nicht sagen. Beinahe, sage ich; aber nicht mehr ganz. Denn der Sachverhalt, der hier berührt wird, ist weniger eindeutig, als man denken mag.

Wahr ist, daß die Nazis diese Arbeit haben weiterlaufen lassen. Wahr ist aber auch, daß der bekannteste Nazi-Architekt, Albert Speer, versucht hat, die riesengroße Kuppel des Parteigebäudes handwerklich – will sagen, ohne Konstruktionen aus Metall oder aus Stahlbeton – auszuführen. Drücken wir es einmal so aus: Dem Nationalsozialismus wäre es lieb gewesen, wenn man im Bauen, aber auch in der Produktion von Gebrauchsgegenständen zu den altbewährten Methoden des Handwerks hätte zurückkehren können. Und es hat Architekten gegeben wie Paul Schmitthenner in Stuttgart, die das allen Ernstes versucht haben. Das war keine Marotte von Schmitthenner, es war auch keine Marotte der Partei. Zugrunde lag dem die Furcht vor dem technischen Fortschritt, eine Furcht, die von Architekten geteilt wurde, die der Partei fernstanden. Um nur zwei Namen zu nennen: Heinrich Tessenow und Hans Poelzig; beide Männer der Generation von etwa 1870. Beide haben sich über das Thema mit Nachdruck geäußert, beide fürchteten, daß der technische Fortschritt in seinem Bestreben, immer leichter zu bauen, das Material am Ende beinahe aufzehren werde; und was wird aus der Architektur, wenn das Material ihr sozusagen weggenommen wird? Beiden Architekten ist auch die Sicht der Architektur gemeinsam, daß sie auf das Wert lege, was sie zu ihrer Arbeit benutzt: den gutgeschichteten Steinverband etwa, das mit Sorgfalt und Liebe getischlerte Fenster, das genau gedeckte Dach, in dem jede Unterbrechung im Sinne des Dachdeckers behandelt ist; mit der schön gedeckten Kehle, niemals aber als eine Unterbrechung des Verbandes, welche mit anderen Mitteln – handwerklich gesehen, notdürftig – überdeckt wird. Es sei, meinte Tessenow, Teil der Anerkennung, die man einem Hause zollt oder, um es anders zu sagen, des Vergnügens, das der Anblick eines Hauses uns bereitet, daß man imstande sei, den Bau des Hauses nachzuvollziehen.

Natürlich weiß der Beschauer – im allgemeinen – nicht, wie ein Schieferdach gedeckt wird. Immerhin kann er es hier sehen, und selbst, wenn er nicht genau hinsieht, erhält er den Eindruck, daß hier alles, wie es sich gehört, den bewährten Regeln des Bauens folgend, gemacht worden ist. Wie man das macht, wie weit man in jedem Falle in der Demonstration der handwerklichen Herstellung geht, dafür hatte jeder der Architekten seine eigene Methode: Schmitthenner war für die bis ins einzelne ablesbare Art des Bauens – und hat das wohl ein wenig übertrieben. Tessenow hat das kühler behandelt, nicht so sehr auf den Einzelheiten insistierend. Poelzig ist die Form wichtiger gewesen als die Darstellung der Art des Bauens; womit ich nicht sagen will, daß ihm die gleichgültig gewesen sei. Denn allen dreien – und vielen anderen – war gemeinsam, daß sie darauf bestanden, den Bauvorgang sichtbar zu machen, während den Männern der industriellen Form dies gleichgültig gewesen ist, gleichgültig sein mußte: denn die Tätigkeit der Maschine kann man nicht wie die der Hand nachvollziehen.

Für den Nationalsozialismus aber war dies ein echtes Problem. Seine Neigung gehörte Tessenow und Schmitthenner, dem sichtbar gemachten Bauvorgang mit allem, was da mitspielt an Brauchtum, an Zunft, an – um ein Lieblingswort zu benutzen – Bodenständigem. Man mußte aber anerkennen, daß es die Industrie gab, und daß sie für die Herstellung der uns umgebenden Gegenstände mit jedem Jahre an Bedeutung gewann, daß sie sogar für das Bauen immer wichtiger wurde. Die Nazis waren pragmatischer, als man nach ihren Worten meinen sollte. Sie mußten es sein, da sie ja etwas bewirken wollten. Sie erkannten – mit oder ohne Widerwillen – den Tatbestand an, ja, sie gingen soweit, sogar die Architektur der Fabriken, Bahnhöfe usw. von ihrer Architekturauffassung auszunehmen!

Dies ist ein grundsätzliches Problem. Wir haben gesehen, daß Speer die größte Kuppel aller Zeiten ohne die Hilfe moderner Konstruktionen errichten wollte. Der gleiche Speer aber, der bei der Kuppel auf den althergebrachten Methoden bestand, hat einen „Lichtdom" verwirklicht, eine Architektur aus Strahlen, eine Architektur aus Licht; und ich gestehe, daß es mir leid tut, diesen „Lichtdom" nicht gesehen zu haben. Er war, meine ich, seine größte Leistung. Nun mochte Speer sagen, daß es einen Unterschied gebe zwischen einer räumlichen Aufführung für einen Parteitag und einem Gebäude, welches für die Dauer errichtet wird. Gewiß; und doch ist es seltsam, daß die Partei und Speer, die das Hergebrachte betonten und darauf bestanden, daß der Weg in die Unkultur, ja in die Zersetzung des Volkstums über den technischen Fortschritt führe, daß eben sie zur Feier dieser Grundsätze sich der fortgeschrittensten Technik bedient haben.

Man könnte sagen, die nationalsozialistische Partei habe, sobald sie in großem Maßstab in die Verwirklichung eintrat, ihre Grundsätze verraten. Dies meinten ehemalige Parteimitglieder wie Johannes Strasser; dies fühlten gewiß auch viele der SA-Männer, die im Juni 1934 liquidiert wurden – die Gruppe um Röhm. In dem Augenblick aber, in dem die Partei das Steuer des Staates in die Hand genommen hatte und die Niederlage von 1918 beseitigen wollte, hatte sie sich der letzten technischen Fortschritte zu bedienen. Eine fatale Situation. Um nur von ihren Auswirkungen in der Architektur zu sprechen. Man versuchte, die moderne Konstruktion auszuschalten (Speers Dom), man wußte gleichwohl, daß das in praxi, im Industriebau zum Beispiel, nicht anging; also nahm man den Industriebau aus! Man ging gleichwohl niemals soweit, die Architektur des ablesbaren handwerklichen Bauvorgangs als rückständig abzutun. Hätte man das gewollt, so hätte man nicht nur den getreuen Schmitthenner beiseiteschieben müssen, sondern auch, wie wir gesehen haben, Tessenow, ja auch Poelzig.

Hierauf aber will ich hinaus: daß der Nationalsozialismus eine Weltanschauung gewesen ist, die in dem Augenblick, da sie daranging, den Stand der Dinge in dieser Welt zu verändern, sich eben der Mittel bedienen mußte, welche die Weltanschauung ablehnte; daß, um es anders auszudrücken, der tiefe Widerwille jener Zeit gegen eine alles mitreißende technische Entwicklung, deren Weg und letzte Folgen man nicht mehr absehen konnte – daß dieser Widerwille, sage ich, der Wirklichkeit gegenüber versagt hat. Hätte man also darauf verzichten sollen, sich der modernen Technik zu bedienen? Man konnte es nicht: Eben diese Methoden haben wesentlich zu dem erstaunlichen Erfolg der Partei beigetragen. Sollte man aufhören, von Blut und Boden zu sprechen, vom Gediegenen und Gewachsenen? Aber für was stand man dann ein? War der Nationalsozialismus politisch eine unzeitgemäße, ja eine unmögliche Doktrin, da ihre Verwirklichung sie in diesen Widerspruch verstrickte? Aber wie erklärt man dann ihre Wirkung, welche einen langen Augenblick lang die Welt in Gefahr brachte?

Ich stelle nur Fragen, ich kann nur Fragen stellen. Man darf sich aber nicht mit der *post festum* – als alles vorbei und glücklich ausgestanden war – gegebenen Antwort begnügen; das Ganze sei ein böser Wahnsinn gewesen, ein Bündel von Irrlehren, reaktionärer Gartenlaubenkitsch, unwirkliche Romantik, und das alles nur als Vorwand für die unmenschlichste Ausübung der Macht.

Das gibt es nicht, so beschränkt sind die Menschen auch in extremen Situationen nicht: Wäre der Nationalsozialismus, was immer er gewesen sein mag, nur Vorwand gewesen, so wäre er nie an die Macht gelangt. Den Vorwand hätte man durchschaut. In Wahrheit gehörten Weltanschauung und Macht zusammen, liefen auf das gleiche hinaus, erschienen offenbar nicht wenigen – und nicht etwa den Armen im Geiste – damals als eine notwendige Einheit. Ich möchte dazu auffordern, die Bewegung geschichtlich zu betrachten. Wer das tut, dem wird nicht entgehen, wie weit verbreitet schon vor dem Ersten Weltkrieg eben die Anschauung war, daß Ablehnung der gegenwärtigen Welt, Umkehr – ein Modewort der Zeit, wie wir gleich sehen werden – und Macht zusammengehören. Seit den achtziger Jahren des vorigen Jahrhunderts, und das setzt die Anfänge spät an, hat es diese Bewegung, vielmehr Bewegungen dieser Art, gegeben, welche zum Nationalsozialismus führen konnten – ich sage nicht, daß sie dahin führen mußten. In diesem Zusammenhang zitiere ich zwei Strophen aus Stefan Georges Gedicht „Der Krieg“. Die erste spricht von seiner Abscheu gegen den mechanisierten Krieg:

„Der schöpfers hand entwischt rast eigenmächtig
Unform von blei und blech, gestäng und rohr.
Der selbst lacht grimm, wenn falsche heldenreden
Von vormals klingen, der als brei und klumpen
Den bruder sinken sah – der in der schandbar
Zerwühlten erde hauste wie geziefer.
Der alte Gott der schlachten ist nicht mehr.
Erkrankte welten fiebern sich zuende
In dem getob. Heilig sind nur die säfte
Noch makelfrei verspritzt – ein ganzer strom.“

Die andere spricht vom Zeitgeist:

„Und was schwillt auf als geist! Solch zart gewächs
Hat fernab sein entstehn... Wie faulge frucht
Schmeckt das gered von hoh-zeit auferstehung
In welkem ton. Wer gestern alt war kehrt nicht
Jetzt heim als neu und wer ein richtiges sagt
Und irrt im letzten steckt im stärksten wahn.
Spricht aberwitz: ‹Nun lernten wir fürs nächste›
Ach dies wird wiederum anders!... dafür rüstet
Nur vollste umkehr: schau und innerer sinn.
Keiner der heute ruft und meint zu führen
Merkt wie er tastet im verhängnis – keiner
Erspäht ein blasses glühn vom morgenrot.„

Das ist ein politisches Gedicht; aber George hat nicht versucht, die „vollste umkehr“ in die politische – oder die gesellschaftliche – Wirklichkeit umzusetzen. Als die Nationalsozialisten ihre Weltanschauung so umzusetzen versuchten, hielt er sich abseits, lehnte den Goethepreis ab, die höchste literarische Ehre, und emigrierte. – Offenbar aber hat Goebbels ihm diese Ehre zuerkannt, Goebbels, der Schüler des George-Jüngers Gundolf, der übrigens Gundefinger hieß: ein Jude. – Was ich aber hier vom Nationalsozialismus gesagt habe: daß man versuchen möge, ihn geschichtlich zu sehen, als eine Geisteshaltung der Zeit, das gilt mutatis mutandis für den Kommunismus der DDR, welcher im November 1989 überwunden wurde. Hier sollen nicht Nationalsozialismus und Kommunismus verglichen werden oder gar, wie es klingen mag, gleichgesetzt. Die Doktrinen sind nicht unser Thema, wir sprechen lediglich von Wirkungen.

Mutatis mutandis: der Nationalsozialismus war eine selbständige deutsche Bewegung, gerade in seinen geistigen Grundlagen nicht nur eine deutsche Variation des Faschismus. Der Kommunismus wurde einem Teil des deutschen Volkes nach der Niederlage aufgenötigt, ebenso wie die Demokratie einem anderen Teil des Volkes – zunächst auf jeden Fall – aufgenötigt wurde. Es hat aber diese von außen hergebrachten Formen der Gesellschaft auf beiden Seiten aufgenommen, mag man auch sagen, im Westen nicht – oder weniger – unter Zwang. Man hat sie sich – wieder auf beiden Seiten – zu eigen gemacht, man hat sie entwickelt. Auch der Kommunismus der DDR hat in fünfundvierzig Jahren ein eigenes Gesicht erhalten, auch eigene Leistungen gezeigt; und ich gestehe, daß mich ein gelinder Schauer ankommt, wenn ich sehe, wie man sich jetzt davon die Hände wäscht. Es ist wieder ein deutscher Umbruch reinster Form, und die Formel dieser Umbrüche lautet: Nichts von dem, was bis gestern gegolten hat, bleibt gültig.

Man vergesse es! Das sind fünfundvierzig Jahre! Nach dem Nationalsozialismus brauchte man nur zwölf Jahre zu vergessen; und schon dies hatte die Folgen, von denen ich gesprochen habe: daß man sich einerseits die Sache, welche so viele bewegt hatte, die Sache, an die man glauben mußte und glauben wollte, nicht mehr vergegenwärtigen konnte; daß aber andererseits führende Gestalten eben dieser Bewegung als unbeteiligt angesehen wurden.

Da erschien der Ausdruck „verstrickt“; ich habe ihn dieser Tage wieder gehört, Kommunisten, selbst Stasi-Leute betreffend. Anno 45 sagte man unter der Hand: „Aber wir brauchen diese Leute, wir haben keine Fachleute mehr.“

Jetzt spricht man nicht ganz so ehrlich vom „Augenmaß“ bei der Beurteilung solcher Leute. Das Ergebnis ist ähnlich, nur noch ausgesprochener: was 45 Jahre lang die DDR ausgemacht hat, woran nicht wenige geglaubt und gearbeitet haben, was viele andere zumindest akzeptiert haben, soll vergessen werden, als sei es nie gewesen. Die Personen aber, die das alles geglaubt, gemacht, gestützt, erhalten haben, sollen nun „übernommen“ werden, als sei auch die eigene Vergangenheit für sie nicht mehr gewesen als ein böser Traum. Nur einigen wenigen wird die ganze Schuld aufgeladen, was ihnen in den

Augen der „Befreiten“ etwas Verächtliches gibt; obwohl man nicht vergessen sollte, daß dieses Beladensein mit der Schuld Aller ihnen eine Art von Heiligkeit verleiht: *qui tollis peccata mundi.*

Und dazu kommen, auf der anderen Seite, jene Unternehmer der westdeutschen „heilen Welt“, von denen der Bundeskanzler so hübsch gesagt hat, daß sie „in den Startlöchern stehen“ und so viele Geschäfte bereits angeleiert haben, daß man nur staunen kann. Ich brauche Ihnen nicht zu sagen, was das für eine Situation ist, die Starter dort, die Darbenden hier: sie ist Ihnen deutlicher als mir, dem Zuschauer, dem es die ganze Zeit über gutgegangen ist, während die Menschen in der DDR gedarbt haben und weiter darben.

Ich weiß, welchen seltsamen Eindruck es immer wieder macht, wenn einer der Bevorzugten den endlich von ihrem Elend zu Erlösenden gut zuredet, sich noch ein wenig zu gedulden, damit die Unternehmer der westlichen „heilen Welt“ ihre DDR-Kultur nicht hinwegschwemmen. Eine schwache Position. Dennoch versuche ich, sie aufrechtzuhalten, wozu mich in starkem Maße der Anblick der ehemals schönsten Landschaften in Süddeutschland veranlaßt, welche so dicht besiedelt sind, daß jemand von einer „dichtgedrängten Einsamkeit“ gesprochen hat. Denn die Häuser an der Bergstraße, in dem schönen Württemberg um Stuttgart – und wo nicht? – stehen in der Tat so eng beieinander, daß man in dem einen nicht niesen kann, ohne in dem übernächsten gehört zu werden; und doch ist ein jedes Haus nur mit sich selbst beschäftigt, blickt, sozusagen, in das eigene Innere. Das sind nämlich die Häuser freier Bürger, die so frei sind, daß sie Gemeinsames nicht mehr kennen; jeder denkt nur an sich, die Seinigen und die paar Freunde, die man nun einmal hat.

Eben dies, der Mangel an Zusammenhang, ist das Merkmal der ganzen, landweiten Siedlung: Jeder für sich, nicht Gott, sondern was man die Demokratie nennt, für uns alle. Will man das in der DDR ebenfalls haben? Wollen wir, daß das immer noch wunderschöne Saaletal in nicht allzulanger Zeit ebenso aussieht wie die Bergstraße? Ich fahre recht oft durch das Saaletal. Es sieht, bis auf die große Stadt Jena, noch so aus, wie ich es im Jahre 1911 kennengelernt habe, da war ich sechs: ein hügelumgebenes Tal, grün, ländlich; man sieht Burgen, man sieht Domtürme, man sieht Dörfer wie Orlamünde, lebhaft, schön gestaffelt. Endlich, vor Saalfeld, erblickt man den hohen Thüringer Wald, und dahinter biegt der Zug in die enge Schlucht der Loquitz ein. Was für eine Landschaft! Wobei man nicht vergessen darf, daß auch diese Landschaft ihre Unschuld verloren hat, will sagen, daß die meisten Häuser schlecht im Stande sind, daß viele der Viehweiden nicht mehr benutzt werden und daß von anderer Landwirtschaft wenig zu spüren ist. Das Saaletal wartet offenbar auf den Tourismus. Irgend etwas muß also geschehen.

Aber was? Soll man möglichst bald dem Tourismus im Saaletal seine großen und bequemen Hotels bauen, die Dörfer, die nichts mehr taugen, abreißen und das Tal mit der gleichen dichtgedrängten Einsamkeit zuschanden siedeln, mit der man die Bergstraße zerstört hat? Oder gibt es einen anderen Weg?

Sollte es aber einen geben, so wäre es nicht in erster Linie Sache der Stadtplaner und Architekten, ihn zu finden; und gewiß nicht Sache der Bauträger, da diese einen anderen Weg gar nicht wollen. Sie kommen, wie es ist, auf ihre Kosten. Die Stadtplaner aber und die Architekten wissen nicht viel von der tatsächlichen Planung, will sagen, der Planung von Beschäftigungen, welchen man in einem solchen Tal Raum geben mag. Es wäre also, bevor sie tätig werden können, eine geduldige Vorplanung vonnöten. Und die Schwierigkeit liegt in dem Worte Geduld. Denn die DDR, ein leidendes Land, verlangt nach schnellen Resultaten; und man hat den Bundeskanzler so warm begrüßt, weil er von den Unternehmern in den Startlöchern gesprochen hat. Und wenn ich eben das fürchte, was diese Unternehmer mit dem Lande anfangen werden, darf ich mit einem bitteren Lachen rechnen: „Er hat gut reden, er weiß nicht, was Not ist."

Darauf habe ich nichts zu erwidern. Ich möchte nur noch einmal die beiden Bilder gegeneinanderstellen: das schöne Bild des Elends im Saaletal, welches so aussieht, als können dort, Veränderungen der Struktur vorausgesetzt, Menschen leben; und das Bild des Wohlstandes an der Bergstraße, wo man sich ein Leben nur noch schwer vorstellen kann. Ob das arme, schöne Saaletal irgend etwas mit Tendenzen der bösen alten DDR zu tun hat, das weiß ich nicht, das wage ich auch, angesichts der schrecklichen Stadt Jena, nicht zu behaupten. Aber dies darf ich sagen: daß das wahrhaft trostlose Bild der reichen Bergstraße mit der freien Marktwirtschaft zu tun hat, von der es heißt, sie sei das unwiderruflich letzte Wort. Wenn die Unternehmer aus ihren Startlöchern hervorbrechen und im Saaletal die Segnungen der freien Marktwirtschaft zur Geltung bringen, dann ist, meine ich, Hopfen und Malz verloren.

Ich kann nur hoffen, daß man die Gefahr ernst nimmt, daß man fähig und willens ist, Geduld zu haben, damit man in, sagen wir, zehn Jahren sagen kann: Der gute Alte – jemand hab ihn selig! – hätte sich keine Sorgen zu machen brauchen. Er hätte wissen können, daß wir nicht zusehen oder gar mitmachen würden, wenn die aus den Startlöchern unser Land retten. Wir haben es besser gewußt; und wir haben es besser gemacht…

Gekürzte Fassung des Buches Julius Posener: *Der deutsche Umbruch: Vortrag in Potsdam.* Potsdam: Verlag Babelturm, 1990; gekürzt auch erschienen in: Jörg Krichbaum u.a. (Hrsg.): *Architektur im Profil. Zweites internationales Architektur Forum. Berlin, Potsdam, Sanssouci.* Stuttgart: Hatje 1993, S. 14–22.

Editorische Bemerkung

Der vorliegende Band enthält Artikel und Vorträge von Julius Posener aus den letzten 15 Jahren. Die Auswahl aus den zahlreichen Schriften dieser Zeit wurde in intensiven Gesprächen mit dem Autor getroffen. Durch die zeitliche Eingrenzung schließt der Band gleichsam an die 1981 in der Reihe „Bauwelt Fundamente" erschienene Sammlung von Beiträgen an. Die besondere Bedeutung, die Julius Posener angesichts heutiger Architekturkontroversen seinem älteren Vortrag „Kritik der Kritik des Funktionalismus" beimißt, rechtfertigte auch dessen Aufnahme. Keine Berücksichtigung fanden hingegen solche Artikel, die sich außerhalb seiner Auseinandersetzung mit Architektur und Städtebau bewegen, denen dieses Buch gewidmet ist.

Vor der Qual einer Auswahl stehend, fiel im Gespräch oft die Entscheidung zugunsten bislang unpublizierter Manuskripte oder schwer zugänglicher Artikel, die einen neuen Blick auf den Gegenstand eröffnen. Die Zugänglichkeit zu dem Gesagten und Niedergeschriebenen war so ein wesentliches Kriterium der Auswahl. Leider konnte dabei nicht immer der konkrete Anlaß eines jeden Beitrages ermittelt werden; ebenso ist nicht auszuschließen, daß bei den Quellenangaben eine Veröffentlichung übersehen wurde.

Kürzungen der Texte wurden nur dort vorgenommen, wo sich die Gegenstände der Betrachtung zu sehr ähnlich schienen, wenn dabei auch der Blickwinkel stets ein anderer war. Die thematische Ordnung soll zum besseren Verständnis der Aufsätze beitragen. Illustrationen kamen dort zum Einsatz, wo sie zum Nachvollziehen der intensiven Beobachtungen unabdingbar schienen.

Berlin, noch mehr die Stadt der grünen Vororte und Siedlungen, oder die Zeit der frühen oder klassischen Moderne bilden die Basis vieler Betrachtungen, so daß man in diesem Buch wiederholt auf diese Stadt und die Leistungen eines Hans Poelzigs, Bruno Tauts oder Heinrich Tessenows stoßen wird, ohne auch nur einen Moment darüber zu ermüden. Die Aufsätze dieser Sammlung zeigen einen kritischen Beobachter, der nie dem sogenannten Zeitgeist verpflichtet, aber immer auf der Suche nach dem Geist der Zeit war, der ihm in so vielen unterschiedlichen Gegenständen und Personen begegnete.

Besonderer Dank gebührt Francesca Rogier, die erstmals eine umfangreiche Bibliographie von Julius Poseners Schriften erstellte.

Claus Käpplinger

Kurzbiographie

4.11.1904	Geboren in Berlin als Sohn des Malers Moritz Posener und der Musikerin Gertrud Posener, geb. Oppenheim.
1909	Umzug der Familie Posener von der Innenstadt in das neue Wohnhaus im Vorort Lichterfelde. Die Architektur und Lebensqualität der grünen Vororte Berlins prägt ihn entscheidend.
1923–29	Studium der Architektur an der Technischen Hochschule Berlin-Charlottenburg. Praktikum unter Hans Heinrich Müller in der Entwurfsabteilung der BEWAG. Nach dem Vorexamen Eintritt in die Klasse von Hans Poelzig.
1929–30	Reise durch Frankreich. Arbeit bei Albert Laprade, Charles Siclis und André Lurçat. Erste Artikel über die zeitgenössische französische Architektur, u.a. für die *Bauwelt.*
1931	Im Büro Erich Mendelsohn beteiligt an der Planung des Columbushauses.
1932	Arbeitslos in Berlin.
1933–35	Redakteur an der Zeitschrift *L'Architecture d'Aujourd'hui* in Paris.
1935–41	Auswanderung nach Palästina. Arbeit bei Erich Mendelsohn in der Windmühle von Rehavia bei Jerusalem. 1936 selbständiger Architekt in Beirut. Von 1937 bis 1939 Redakteur der Architekturzeitschrift *Habinyan* in Tel Aviv. Ab 1940 Angestellter des Public Works Department in Jerusalem.
1941–46	Freiwilliger Militärdienst in der Britischen Armee in Ägypten, Italien und Deutschland.
1947–56	Umzug nach London. 1948 Beginn der Lehre an der Brixton School of Building des London County Council und Heirat mit Elisabeth Middleton. Aus der Ehe gehen drei Kinder hervor.
1956–61	Zum Aufbau einer Architekturschule am Technical College der Federation of Malaya (heute: Malaysia) in Kuala Lumpur.
1961–71	Rückkehr nach Berlin. Professor für Baugeschichte an der Hochschule für Bildende Künste (heute: Hochschule der Künste). 1969 Gründung des dortigen Lehrstuhls für Geschichte, Theorie und Kritik der Architektur. 1966 Scheidung und 1970 Heirat mit Margarete Bendig.
nach 1971	Als Architekturkritiker und Lehrer in Berlin tätig. 1972 bis 1976 Erster Vorsitzender des Deutschen Werkbunds. Von 1976 bis 1978 entsteht die Vorlesungsreihe „Zur Geschichte der neuen Architektur“ an der Technischen Universität Berlin.

Bibliographie

Die außergewöhnliche Tatsache, daß Julius Posener seit nunmehr 64 Jahren publizistisch tätig ist und Texte von ihm weit verstreut und in vielen Ländern erschienen sind, haben das Erstellen dieser Bibliographie annähernd zu einer detektivischen Aufgabe gemacht. Ein Anspruch auf Vollständigkeit kann daher nicht erhoben werden, zumal die für die Recherche zur Verfügung stehende Zeit äußerst begrenzt war.

Dennoch ist dies Verzeichnis der Schriften Poseners, das dem interessierten Leser den weiteren Zugang zu seinem umfangreichen Werk erleichtern soll, die erste Bibliographie in diesem Umfang. In vier Abschnitten werden in chronologischer Folge Artikel in Zeitschriften und Zeitungen, Beiträge in Büchern, selbständige Publikationen sowie Festschriften aufgelistet. Der Redaktionsschluß lag im November 1994.

Ich möchte an dieser Stelle Manfred Sack *(Die Zeit)*, Angela Heuser *(Der Tagesspiegel)*, Corinne Jaquand *(L'Architecture d'Aujourd'hui)* und Alan Posener meinen Dank für ihre Hilfe aussprechen.

Francesca Rogier

1. Artikel in Zeitschriften und Zeitungen

1930

„La nouvelle plage berlinoise 'Strandbad Wannsee'." *L'Architecture d'Aujourd'hui,* H. 2 1930, S. 46.

1931

„En se promenant dans la Deutsche Bauausstellung (exposition Allemande de la construction)." *L'Architecture d'Aujourd'hui,* H. 6 1931, S. 45.

„Grands lotissements à Berlin-Reinickendorf." *L'Architecture d'Aujourd'hui,* H. 5 1931, S. 38.

„Hans Poelzig." *L'Architecture d'Aujourd'hui,* H. 6 1931, S. 3, 15, 72.

„Hermann Muthesius." *Die Baugilde,* 13. Jg. 1931, H. 21, S. 1639 ff. (auch in *Aufsätze,* 1981, und *1904. Frühe Impulse oder Was die Zeit wollte. Morgengabe für Julius Posener zum Fünfundachtzigsten.* Braunschweig: Vieweg, 1989).

„L'exposition de Stockholm. Les habitations minimum. Les hôtels particuliers." *L'Architecture d'Aujourd'hui,* H. 3 1931, S. 10.

„Zur Reform des Hochschulstudiums." *Die Baugilde,* 13. Jg. 1931, H. 1, S. 24ff. (auch in *Aufsätze,* 1981).

1932

„Apropos d'une façade." *L'Architecture d'Aujourd'hui,* H. 2 1932, S. 74.

„Deux toits-terrasses." *L'Architecture d'Aujourd'hui,* H. 1 1932, S. 50.

„Die Brüder Perret." *Deutsch-Französische Rundschau,* 1932 (auch in *Aufsätze,* 1981).

„Erich Mendelsohn." *L'Architecture d'Aujourd'hui,* H. 4 1932, S. 3.

„Hôpital à Berlin." *L'Architecture d'Aujourd'hui,* H. 3 1932, S. 50.

„Innenarchitektur." *Vossische Zeitung,* Berlin, 4. September 1932 (auch in *Aufsätze,* 1981).
„L'exposition: Air-Soleil-Maison pour tous, Berlin 1932." *L'Architecture d'Aujourd'hui,* H. 6 1932, S. 25.
„Paul Bonatz." *L'Architecture d'Aujourd'hui,* H. 5 1932, S. 3–5, 133.
„Quelques travaux d'Alfred Gellhorn." *L'Architecture d'Aujourd'hui,* H. 1 1932, S. 47.
„Salvisberg." *L'Architecture d'Aujourd'hui,* H. 10 1932, S. 55.
„Stuhl oder Sitzmaschine? Neues Wohnen." *Vossische Zeitung,* Berlin, 1932 (auch in *Aufsätze,* 1981).

1933

„L'esthétique de la rue en Allemagne." *L'Architecture d'Aujourd'hui,* H. 3 1933, S. 39.
„Tendances actuelles dans la construction des salles de spectacle." *L'Architecture d'Aujourd'hui,* H. 7 1933, S. 3. (geschrieben unter dem Pseudonym „Julien LePage")
„L'Œuvre de Jacques Ruhlman." *L'Architecture d'Aujourd'hui,* H. 9 1933, S. 90 (geschrieben unter dem Pseudonym „Julien LePage").
„Architecture of the Nazis." *Architectural Review,* H.10, 1933.

1934

„Lotissements de maisons en bois Kochenhof près Stuttgart." *L'Architecture d'Aujourd'hui,* H. 1 (Februar) 1934, S. 46–48.
„Un lotissement de maisons en bois près de Stockholm." *L'Architecture d'Aujourd'hui,* H. 1 (Februar) 1934, S. 50–52.
„Deux hôtels particuliers de Richard Neutra." *L'Architecture d'Aujourd'hui,* H. 1 (Februar) 1934, S. 62–67.
„Hôtel particulier à Pasadena en Californie. Arch. Marston et Maybury." *L'Architecture d'Aujourd'hui,* H. 1 (Februar) 1934, S. 68.
„Hôtel particulier à Los Angeles. Arch. John Byers." *L'Architecture d'Aujourd'hui,* H. 1 (Februar) 1934, S. 69.
„Hôtel particulier en Massachussetts. Arch. Eleanor Raymond." *L'Architecture d'Aujourd'hui,* H. 1 (Februar) 1934, S. 70.
„Hôtel particulier en Angleterre. Arch. Howe et Lescaze." *L'Architecture d'Aujourd'hui,* H. 1 (Februar) 1934, S. 71.
„Hôtel particulier à Tokio. Arch. Jutemi Horiguti." *L'Architecture d'Aujourd'hui,* H. 1 (Februar) 1934, S. 73.
„Deux maisons d'un architecte européen au Japon: Propriété du Dc. Hatoyama à Tokio. Arch. A. Raymond." *L'Architecture d'Aujourd'hui,* H. 1 (Februar) 1934, S. 74.
„Hôtel particulier personnel à Karuisawa. Arch. A. Raymond." *L'Architecture d'Aujourd'hui,* H. 1 (Februar) 1934, S. 75.
„Petit hôtel particulier à Tokio. Arch. T. Sato." *L'Architecture d'Aujourd'hui,* H. 1 (Februar) 1934, S. 76.
„Hôtel particulier à Tokio. Arch. K. Taniguti." *L'Architecture d'Aujourd'hui,* H. 1 (Februar) 1934, S. 77.
„L'Œuvre de Peter Behrens." *L'Architecture d'Aujourd'hui,* H. 2 (März) 1934, S. 8–29.
„Chapelle à Guébriant. Arch. P. Abraham et H.J. Le Même." *L'Architecture d'Aujourd'hui,* H. 2 (März) 1934, S. 49–51. (geschrieben unter dem Pseudonym „Julien LePage").
„Pavillon des gorilles dans le zoo de Londres. Groupe Tecton – Lubetkin. Gratte-ciel à vienne. Arch. B. Theiss et F. Jackson." *L'Architecture d'Aujourd'hui,* H. 2 (März) 1934, S. 60–63.
„Piscines et plages." *L'Architecture d'Aujourd'hui,* H. 3 (April) 1934, S. 54ff.
Buchkritik zu Hans Stolper: *Bauen in Holz,* in *L'Architecture d'Aujourd'hui,* H. 3 (April) 1934.

„La méthode graphique viennoise." Buchkritik in *L'Architecture d'Aujourd'hui*, H. 3 (April) 1934.
„Pavillon d'abri sur la plage de Southampton USA. Arch. W. Muschenheim." *L'Architecture d'Aujourd'hui*, H. 5 (Juni) 1934, S. 74.
„Églises catholiques et protestantes." *L'Architecture d'Aujourd'hui*, H. 6 (Juli) 1934, S. 52–53.
„Églises rurales." *L'Architecture d'Aujourd'hui*, H. 6 (Juli) 1934, S. 54–56.
„L'église dans la cité." *L'Architecture d'Aujourd'hui*, H. 6 (Juli) 1934, S. 57–64.
„Concours pour le Palais des Licteurs à Rome." *L'Architecture d'Aujourd'hui*, H. 8 (Okt./Nov.) 1934, S. 74–83.
Buchkritik zu Paul Schmitthenner: *Baukunst im neuen Reich*, in *L'Architecture d'Aujourd'hui*, H. 8 (Okt./Nov.) 1934, S. 86.
„Tendances dans la construction hospitalière." *L'Architecture d'Aujourd'hui*, H. 9 (Dezember) 1934, S. 8–10.
„Projet d'un sanatorium dans les Alpes italiennes. Arch. N. Visontai." *L'Architecture d'Aujourd'hui*, H. 9 (Dezember) 1934, S. 78.
„Sanatoria des arch. Pol Abraham et J. Le Même." *L'Architecture d'Aujourd'hui*, H. 9 (Dezember) 1934, S. 79–81.
„Maison de cure Morava à Tatra-Lomnitz CSR." *L'Architecture d'Aujourd'hui*, H. 9 (Dezember) 1934, S. 88–89.
„Hôpitaux: Aménagement intérieur." *L'Architecture d'Aujourd'hui*, H. 9 (Dezember) 1934, S. 91–93.

1935
„Le plan de la maison." *L'Architecture d'Aujourd'hui*, H. 1 (Januar) 1935, S. 26–32.
„Ibiza et la maison méditérranéenne." *L'Architecture d'Aujourd'hui*, H. 1 (Januar) 1935, S. 33–35.
„Maison de week-end d'un architecte à la Frête. Arch. J.P. Sabatou." *L'Architecture d'Aujourd'hui*, H. 1 (Januar) 1935, S. 36–37.
„Maison de week-end près de Stuttgart. Arch. E. Krueger." *L'Architecture d'Aujourd'hui*, H. 1 (Januar) 1935, S. 36–37.
„Petites maisons à Ascona-Saleggi. Arch. Fritz Brehler." *L'Architecture d'Aujourd'hui*, H. 1 (Januar) 1935, S. 40.
„Casa Cordes à Ascona-Saleggi. Arch. Fritz Brehler." *L'Architecture d'Aujourd'hui*, H. 1 (Januar) 1935, S. 41.
„Villa à Palma de Mallorca. Arch. Walter Segal." *L'Architecture d'Aujourd'hui*, H. 1 (Januar) 1935, S. 42–43.
„Petites maisons à Palavas. Arch. Marcel Bernard." *L'Architecture d'Aujourd'hui*, H. 1 (Januar) 1935, S. 44.
„Villas à Copenhague. Arch. Stephenson et Thorball." *L'Architecture d'Aujourd'hui*, H. 1 (Januar) 1935, S. 46–47.
„Villa au Touquet. Arch. E. Goldfinger." *L'Architecture d'Aujourd'hui*, H. 1 (Januar) 1935, S. 48.
„Villa à Budapest. Arch. Kozma." *L'Architecture d'Aujourd'hui*, H. 1 (Januar) 1935, S. 51–53.
„Villa à Wiesbaden. Arch. M. Breuer." *L'Architecture d'Aujourd'hui*, H. 1 (Januar) 1935, S. 55.
„Villa à St-Cloud. Arch. R. Fischer." *L'Architecture d'Aujourd'hui*, H. 1 (Januar) 1935, S. 58.
„Villa à Anvers. Arch. van den Brock." *L'Architecture d'Aujourd'hui*, H. 1 (Januar) 1935, S. 60.
„Villa à la Clairière. Arch. P. Abraham et Le Même." *L'Architecture d'Aujourd'hui*, H. 1 (Januar) 1935, S. 66.
„Villa près de Prague. Arch. Ladislas Zak." *L'Architecture d'Aujourd'hui*, H. 1 (Januar) 1935, S. 68.

„Villa à Gera. Arch. Scharoun." *L'Architecture d'Aujourd'hui*, H. 1 (Januar) 1935, S. 71.
„Villa à Grandchamp. Archs. F. Ph. Jourdain et A. Louis." *L'Architecture d'Aujourd'-hui*, H. 2 (Februar) 1935, S. 37.
„Villa à Varsovie. Archs. Lubinski." *L'Architecture d'Aujourd'hui*, H. 2 (Februar) 1935, S. 42.
„Habitations individuelles." *L'Architecture d'Aujourd'hui*, H. 2 (Februar) 1935, S. 42–49.
„Architecture nouvelle en Angleterre." *L'Architecture d'Aujourd'hui*, H. 3 (März) 1935, S. 31–55.
„Le Corbusier écrivain." *L'Architecture d'Aujourd'hui*, H. 3 (März) 1935, S. 82.
„La théorie allemande." Buchkritik, *L'Architecture d'Aujourd'hui*, H. 3 (März) 1935, S. 86.
„Historique des HBM. Naissance du problème: premières solutions." *L'Architecture d'Aujourd'hui*, H. 6 (Juni) 1935, S. 15–37.
„Habitation à bon marché. Littérature." *L'Architecture d'Aujourd'hui*, H. 6 (Juni) 1935, S. 42.
„Le plan de l'habitation bon marché." *L'Architecture d'Aujourd'hui*, H. 7 (Juli) 1935, S. 28–42.
„Concours d'HBM de la Ville de Paris." *L'Architecture d'Aujourd'hui*, H. 7 (Juli) 1935, S. 52–55.
„La salle de Rédaction de L'Architecture d'Aujourdhui. Arch. Julius Posener." *L'Architecture d'Aujourd'hui*, H. 7 (Juli) 1935, S. 76.
„Locomotives? automotrices?" *L'Architecture d'Aujourd'hui*, H. 8 (August) 1935, S. 59–66.
„L'aménagement des voitures." *L'Architecture d'Aujourd'hui*, H. 8 (August) 1935, S. 67–76.

1946
„La casa unifamigliare." *Metron*, No. 11 1946, S. 6–16.

1951
„A Minor Master". *Architectural Review*, H. 7 1951.

1956
„Architecture and the visual arts." *The Architect's Yearbook*, Jg. 7 1956, S. 24–27.
„Choisy." Buchkritik zu Auguste Choisy: *History of architecture*, in *The Architectural Review*, Jg. 120, S. 234–236, Oktober 1956.

1957
„Style in architecture." *The Architect's Yearbook*, London 1957 (Deutsche Übersetzung in *Aufsätze*, 1981).

1960
„Malaya." *The Architectural Review*, Jg. 128, Juli 1960, S. 59–65.

1961
„House traditions in Malaya." *The Architectural Review*, Jg. 130 Oktober 1961, S. 280–283.
„Schinkel." *The Architectural Review*, Jg. 130, Oktober 1961, S. 280.

1962
„Stadtbild und Geschichte." Vortrag in der Akademie der Künste Berlin, *Bauwelt*, Oktober 1962, H. 51–52, S. 1437–1441 (auch in *Aufsätze*, 1981).

1963
„Ach, wir tranken nicht genug ... " *Die Zeit,* Nr. 12 1963, S. 40.
„Ein Vorort wechselt sein Gesicht. Dahlem in Berlin: Ein Villenviertel und eine gestückelte Universität." *Die Zeit,* Nr. 10 1964, S. 48.
„Poelzig." *The Architectural Review,* Jg. 133, Juni 1963, S. 401–405.

1964
„Muthesius' Haus bedroht." *Bauwelt,* H. 42 1964, S. 1114.
„Philharmonie Concert-hall Berlin." *The Architectural Review,* Jg. 135, März 1964, S. 206–212.
„Projekt Candilis. Universitätserweiterungsbau in Dahlem." *Die Zeit,* Nr. 11 1964, S. 47.

1965
„Architekt in drei Ländern. Zum Tode von Heinz Rau." *Bauwelt,* H. 23 1965, S. 656–657.
„Das Tonband." *Bauwelt,* H. 38/39 1965, S. 1076–1078 (auch in *Aufsätze,* 1981).
„Il funzionalismo comincia in Inghilterra." *Edilizia Moderna,* Jg. 86 1965, S. 54–64.
„Stirbt die Stadt an der Stadt-Planung?" *Bauwelt,* H. 25/26 1965 (Stadtbauwelt 5), S. 454–458 (Vortrag in Holzhausen, April 1965; auch in *Aufsätze,* 1981).
„Häring bei Mies (ein fiktives Gespräch)." *Bauwelt,* H. 38/39 1965, S. 1076ff.

1966
„Absolute Architektur." *Werk und Zeit,* H. 11 1966.
„André Bloc 1896–1966." *Bauwelt,* H. 48 1966, S. 1403–1404.
„Bad Pyrmont: Abbau der Tradition. Zum geplanten Abbruch der Villa Schükking." *Bauwelt,* H. 1/2 1966, S. 13.
„Über das Lebensgefühl des Städters." *Bauwelt,* H. 25 1966 (Stadtbauwelt 10), S. 766–774 (Vortrag in Holzhausen, März 1966; auch in *Aufsätze,* 1981).
„Vater und Sohn." *Bauwelt,* H. 12 1966, S. 350–351.

1967
„Anfänge des Funktionalismus." *Bauen und Wohnen,* Jg. 21, Nr. 2, S. 1–10, Februar 1967.
„Barcelona – Gaudí im Auge." *Bauwelt,* H. 1/2 1967, S. 26–32 (auch in *Aufsätze,* 1981).
„Über Wettbewerbe im allgemeinen – und das französische Gymnasium im besonderen." *Bauwelt,* H. 23 1967, S. 585–586.
„Wie werden wir weiterleben?" *Der Architekt,* 1967, S. 84ff (Vortrag in Hannover, 1966; auch in *Aufsätze,* 1981).
„Zu Arbeiten von Zdenko Strizic." *Bauwelt,* H. 40 1967, S. 989–992.

1968
„60 Jahre Berliner Architektur." *Berliner Forum,* Juli 1968, S. 5–9 (Deutscher WB: Informationen Bauen und Bildende Kunst in Berlin. I, Architektur).
„Berlin: Krankenhaus Bethanien (1845–47) in höchster Gefahr." *Bauwelt,* H. 20 1968, S. 606–610.

1969
„Baukritik muß sein!" *Der Tagesspiegel,* 1. Juni 1969.
„Das Angemessene eines Gebäudes. Versuch, zu einer neuen Form von Architekturkritik zu gelangen." *Der Tagesspiegel,* 7. Dezember 1969.
„Ein unersetzliches Berliner Haus. Fragen zum anscheinend unaufhaltsamen Abriß unserer Villenvororte." *Der Tagesspiegel,* 10. August 1969.
„Eine Reise nach Brünn." *Bauwelt,* H. 36 1969, S. 1244–1245.

„Hans Poelzig zum 100. Geburtstag." *Bauwelt,* H. 17 1969, S. 569–571.
„Vernichten, nicht vernichten!" *Bauwelt,* H. 29 1969, S. 978–979.
„Was ist falsch am Berliner Denkmalschutz?" *Der Tagesspiegel,* 14. Oktober 1969.
„Zum Problem der Vororte." *Bauwelt,* H. 38/39 1969 (Stadtbauwelt 23), S. 221–223.

1970
„Das Ansehen der Stadt." *Der Tagesspiegel,* 19. März 1970.
„Die Villa soziologisch." Buchkritik zu Reinhard Bentmann: *Die Villa als Herrschaftsarchitektur,* in *Der Tagesspiegel,* 11. Oktober 1970.
„Glückwünsche für Alfred Gellhorn zum Fünfundachtzigsten." *Bauwelt,* H. 22 1970, S. 836.
„Man weiß; dort wohnt es sich gut. Engländer lieben den kleinen Maßstab." *Die Zeit,* Nr. 22 1970, S. 52.
„Selbst ist der Hausbesitzer. Zum Tun und Lassen der Ämter für Stadtbildpflege und für Denkmalpflege." *Der Tagesspiegel,* 26. Juli 1970.
„Staatsbeauftragter an der TU-Fakultät?" Leserbrief, *Der Tagesspiegel,* 25. Oktober 1970.
„Stoßseufzer über das Häuserbauen. Ein Architekt zieht in einen Neubau ein." *Der Tagesspiegel,* 4. Januar 1970 (auch in *Aufsätze,* 1981).
„Von der Verantwortung der Professoren. Zu dem Streit um die Anerkennung der Diplomprüfungen an der Architektur-Fakultät der TU." *Der Tagesspiegel,* 10. Oktober 1970.
„Zur Ausstellung Portoghesi/Gigliotti Architektur 1960–1969." *Bauwelt,* H. 6 1970, S. 232–233.

1971
„Architektur oder Konstruktion." *L'Architecture d'Aujourd'hui,* 1971 (auch in *Aufsätze,* 1981).
„Bilder vom idyllischen Berlin." Buchkritik zu Karl-Heinz Schröter: *Berlin subjektiv.* in *Der Tagesspiegel,* 10. Januar 1971.
„Das bauliche Erbe." *Der Tagesspiegel,* 21. Februar 1971 (auch in *Aufsätze,* 1981).
„Die Burgen von Lichterfelde – Gustav Lilienthals Beitrag zur Berliner Architektur der Jahrhundertwende." *Der Tagesspiegel,* 13. Juni 1971 (auch in *Aufsätze,* 1981).
„Doctrines." Sondernummer, *L'Architecture d'Aujourd'hi,* Jg. 43, Nr. 158, Okt./Nov. 1971.
„Im Stil eines Stiles. Zum Neuen Wohnen." *Der Tagesspiegel,* 16. Mai 1971 (auch in *Aufsätze,* 1981).
„Kaufhaus und Boulevard. Eine architekturkritische Analyse des Wertheim-Gebäudes." *Der Tagesspiegel,* 19. Oktober 1971 (auch in *Aufsätze,* 1981).
„Liebermann und die Froschmänner." *Der Tagesspiegel,* 5. Dezember 1971.

1972
„Garden Suburbs of Berlin." *Architectural Design,* Jg. 43 April 1972, 220–243 (AD Summer session 71).
„Auf nach Holland! Der niederländische Beitrag zum Neuen Bauen im Berlin-Pavillon." *Der Tagesspiegel,* 23. Juli 1972.
„Aus der Klasse Poelzig. Klaus Müller-Rehm wird morgen 65 Jahre." *Der Tagesspiegel,* 25. Juni 1972.
„Das Studium vergangener Reformen." *Werk und Zeit,* Nr. 21, 1972 (auch in *Aufsätze,* 1981).
„Die Rehwiese. Ein Wort zur Landschaftserhaltung." *Der Tagesspiegel,* 7. Mai 1972.
„Ein Wort der Entgegnung." *Der Tagesspiegel,* 19. Mai 1972.
„Ist Stadtbaukunst noch zeitgemäß?" *Bauwelt,* H. 38–39 1972 (Stadtbauwelt 35), S. 184–187.

„Profitopolis – Bestandsaufnahme und Analyse." *Werk und Zeit*, H. 1 (Januar) 1972, S. 1–2.
„Wie Universitäten geplant werden." Buchkritik zu Horst Linde: *Hochschulplanung*. in *Der Tagesspiegel*, 23. Juli 1972.
„Umweltschutz." Gedichte, und Leserbrief, „Stadtplanung greift nach dem Grün." *Der Tagesspiegel*, 13. August 1972.
„Schüttelreime." Gedichte, *Der Tagesspiegel*, 1. September 1972.

1973
„Absolute Architektur." *Neue Rundschau*, H. 1 1973 (auch in *Aufsätze*, 1981).
„Zehlendorfs ältestes Bauernhaus." Leserbrief, *Der Tagesspiegel*, 28. Januar 1973.
„Das Schicksal eines Hauses." *Der Tagesspiegel*, 6. April 1973.
„Architekt des Überganges." Buchkritik zu Edina Meyer: *Paul Mebes – Miethausbau in Berlin 1906–38*, in *Der Tagesspiegel*, 15. April 1973.
„Auskunft vom Bürgermeister." *Der Tagesspiegel*, 12. Juli 1973.
„Ein Attentat: Es geht um Muthesius' Haus Freudenberg in Berlin-Nikolassee." *Bauwelt*, H. 16 1973, S. 675–676.
„Hans Schwippert 25.6.1899–18.10.1973." *Bauwelt*, H. 42 1973, S. 1838.
„Kritik und Schutz. Das Bayerische Denkmalschutzgesetz als Vorbild." *Der Tagesspiegel*, 4. August 1973.

1974
„Das Schlimmste verhüten. Ein Wort zur Situation unserer Stadtbildpflege." *Der Tagesspiegel*, 27. Januar 1974.
„Ein Haus der Schinkel-Schule." *Der Tagesspiegel*, 1. Mai 1974.
„Stadtbild in Gefahr." Leserbrief, *Der Tagesspiegel*, 19. Mai 1974.
„Ein richtiger Professor. Zum 75. Geburtstag des Architekturhistorikers Ernst Heinrich." *Der Tagesspiegel*, 20. November 1974.

1975
„Villa Rosenburg." Leserbrief, *Der Tagesspiegel*, 16. März 1975.
„Der Architekt des Funkturms. Heinrich Straumer und seine Berliner Landhäuser." *Der Tagesspiegel*, 31. Juli 1975.
„Bauen und Wohnen in den 20er Jahren." Buchkritik zu Walter Müller-Wulckow: *Architektur in den Zwanziger Jahren in Deutschland*, in *Der Tagesspiegel*, 17. August 1975.
„Jahr des Denkmalschutzes … Mendelsohns ‚Universum' am Lehniner Platz gefährdet." *Der Tagesspiegel*, 12. September 1975.
„Ausverkauf Berliner Häuser." *Der Tagesspiegel*, 5. Oktober 1975.
„Der Schloßgraben als Fundgrube. Ausgrabungen der Renaissance im Barock-Jagdschloß Grunewald." *Der Tagesspiegel*, 31. Oktober 1975.
„Die Stadt bleibt das Thema. Anmerkungen zum Werkbundtag 1975 in Berlin." *Der Tagesspiegel*, 28. Nov. 1975.
„Vorortgründungen." *Arch+* , Nr. 25 1975, S. 1–10.
„Kritik der Kritik des Funktionalismus", *Arch+*, Nr. 27 1975, S. 11–18.

1976
„Das Beispiel Mehringplatz." Buchkritik zu Dieter Hofmann-Axthelm: *Das abreißbare Klassenbewußtsein*, in *Der Tagesspiegel*, 25. Dezember 1976.
„Das Holstentor zum Beispiel. Geschichte und Gegenwart eines Bauwerks – Und die Zukunft?" Buchkritik zu Jonas Geist: *Versuch, das Holstentor zu Lübeck im Geiste etwas anzuheben*, in *Der Tagesspiegel*, 5. September 1976.
„Der Partner. Zum 100. Geburtstag von Paul Emmerich." *Der Tagesspiegel*, 27. Juli 1976.

„Gebaute Umwelt. Rede anläßlich der Verleihung der Ehrendoktorwürde." *Bauwelt,* H. 28–29 1976, S. 889–892.
„Minderheitsprofessoren." Leserbrief, *Der Tagesspiegel,* 4. Januar 1976.
„Visite in Venedig (Kritik der Biennale)." *Der Tagesspiegel,* 28. Juli 1976.
„Zurück zur Revolution. Die Bekanntschaft mit einem Buch wird erneuert." *Der Tagesspiegel,* 7. Januar 1976.
„Zwischen Club und Schule. Die Londoner Architectural Association stellt sich vor." *Der Tagesspiegel,* 17. Januar 1976.

1977
„Das Haus als Heimat. Zum 50. Todestag des Berliner Architekten Hermann Muthesius." *Der Tagesspiegel,* 25. Oktober 1977.
„Ein gutes Backsteingebäude. Eine Bürgerinitiative möchte die Kreuzberger Feuerwache retten." *Der Tagesspiegel,* 11. Mai 1977
„It was like falling in love." *Bauwelt,* H. 1 1977, S. 30.
„Nachruf auf ein Haus. Zum geplanten Abriß eines Bruno-Taut-Baus." *Der Tagesspiegel,* 6. Februar 1977.
„Richter Prinzing." Leserbrief, *Der Tagesspiegel,* 30. Januar 1977.
„Sybold van Ravesteyn." *Bauwelt,* H. 37 1977, S. 1284.
„Two Masters – Hans Poelzig and Heinrich Tessenow at the Technische Hochschule, Berlin-Charlottenburg." *Lotus International,* September 1977, S. 20–25.
„Wir renovieren für Sie. Zeitgemäße Gedanken über private und öffentliche Interessen." *Der Tagesspiegel,* 19. Januar 1977.

1978
„Bestechende Klarheit." Leserbrief, *Der Tagesspiegel,* 16. April 1978.
„Fortschritt und Schönheit." *Der Tagesspiegel,* 10. September 1978.
„Voltaire." Leserbrief, *Der Tagesspiegel,* 11. Juni 1978.
„Winterreise nach Lübeck." *Der Tagesspiegel,* 26. Februar 1978.

1979
„Der Streitbare. Nachruf auf Friedrich Stabenau." *Der Tagesspiegel,* 13. Januar 1979.
Leserbrief (ohne Titel, zu der TV-Serie „Holocaust"), *Der Tagesspiegel,* 4. Februar 1979.
„Arthur Korn (1891–1978) in memoriam. A series of appreciations by Dennis Sharp, James Gowan, Stephen Rosenberg, Leslie Ginsburg, and Julius Posener." *Architectural Association Quarterly,* Vol. 11, No. 3 1979, S. 49–53.
„Endstation ICC: International Congress Center, Berlin (von Ralf Schuler und Ursulina Schuler-Witte)." *Deutsche Bauzeitung,* Jg. 113, H. 7 1979, S. 10–23.
„Eine Ecklösung ohne Ecke." *Der Tagesspiegel,* 15. April 1979.
„Fragen zur Staatsbibliothek." *Arch +,* Nr. 43/44, Mai 1979, S. 5–11.
Vorlesungen zur Geschichte der Neuen Architektur (1750–1933), I: Die moderne Architektur 1924–1933. Sondernummer zum 75. Geburtstag von Julius Posener. Aachen: *Arch+,* Nr. 48, 1979, (2. Auflage 1985).
„Anstöße für neue Wohnform. Zu Alexander Kleins 100. Geburtstag." *Der Tagesspiegel,* 17. Juni 1979.

1980
„Hermann Muthesius and English domestic architecture." (Vortrag) *Architectural Association Quarterly,* Vol. 12 No. 2 1980, S. 54–61.
„Ich bin nun einmal gegen radikale Umbrüche." *Bauwelt,* H. 25 1980, S. 1108–1110.
„Bruno Taut." (Vortrag zur Ausstellungseröffnung in der Berliner Akademie der Künste am 29. Juni 1980) *Bauwelt,* H. 27 1980, S. 1166–1169.
„Restauration du Bauhaus." *Techniques et architecture,* Nr. 331 Juni/Juli 1980, S. 75–77.

Vorlesungen zur Geschichte der Neuen Architektur (1750–1933), II: Die Architektur der Reform, 1900–1924. Aachen: *Arch +*, Nr. 53, September 1980, S. 8–20.
„Liebe zu den Nashörnern. Zu einer Ausgabe der Gedichte Martin Sperlichs." *Der Tagesspiegel,* 23. November 1980.
„Ein Haus ist bedroht." *Der Tagesspiegel,* 21. Dezember 1980.

1981
„Palladios Wirkung in Europa." *Neue Heimat,* Jg. 28, Nr. 1, 1981, S. 18–29, 86.
„Denkmalpflege: Schützen und Gebrauchen, ein Widerspruch?" (Briefwechsel mit Dieter Hoffmann-Axthelm) *Arch +*, Nr. 56, April 1981, S. 7–10.
„Eine Empfehlung." *Bauwelt,* H. 8 1981, S. 280.
„Offener Brief an Arno Breker." *Der Tagesspiegel,* 31. Mai 1981.
„Weißenhof und danach." *Baumeister,* Jg. 78, Nr. 6 1981, S. 596–607.
„Auf der Suche nach Zusammenhang." Buchkritik zu Jürgen Joedicke: *Architektur im Umbruch,* in *Frankfurter Allgemeine Zeitung,* Nr. 200 1981, S. 21.
Vorlesungen zur Geschichte der Neuen Architektur (1750–1933), III: Das Zeitalter Wilhelms II. Aachen: *Arch +*, Nr. 59, Oktober 1981.
„Die Form und die Notwendigkeit. Ein Wort zur neuen Architekturdiskussion." *Der Tagesspiegel,* 22. November 1981.
„Die Linke weiß nicht, was die Rechte tut." *Der Tagesspiegel,* 28. November 1981.

1982
„Dahlem in Tokio." Leserbrief, *Der Tagesspiegel,* 7. Februar 1982.
„Hermann Muthesius in Genua." *Der Tagesspiegel,* 28. Februar 1982.
„Sir Nikolaus Pevsner zum achtzigsten Geburtstag." *Bauwelt,* H. 9 1982, S. 288.
Vorlesungen zur Geschichte der Neuen Architektur (1750–1933) IV: Die sozialen und bautechnischen Entwicklungen im 19. Jahrhundert. Aachen: *Arch +*, Nr. 63/64, Juli 1982.
„Wohnen." *Bauwelt,* H. 47 1982, S. 1908–1909.
„Der Weg führt zu Ralph Erskine." *Der Architekt,* Nr. 10, Okt. 1982, S. 446–451.

1983
„Ferdinand Kramer 85 Jahre alt." *Bauwelt,* H. 3 1983, S. 73–74.
„Achtzig Jahre BDA – Achtzig Jahre Architektur. Wandel und Kontinuität." *Der Architekt,* Nr. 7/8 1983, S. 361–366.
„Sir Nikolaus Pevsner 30. Januar 1902 – 19. August 1983." *Bauwelt,* H. 34 1983, S. 1308.
Vorlesungen zur Geschichte der Neuen Architektur (1750–1933) V: Neue Tendenzen im 18. Jahrhundert. Das Zeitalter Schinkels. Aachen: *Arch +*, Nr. 69/70, August 1983.
„‚Kulturarbeiten' von Paul Schultze-Naumburg." *Arch +*, Nr. 72 1983, S. 35–39.

1984
„Industriearchitektur an der Wende des 21. Jahrhunderts." *Zentralblatt für Industriebau,* H. 30 1984, Nr. 1, S. 9–15.
„Große Visionen, schnelle Adaptionen! Von der Moderne zur Architektur des Als Ob." *Werk und Zeit*, Nr. 4 1984, S. 10–12.
„Hermann Muthesius, 1861–1927." *Baumeister,* Nr. 4 1984, S. 19–25.
Leserbrief (ohne Titel) zum Thema Kulturforum Berlin, in *Bauwelt,* H. 5–6 1984, S. 217.

1985
„Den Werkbund-Abstand halten." *Werk und Zeit,* Nr. 1 1985, S. 16.
„Ferdinand Kramer 1898–1985. Die Phantasie des Exakten." *Werk und Zeit,* Nr. 4 1985, S. 21.
„Weissenhof – men praatte over functie, maar de vorm stond voorop (Weißenhof,

man redete über Funktion, aber wichtig war die Form.)" *Plan* (Amsterdam), Bd. 16, Nr. 7/8 1985, S. 14–22.
Buchkritik zu „Tilmann Buddensieg: *Industriekultur. Peter Behrens und die AEG 1907–1914.*" in *Design Book Review*, Nr. 7 1985, S. 88–89.
„Funktion ist mehr." Buchkritik zu Hans Eckstein: *Formgebung des Nützlichen. Marginalien zur Theorie und Geschichte des Design.* in *Die Zeit*, Nr. 42 1985, S. 41.
„Hans Eckstein, ein Werkbundmann. (Zum Tode vom Hans Eckstein.)" *Die Zeit*, Nr. 45 1985, S. 64.

1986
„Häring bei Mies (ein fiktives Gespräch)." *Werk, Bauen + Wohnen* Bd. 73/40. März 1986, S. 28–9 (erstm. *Bauwelt*, H. 38/39, 1965).
„Denkt an die Erde, die Euch anvertraut ist! Julius Posener im Gespräch." *Stadtbauwelt*, H. 92 1986, S. 1832–1837.

1987
„750 Jahre Architektur in Berlin." (Ansprache anläßlich der Ausstellungseröffnung in der Nationalgalerie) *Bauwelt*, H. 13 1987, S. 471–472.
„Maskerade und Erkennen. Ein Abgesang auf die Postmoderne." *Der Tagesspiegel*, 16. April 1987.
„Erich Mendelsohn, 1887–1953: Ideen, Bauten, Projekte." *Bauwelt*, H. 10 1987, S. 336.
„Le Corbusier: Versuch einer Abgrenzung." *Deutsche Bauzeitung*, H. 9, September 1987, S. 25–31.
„Zugang zu Le Corbusier." *Bauwelt*, H. 38/39 1987, S. 1423–1428.
„Das Abenteuer Architektur und seine Zukunft." *Deutsche Bauzeitschrift*, Bd. 34, Nr. 12, 1986. S. 1532–1534 (auch in *Glasforum*, Bd. 37, Nr. 1, Februar 1987, S. 4–8).

1988
„Berlin: Vorgaben für ein Universitätsklinikum." *Bauwelt*, H. 3 1988, S. 122–143 (geschrieben zus. mit Robert Wischer).
„Kein Ort, sondern jedes Haus ein Ding für sich. Farbige Fotos aus den Anfängen der Villenkolonie Zehlendorf West nachgedruckt – Einst ein Werbeprospekt." *Der Tagesspiegel*, 17. April 1988.
„Memories of Segal." *Architects' Journal*, Vol. 187, No. 18, Mai 1988, S. 6–7, 37–91.
„Vorschriften für ein Ortsbild, das es nicht mehr gibt." *Der Tagesspiegel*, 15. Mai 1988.
Leserbrief zum Thema Rudolf-Virchow-Krankenhaus, Berlin, in *Bauwelt*, H. 6 1988, S. 223.
„Plädoyer für ein über 100 Jahre altes Haus. Schwierigkeiten der Denkmalpflege an einem Beispiel aus Carstenns Lichterfelde – Zu späte Prüfung?" *Der Tagesspiegel*, 17. Juli 1988.
„Zeichnung in Stahl. Andreas Reidemeisters Südgiebel des Anhalter Bahnhofs." *Der Tagesspiegel*, 17. Juli 1988.
„Betrachtungen über Erich Mendelsohn. Ausgehend vom Warenhaus Schocken in Chemnitz (Karl-Marx-Stadt)." *Bauwelt*, H. 10 1988, S. 375–380.
„Ein Zeichen der Hoffnung (?) – Danksagung anläßlich der Verleihung der Ernst-Reuter-Plakette in Berlin." *Bauwelt*, H. 27 1988, S. 1146.
„Geschenkt bekommt Berlin ein Geschichtsmuseum." *Arch +*, Nr. 95, Nov./Dez. 1988, S. 20–21.

1989
„Haus des Rundfunks, Berlin 1929–1931." *Domus*, Nr. 702, Februar 1989, S. 50–55.
„Die Akademie der Künste in Berlin wird umgebaut." *Bauwelt*, H. 28/29 1989, S. 1328.

„Theater construction in Berlin from Gilly to Poelzig." Milano: *Zodiac Architecture*, September 1989, Nr. 2, S. 6–43.

1990

„Das ist doch technisch 'ne ganz einfache Sache." Gespräch mit Manfred Sack. *Die Zeit*, Nr. 2, 5. Januar 1990, S. 36.

„Über Hans Poelzig." *Baumeister*, H. 12 1990, S. 58–59.

„Behnisch & Partners: Deutsches Postmuseum, Francoforte sul Meno." *Domus*, Nr. 722, Dezember 1990, S. 29–37.

„Dagli archivi di Hans Poelzig, tre progetti per Berlino, 1927–1930." *Casabella*, H. 54, Nr. 574, Dezember 1990, S. 42–60, 62.

1991

„Philharmonie-Decke." Leserbrief, *Der Tagesspiegel*, 17. März 1991.

„Zurück zum Einmaligen. Schinkels Neue Wache: Peinliches Mahnmal, historisches Dokument?" *Die Zeit*, Nr. 43 1991, S. 72.

„Courrier: Polemique sur le role de Pierre Vago a l'AA." *L'Architecture d'Aujourd'hui*, Juni 1991, Nr. 275, S. 51–56.

„Das Unwahrscheinliche wird alltäglich. Zur Wiederherstellung von Heinrich Tessenows Mahnmal in der Neuen Wache." *Der Tagesspiegel*, 12. September 1991.

„Ein Mann von Kleinstadt und Handwerk. Bedrängt von der Unmöglichkeit, das Rechte zu verwirklichen: Heinrich Tessenow." Buchkritik zu Marco de Michelis: *Heinrich Tessenow, 1876–1950. Das architektonische Gesamtwerk*, in *Der Tagesspiegel*, Dezember 1991.

„Aus Teilen ein Ganzes. Eine neue Geschichte des Bauens, geeignet für Laien wie Kenner." Buchkritik zu Heinrich Klotz: *Von der Urhütte zum Wolkenkratzer. Geschichte der gebauten Umwelt*, in *Der Tagesspiegel*, 24./25. Dezember 1991.

1992

„Erich Mendelsohn und der Einsteinturm." *Potsdam heute – Zeitschrift für Wissenschaft, Wirtschaft und kulturelles Leben*, H. 3, Jg. 2, 1992.

„Die Konstruktion vor sich sehen. Ein erster Besuch im Dessauer Bauhaus." *Der Tagesspiegel*, 1. Februar 1992.

„Und macht sich breit und lang. Das DDR-Außenministerium soll unter Denkmalschutz gestellt werden." *Der Tagesspiegel*, 10. Februar 1992.

„Jugendhaus Stuttgart-Stammheim. Eigentlich wird so ein Bau nicht fertig ..." *Bauwelt*, H. 8 1992, S. 361.

„Unabhängige Akademie." Leserbrief, *Der Tagesspiegel*, 23. Februar 1992.

„Umweltzerstörung." Leserbrief, *Der Tagesspiegel*, 10. Mai 1992.

„Shell-Haus ist einmalig für Berlin." Leserbrief, *Der Tagesspiegel*, 31. August 1992.

„Welch ein Trauerkloß! Geschichtsnotiz: Die Revolution vom 10. August 1792 war sinnlos." *Der Tagesspiegel*, 10. August 1992.

„Wettbewerb für das Sony-Gelände." Leserbrief, *Der Tagesspiegel*, 13. September 1992.

„Hoffnung nicht aufgeben." *Der Architekt*, H. 10, Oktober 1992, S. 478–479 (Dieter Hoffmann-Axthelm bekommt den BDA-Kritikerpreis 1992).

„Max Liebermanns Haus in Wannsee." Leserbrief, *Der Tagesspiegel*, 20. Dezember 1992.

1993

„Im gleichen Boot." *Der Tagesspiegel*, 23. Januar 1993 (Meinungsumfrage zum Reichstag).

„Toleranz ist tägliche Verpflichtung." Leserbrief, *Der Tagesspiegel*, 24. Januar 1993.

„Auswandern." Leserbrief, *Der Tagesspiegel,* 29. Januar 1993 (auch in *Arch +*, Nr. 116, März 1993, S. 17).
„Lieber auswandern." Leserbrief, *Der Tagesspiegel,* 7. Februar 1993.
„Besser ohne Skulptur." *Der Tagesspiegel,* 11. Februar 1993.
„Spiel mit Gebäuden." *Der Tagesspiegel,* 2. März 1993 (Meinungsumfrage zum Reichstag).
Leserbrief (ohne Titel) zum Thema Wettbewerb Reichstag, in „Andere Stimmen", *Bauwelt,* H. 14–15 1993, S. 771.
„In feierlicher Übereinstimmung. Christine Holste erforscht den unbekannten Berliner Forte-Kreis." Buchkritik zu Christine Holste: *Der Forte-Kreis (1910–1915) Rekonstruktion eines utopischen Versuches,* in *Der Tagesspiegel,* 9. Mai 1993.
„Man lasse sich Zeit!" Leserbrief, *Der Tagesspiegel,* 19. Juni 1993.
„Haie in der Havel." Leserbrief, *Der Tagesspiegel,* 20. Juni 1993.
„Ein Haus für das Kommende. An Heinrich Tessenows Festspielhaus in Dresden-Hellerau geschieht noch immer nichts." *Der Tagesspiegel,* 20. Juni 1993.
„Zeugen des Jahrhunderts." Julius Posener im Gespräch mit Volker Panzer. Zweites Deutsches Fernsehen, Erstausstrahlung 22. Juni 1993. 60 Minuten.
„Gründer von ‚Eden'." Leserbrief, *Der Tagesspiegel,* 27. Juni 1993.
„Das Stadtschloß wieder aufbauen? Julius Posener sagt nein!" *Zitty,* 7/1993, S. 23–24.
„Mit dem Verlust leben." *Der Tagesspiegel,* 18. Juli 1993 (Meinungsumfrage zum Berliner Schloß).
„Das mittelmäßige Außenministerium." *Der Tagesspiegel,* 9. Juli 1993.
„Weite des Gartens. Gerhard Ullmanns Fotografien: ungewöhnlicher Blick auf Sanssouci." *Der Tagesspiegel,* 16. Juli 1993.
„Die Augen öffnen. Neues Bauen: Was man im Westen lernen kann." *Der Tagesspiegel,* 27. Juli 1993.
„Was ist eine Akademie?" Leserbrief, *Der Tagesspiegel,* 29. August 1993.
„Farbige Innenräume ohne Bilder. Der Berliner Architekt Bruno Taut: Vorbild für den Siedlungsbau." Buchkritik zu Bettina Zöller-Stock: *Bruno Taut. Die Innenentwürfe des Berliner Architekten,* in *Der Tagesspiegel,* 1. Dezember 1993.
„Was die Partei modern nennt. Die geplante SPD-Zentrale in Kreuzberg sollte zurückgestellt werden." *Der Tagesspiegel,* 10. Dezember 1993.

1994

„L'architettura contemporanea mi e incomprehensibile ..." *Domus,* Februar 1994, Nr. 757, S. 77.
„Neue Wache: sessant'anni dopo/Neue Wache: Sixty years later." *Lotus internatio-nal,* Februar 1994, S. 80, 82–83.
„Von einem Zeitgenossen." (über Egon Eiermann) *Bauwelt,* H. 38 1994, S. 2118.
„Der Neunte Thermidor." *Die Zeit,* Nr. 30, 22. Juli 1994, S. 54.
„Konstruktion. Architekturzeichnungen von Peter Wels." Buchkritik zu Peter Wels: *Architekturzeichnungen 1982–1992,* in *Der Tagesspiegel,* 29. Juli 1994.
Buchkritik zu Kristiana Hartmann (Hrsg.): *Trotzdem modern: Die wichtigsten Texte zur Architektur in Deutschland 1919–1933,* in *Bauwelt kursiv,* H. 44 1994.

1995

„Manque d'enthousiasme." Interview mit Julius Posener, von Claus Käpplinger, in *L'Architecture d'Aujourd'hui,* Nr. 297, Februar 1995, S. 51.

2. Beiträge in Büchern:

1962

„Stadtbild und Geschichte.“ *Stadt + Städtebau. Vorträge + Gespräche während der Berliner Bauwochen 1962.* Berlin: Ernst Staneck Verlag, 1962, S. 52–71.

1964

Texte zu: Peter Pfankuch (Hrsg.), *Max Taut: Ausstellung in der Akademie der Künste vom 19. Juli bis zum 9. August 1964.* Berlin: Akademie der Künste, 1964.

1966

Beitrag zu: Irmgard Wirth (Hrsg.), *Bilder Deutscher Städte.* Berlin: Akademie der Künste, 1966 (Ausstellungskatalog).

1972

„Ebenezer Howard.“ *Die Großen der Weltgeschichte,* München: Kindler Verlag, 1972, S. 142–157 (auch in *Aufsätze,* 1981).

1973

„Poelzig.“ in: J.M. Richards and Nikolaus Pevsner (Hrsg.), *The Anti-Rationalists.* London: Architectural Press, 1973, S. 193–202.

1974

„Die Anfänge des sozialen Wohnungsbaus. Reformen im Wohnungs- und Siedlungswesen vor 1918 in Berlin.“ in *Großsiedlungen: Kritik – Kriterien – Chancen.* Hamburg: Hammonia-Verlag, 1974. S. 103–117 (GEWOS-Schriftenreihe Neue Folge 13. Fachhochschule Hamburg, Seminar für Städtebau).

„Berliner Gartenvororte.“ in: Ludwig Grote (Hrsg.), *Die Deutsche Stadt im 19. Jahrhundert.* München: Prestel Verlag, 1974.

1975

Beitrag zu: Dietrich Storbeck (Hrsg.), *Architekten: Kopke, Kulka, Topper, Siepmann, Herzog.* Bielefeld: Kunsthalle Bielefeld, 1975.

„Wohngebäude – Einfamilienhäuser. Individuell geplante Einfamilienhäuser 1986–1918.“ in: *Berlin und seine Bauten.* Teil IV, Wohnungsbau, Band C. geschrieben mit Burkhard Bergius. Berlin: Wilhelm Ernst & Sohn, 1976, S. 1–46.

1976

„Eine Architektur für das Glück?“ in: *Was ist Glück? Ein Symposion.* München: Deutscher Taschenbuch Verlag, 1976, S. 149–170.

„Wochenende in Heilbronn.“ in: Dagmar Bruckmann, Elisabeth Hackenbracht (Hrsg.) *Beharrlich erinnern. Texte zur Heilbronner Begegnung.* Neckarsulm: Jungjohann Verlagsgesellschaft, 1977, S. 75–82.

1980

„Bemerkungen zur Berliner Schule.“ in: Detlef Heikamp (Hrsg.); *Schlösser, Gärten, Berlin. Festschrift für Martin Sperlich zum 60. Geburtstag.* Tübingen: E. Wasmuth, 1980 (Technische Universität Berlin, Kunstwissenschaftliche Schriften).

Vorwort zu: Helge Pitz, Winfried Brenne (Hrsg.), *Siedlung Onkel Tom, Bezirk Zehlendorf: Einfamilien-, Reihenhäuser 1929, Architekt: Bruno Taut.* Berlin: Gebr. Mann, 1980; Firenze: II Punto Editrice, Roma, S. 29–36 (Die Bauwerke und Kunstdenkmäler von Berlin, Beiheft 2; Text in Dt./Ital./Engl.).

„Werkbund und Jugendstil.“ in: Lucius Burckhardt, *The Werkbund: History and Ideology, 1907–1933.* New York: Barrons, 1980, S. 16–24.

Festreden, Schinkel zu Ehren, 1846–1980. Ausgewählt und eingeleitet von Julius Posener. Hrsg. vom Architekten- und Ingenieurverein zu Berlin. o.J.

1981

Vorwort zu: Silvano Custoza und Maurizio Vogliazzo, *Muthesius.* Milano: *Architettura,* 1981.

Beiträge zu: Jan Fiebelkorn (Hrsg.) *Karl Friedrich Schinkel: Werke und Wirkungen.* Berlin: 1981 (Katalog zur Ausstellung im Martin Gropius Bau).

„Friedrich Gilly, 1772–1800." in: Sonja Günter u.a., *Berlin zwischen 1789 und 1848. Facetten einer Epoche.* Berlin: Akademie der Künste, 1981, S. 105–122 (auch in: *Art,* Berlin, Frölich & Kaufmann, 1982).

„Schinkel und die Technik. Die englische Reise." in: Tilmann Buddensieg, Henning Rogge (Hrsg.): *Die nützlichen Künste. Gestaltende Technik und Bildende Kunst seit der Industriellen Revolution.* Berlin: Quadriga Verlag, 1981, S. 143–153.

Vorwort zu: Gert Kähler, *Architektur als Symbolverfall. Das Dampfermotiv in der Baukunst.* Braunschweig: Vieweg, 1981 (Bauwelt Fundamente 59).

Vorwort zu: Bernd Laurisch, *Kein Abriß unter dieser Nummer. 2 Jahre Instandbesetzung in der Cuvrystraße in Berlin-Kreuzberg.* Gießen: Anabas Verlag, 1981, S. 5–8 (Werkbund Archiv 7).

1982

„Ferdinand Kramers Architektur." in: *Ferdinand Kramer; Architektur und Design.* Berlin: Bauhaus-Archiv, 1982, S. 11–14 (Katalog zur Ausstellung im Bauhaus-Archiv).

Die Zwanziger Jahre des Deutschen Werkbunds. Hrsg. vom Deutschen Werkbund und dem Werkbund-Archiv. Gießen: Anabas, 1982 (Reihe Werkbund-Archiv, Band 10). (Gespräche, u.a. mit Julius Posener).

„Fragen an die Zeit und ihre Architektur. Ein Briefwechsel mit Jürgen Joedicke." in: Jürgen Joedicke (Hrsg.), *Architektur in Deutschland '81. Deutscher Architekturpreis 1981.* Stuttgart: Krämer Verlag, 1982, S. 51–54.

„Weißenhof und danach." in: Jürgen Joedicke, Egon Schirmbeck (Hrsg.), *Architektur der Zukunft – Zukunft der Architektur.* Stuttgart: Krämer Verlag, 1982, S. 14–23.

1983

„Liebe und verehrte Frau Mommsen." in: Wolfgang Schäche (Hrsg.), *Ludwig Hoffmann. Stadtbaurat von Berlin 1896–1924. Lebenserinnerungen eines Architekten.* Berlin: Gebr. Mann, 1983, S. 9–13 (Die Bauwerke und Kunstdenkmäler von Berlin, Beiheft 10).

„Schinkel's eclecticism and 'the architectural'." in: Doug Clelland (Hrsg.), *Berlin: an architectural history.* London: Architectural Design, New York: St. Martin's Press, 1983, S. 32–39 (Architectural Design Profile no. 50).

1984

Beitrag zu: Rejt Bendikta, *Adolf Loos a Ceska Architektura.* Louny, CSFR: Oblastni Galerie, 1984.

„Der Deutsche Werkbund bis 1914." in: Wulf Herzogenrath (Hrsg.), *Der westdeutsche Impuls 1900–1914. Die Deutsche Werkbund-Ausstellung Cöln 1914.* Köln: Kölnischer Kunstverein, 1984.

„Stadtreparatur – Weltreparatur." in: Senator für Bau- und Wohnungswesen Berlin (Hrsg.), *Idee, Prozeß, Ergebnis. Die Reparatur und Rekonstruktion der Stadt.* Berlin: Frölich & Kaufmann, 1984, S. 48–53.

Vorwort zu: Eckehard Janofske. *Architektur-Räume. Idee und Gestalt bei Hans Scharoun.* Braunschweig: Vieweg Verlag, 1984 (nachgedruckt in *Bauwelt* H. 1–2 1984, S. 14).

Vorwort zu: *Otto Wagner: Möbel und Innenräume.* Salzburg und Wien: Residenz Verlag, 1984 (Museum Moderner Kunst, 1985).
Vorwort zu: Hartwig Schmidt, *Denkmalschutz und Inventarisation in Berlin.* Berlin: Deutsche Kunst und Denkmalpflege 42, 1984, Nr. 2, S. 104–114.

1985
Nachwort zu: Diana Schreck, *Relikte Jürgen Spohn. Eine Reportage.* Dortmund: Harenberg, 1985.
Vorwort zu: Hans-Jakob Wittwer (Hrsg.), *Wittwer, Hans, 1894–1952.* Zürich: GTA Verlag, 1985 (Dokumente zur modernen Schweizer Architektur; 2. überarbeitete und erweiterte Aufl. 1988).

1986
Beitrag zu: *Hans Poelzig: ein großes Theater und ein kleines Haus.* Berlin: Aedes, Galerie für Architektur und Raum, 1986 (Katalog zur Ausstellung).

1987
Beitrag zu: *Le Corbusier: Le Passé à Réaction Poetique.* Paris, France: Hôtel de Sully, 1987.
Beitrag zu: Otto Hoffmann (Hrsg.), *Der Deutsche Werkbund, 1907, 1947, 1987–* Berlin: Wilhelm Ernst & Sohn, 1987 (Ausstellungskatalog, Deutscher Werkbund).
„Der Schauplatz Berlin – 750 Jahre Städtebau im Zeitraffer." in Dankwart Guratzsch (Hrsg.), *Das neue Berlin. Für einen Städtebau mit Zukunft.* Berlin: Gebr. Mann, 1987, S. 16–31.
„Die Zeit Wilhelms des Zweiten." in Josef P. Kleihues (Hrsg.), *750 Jahre Architektur und Städtebau. Die Internationale Bauausstellung im Kontext der Baugeschichte Berlins.* Stuttgart: Hatje, 1987, S. 125–152.

1988
„Eine ‚Stadt': West-Berlin (in Anführungszeichen)." in Kristin Feireiss (Hrsg.), Berlin, Denkmal oder Denkmodell? Architektonische Entwürfe für den Aufbruch in das 21. Jahrhundert. Berlin. (dt./franz.) Berlin: Wilhelm Ernst & Sohn, 1988. S. 10–14 (Katalog zur Ausstellung in der Staatlichen Kunsthalle Berlin).
Vorwort zu: Martin Wagner und Adolf Behne (Hrsg.), *Das Neue Berlin. Großstadtprobleme.* Nachdruck: Basel, Berlin, Boston: Birkhäuser, 1988 (erste Ausgabe: Berlin: Verlag Deutsche Bauzeitung, 1929).
Vorwort zu: Hans-Jakob Wittwer, *Hans Wittwer (1894–1952).* Zürich: gta Verlag, ETH Hoenggerberg, 1988 (Dokumente zur modernen Schweizer Architektur).
Vorwort zu: Kristin Feireiss (Hrsg.), *Andreas Reidemeister – Stadtkonzepte für Berlin.* Berlin: Aedes, 1988 (Ausstellungskatalog).

1989
Bemerkungen zu: Hans Kollhoff, Fritz Neumeyer (Hrsg.), *Großstadtarchitektur. City-Achse Bundesallee.* Berlin: Gebr. Mann, 1989 (Sommerakademie zur Planungsgeschichte).
Texte zu: *Villen und Landhäuser in Berlin.* Photographiert von Jürgen Spohn. Berlin: Nicolai Verlag, 1989 (2. Aufl. Berlin: Nicolai, 1990).
Vorwort zu: Norbert Borrmann, *Paul Schultze-Naumburg 1869–1949. Maler – Publizist – Architekt: vom Kulturreformer der Jahrhundertwende zum Kulturpolitiker im Dritten Reich. Ein Lebens- und Zeitdokument.* Essen: Richard Bacht, 1989.
Vorwort zu: René Jullian, Tony Garnier. *Die ideale Industriestadt: Une cité industrielle. Eine städtebauliche Studie.* Tübingen: Wasmuth, 1989.

1990

Beitrag zu: *Architekturpreis Berlin 1989* Berlin: Aedes, 1990. (Mit Dieter Bartetzko, Wolfgang Schäche).

1992

„Urbanisme: l'architecture, l'environnement (Architektur und Städtebau – Urbanismus.)" in *La Course au Moderne/Träger der Moderne.* Berlin: Elefantenpress, 1992 (Ausstellungskatalog, Paris/Berlin, Musée d'histoire contemporaine, Werkbund Archiv).

Vorwort zu: Paul Kahlfeldt, *Hans Heinrich Müller 1879–1951 Berliner Industriebauten.* Basel, Berlin, Boston: Birkhäuser, 1992.

Vorwort zu: Rudolf Hierl, *Erwin Gutkind, 1886–1968: Architektur als Stadtraumkunst.* Basel, Berlin, Boston: Birkhäuser, 1992.

„Bewegung und Raum: Das Frankfurter Postmuseum." in: *Behnisch & Partner. Bauten 1952–1992.* Stuttgart: Galerie der Stadt Stuttgart, 1992. S. 42–45 (Ausstellungskatalog).

1993

„Zur Sache." Vorwort zu: Silke Fischer, Simone Tippach-Schneider, WBM Mitte (Hrsg.), *Zwischen Alltag und Stadtpolitik. Kultur aus der Mitte.* Berlin: Trescher Verlag, 1993.

3. Bücher:

1964

Julius Posener (Hrsg.), *Anfänge des Funktionalismus: von Arts and Crafts zum Deutschen Werkbund.* Berlin: Ullstein, 1964 (Bauwelt Fundamente 11).

1968

Julius Posener und Peter Pfankuch (Hrsg.), *Erich Mendelsohn.* Berlin: Akademie der Künste, 1968 (Ausstellungskatalog).

Julius Posener (Hrsg.), *Ebenezer Howard, Gartenstädte von morgen: das Buch und seine Geschichte.* Berlin u.a.: Ullstein, 1968. (Bauwelt Fundamente 21), S. 7–48. Vorwort: „Howards ‚Tomorrow': ein gründlich mißverstandenes Buch."

1970

Julius Posener (Hrsg.), *Hans Poelzig; Gesammelte Schriften und Werke.* Berlin: Geb. Mann, 1970 (Schriftenreihe der Akademie der Kunste Bd. 6).
(Italienische Ausgabe: *Hans Poelzig. Scritti e opere.* Milano: Angeli 1978, übersetzt von Alida Piccioni.)

1972

From Schinkel to the Bauhaus. Five lectures on the growth of modern German architecture. London: Lund Humphries, 1972 (Architectural Association Papers no. 5).

1977

Julius Posener, Sonja Günther und Barbara Volkmann (Hrsg.), *Hermann Muthesius: 1861–1927.* Berlin: Akademie der Künste, 1977 (Ausstellungkatalog, Nr. 117).

1979

Berlin auf dem Wege zu einer neuen Architektur: das Zeitalter Wilhelms II. München: Prestel Verlag, 1979 (Studien zur Kunst des neunzehnten Jahrhunderts, Bd. 40).

1981

Aufsätze und Vorträge, 1931–1980. Braunschweig, Wiesbaden: F. Vieweg & Sohn, 1981 (Bauwelt Fundamente, 54–55).

Julius Posener (Hrsg.), *Festreden – Schinkel zu ehren: 1846–1980.* Berlin: Frölich und Kaufmann, Architekten-und Ingenieur-Verein zu Berlin, 1981.

1983

Otto Bartning: Zum hundertsten Geburtstag des Baumeisters am 12. April 1983. Berlin: Akademie der Künste, 1983 (Anmerkungen zur Zeit 22).

1984

Adolf Loos, 1870–1933: ein Vortrag. Berlin: Akademie der Künste, 1984 (Anmerkungen zur Zeit 23).

1989

Bruno Taut: eine Rede zu seinem fünfzigsten Todestag. Berlin: Akademie der Künste, 1989 (Anmerkungen zur Zeit 28).

Mein Leben mit der Architektur. Berlin: Aedes, 1989 (Vortrag am 23. November 1989).

1990

Der deutsche Umbruch: Vortrag in Potsdam. Potsdam: Verlag Babelturm, 1990. (gekürzt in: Jörg Krichbaum u.a. (Hrsg.), *Architektur im Profil. Zweites internationales Architektur Forum, Berlin, Potsdam, Sanssouci,* Stuttgart: Hatje, 1993, S. 14–22.)

Fast so alt wie das Jahrhundert. Berlin: Siedler Verlag, 1990. (Autobiographie); 2. erweiterte Neuausgabe, Basel, Berlin, Boston: Birkhäuser Verlag, 1993.

1991

Architektur und Geschichte. Fachhochschule Coburg, 1991 (Vortrag, 10. Juni 1991).

1992

Hans Poelzig: reflections on his life and work. Cambridge, MA: MIT Press, 1992 (Hrsg. Architectural History Foundation, übersetzt von Christine Charlesworth).

1993

Hans Poelzig: *Sein Leben, sein Werk.* Braunschweig/Wiesbaden: Vieweg, 1993 (Deutsche Ausgabe von *Hans Poelzig: reflections on his life and work*).

4. Festschriften, Bibliographien

1979

Architektur, Stadt und Politik: Julius Posener zum 75. Geburtstag. Gießen: Anabas, 1979 (Jahrbuch Werkbund Archiv 4).

1989

Architektur-Experimente in Berlin und anderswo: für Julius Posener. (zum 85. Geburtstag) Hrsg. von Sonja Günther und Dietrich Worbs. Berlin: Konopka, 1989.

1990

Informationszentrum Raum und Bau der Fraunhofer-Gesellschaft (Hrsg.): *Julius Posener – Aufsätze, Vorlesungen und Schriften,* IRB-Literaturauslese Nr. 1825. 1. Aufl. Stuttgart 1987; 2. erw. Aufl. Stuttgart 1990.

Personenregister

Bildnachweis

25 Dia-Archiv Julius Posener.
29 Dia-Archiv Julius Posener.
54 aus: Karl Schefold. *Die Griechen und ihre Nachbarn.* Berlin: Ullstein, 1990. (Propyläen Kunstgeschichte in 12 Bänden).
62 aus: Nikolaus Pevsner. *Europäische Architektur von den Anfängen bis zur Gegenwart.* München: Prestel, 1957. S. 163.
64 aus: Nikolaus Pevsner. *Europäische Architektur von den Anfängen bis zur Gegenwart.* München: Prestel, 1957. S. 633.
66 Dia-Archiv Julius Posener.
84 aus: *Karl Friedrich Schinkel. Eine Ausstellung aus der Deutschen Demokratischen Republik.* Herausgegeben von der Bauakademie der DDR. Berlin: Henschelverlag, 1982. S. 87 und 53.
91 aus: *Karl Friedrich Schinkel. Eine Ausstellung aus der Deutschen Demokratischen Republik.* Herausgegeben von der Bauakademie der DDR. Berlin: Henschelverlag, 1982. S. 75.
100 o Aufnahme: Julius Posener; u aus: Julius Posener. *Berlin auf dem Wege zu einer neuen Architektur: Das Zeitalter Wilhelms II.* München: Prestel, 1979. S. 355.
107 o aus: Julius Posener. *Berlin auf dem Wege zu einer neuen Architektur: Das Zeitalter Wilhelms II.* München: Prestel, 1979. S. 278; u aus: *Die Form.* 1928, Heft 10, S. 290.
116 aus: Nikolaus Pevsner. *Europäische Architektur von den Anfängen bis zur Gegenwart.* München: Prestel, 1957. S. 633.
123 aus: Rudolf Wittkower. *Palladio and English Palladianism.* London: Thames and Hudson, 1974. S. 114.
132 o Dia-Archiv Julius Posener; u aus: Nikolaus Pevsner. *Europäische Architektur von den Anfängen bis zur Gegenwart.* München: Prestel, 1957. S. 635.
138 Dia-Archiv Julius Posener.
152 o aus: Ludwig Münz und Gustav Künstler. *Der Architekt Adolf Loos.* Wien: Anton Schroll, 1964. S. 139; u Dia-Archiv Julius Posener.
162 o Dia-Archiv Julius Posener.
174 aus: *Le Corbusier 1910–65.* Zürich: Artemis, 1967. S. 52.
182 o Dia-Archiv Julius Posener; u aus: Edward Ford. *Das Detail in der Architektur der Moderne.* Basel: Birkhäuser, 1994. S. 132.
205 Archiv Behnisch & Partner. Foto: Christian Kandzia.
215 Dia-Archiv Julius Posener.
219 aus: *Architektur im Profil.* Herausgegeben von Jörg Krichbaum und Vittorio Magnago Lampugnani. Stuttgart: Hatje, 1993. S. 17.
232 Foto: Jill Posener.

Bei Birkhäuser ebenfalls erschienen:

«Der ‘kurze Lebensbericht’ liest sich wie ein großer Geschichtsroman. Hier blickt ein großer Geist auf ein Jahrhundert zurück, ohne Wehmut, ohne Haß. Architekturkritik muß nicht langweilig sein. Julius Posener beweist das mit jeder Zeile.»
Neue Zeit

Julius Posener:
Fast so alt wie das Jahrhundert

Zweite Auflage der erweiterten Neuausgabe.
332 Seiten, 40 schwarz-weiß Abbildungen. Leinen mit Schutzumschlag
ISBN 3-7643-2896-7

«Der Doyen der Architekturkritik als großer Geschichts-Erzähler.
Julius Posener hat ein ganz wunderbares Buch geschrieben. Es ist von einer fontaneschen Gelassenheit, von unaufdringlichem Ernst und trockenem Humor. Posener ist eine Art Geschichten- und Geschichts-Spaziergänger, der seine Leser an die Hand nimmt, mit ihnen sein Leben durchwandert.»
Manfred Sack, DIE ZEIT

Birkhäuser